高等学校计算机应用规划教材

PHP 程序设计
基础教程

张　艳　庞海波　主　编
许胜礼　丁玉涛　王兆庆　副主编

清华大学出版社

北　京

内 容 简 介

本书全面讲述 PHP 程序开发的相关基础知识和详细技术。全书共分为 12 章，深入介绍 PHP 入门与开发环境的安装和配置、PHP 相关的基本语法、运算符和表达式、流程控制语句、PHP 数组和函数、面向对象编程基础、字符串操作、PHP 和 Web 页面交互、PHP 会话控制，最后给出完整的开发实例。

本书内容丰富、结构合理、思路清晰、语言简练流畅、示例翔实。本书可作为高等院校网站设计与制作及其相关专业、Web 编程专业的教材，还可作为 Web 应用开发人员的参考资料。

本书对应的电子课件、习题答案和实例源文件可以到 http://www.tupwk.com.cn/downpage 网站下载。

图书在版编目(CIP)数据

PHP 程序设计基础教程/张艳，庞海波　主编. —北京：清华大学出版社，2018（2022.1重印）
(高等学校计算机应用规划教材)
ISBN 978-7-302-50057-5

Ⅰ. ①P…　Ⅱ. ①张…②庞…　Ⅲ. ①PHP 语言—程序设计—高等学校—教材　Ⅳ. ①TP312.8

中国版本图书馆 CIP 数据核字(2018)第 088827 号

责任编辑：胡辰浩　李维杰
装帧设计：牛艳敏
责任校对：孔祥峰
责任印制：沈　露

出版发行：清华大学出版社
　　　　网　　址：http://www.tup.com.cn，http://www.wqbook.com
　　　　地　　址：北京清华大学学研大厦 A 座　　　　邮　编：100084
　　　　社 总 机：010-62770175　　　　　　　　　　邮　购：010-62786544
　　　　投稿与读者服务：010-62776969，c-service@tup.tsinghua.edu.cn
　　　　质 量 反 馈：010-62772015，zhiliang@tup.tsinghua.edu.cn
印 装 者：三河市铭诚印务有限公司
经　　销：全国新华书店
开　　本：185mm×260mm　　　印　　张：18.75　　字　　数：468 千字
版　　次：2018 年 6 月第 1 版　　印　　次：2022 年 1 月第 5 次印刷
定　　价：78.00 元

产品编号：077946-03

前　　言

信息技术的飞速发展大大推动了社会的进步，已经逐渐改变了人类的生活、工作和学习方式。PHP 是全球最普及、应用最广泛的 Web 应用程序开发语言之一，多年来始终保持在最流行编程语言排行榜的前五位。PHP 是一种跨平台的、开源的服务器端嵌入式脚本语言，其简单易学的特点，在全球范围内受到广大程序员的认同和青睐。

在过去的十年间，PHP 已经从一套为 Web 站点开发人员提供的简单工具演变成完整的面向对象编程语言。在 Web 应用开发方面，PHP 现在可与 Java 和 C#这样的主流编程语言抗衡，越来越多的公司为了给站点提供更加强大的功能而采用 PHP。PHP 的简单易学性和强大功能使其得到了广泛应用。

本书作者具有多年的开发和教学经验，筛选出适合教学的开发案例，详细介绍了 PHP 程序设计所涉及的重要知识。本书通过结合不同难度的案例，全面介绍了 PHP 程序开发技术。本书深入介绍了 PHP 入门知识及开发环境的安装和配置、PHP 相关的基本语法、运算符和表达式、流程控制语句、PHP 数组和函数、面向对象编程基础、字符串操作、PHP 和 Web 页面交互、PHP 会话控制，最后给出了两个完整的开发实例。在每一章末尾都安排了有针对性的思考练习题和编程题，有助于读者巩固所学的基本概念，并针对本章重点设计了编程题，有助于培养读者的实际动手能力、增强对基本概念的理解和实际应用能力。

本书内容丰富、结构合理、思路清晰、语言简练流畅、示例翔实。本书可作为高等院校网站设计与制作及其相关专业、Web 编程专业的教材，还可作为 Web 应用开发人员的培训和参考资料。

本书是集体智慧的结晶，其中，第 1、第 2 和第 4 章由张艳编写，第 3、第 5 和第 10 章由丁玉涛编写，第 6 至第 8 章由庞海波编写，第 9 和第 12 章由许胜礼编写，第 11 章由王兆庆和庞海波编写。另外，参加编写的人员还有王秀玲、陶永才、石育澄、巴阳、赵国桦、丁鑫、海朝阳、曹朝阳、张鑫倩、杨朝阳、火昊、任鹏程、王战红、贾圣杰、姚瑶、郭华杰、王亚敏等。

由于作者水平有限，本书难免有不足之处，欢迎广大读者批评指正。我们的信箱是 huchenhao@263.net，电话是 010-62796045。

本书对应的电子课件、习题答案和实例源文件可以到 http://www.tupwk.com.cn/downpage 网站下载。

作　者
2018 年 2 月

目　　录

第1章　PHP入门与环境搭建

PHP 是一种跨平台、HTML 嵌入式的服务器端脚本语言，是全球普及、应用最广泛的 Web 应用程序开发语言之一。本章主要介绍 PHP 的入门知识、基本概念、工作流程，以及 PHP 开发工具的安装和环境配置，并且制作第一个 PHP 实例。

本章的主要学习目标：

- 了解 PHP 基础知识
- 掌握 PHP 语言的基本概念
- 掌握常用 PHP 开发工具的安装和环境配置

1.1　PHP 概述

1.1.1　什么是 PHP

PHP 是 Hypertext Preprocessor(超文本预处理器)的缩写，是全球最流行的 Web 应用程序开发语言之一。PHP 是一种跨平台、HTML 嵌入式的服务器端脚本语言，和微软的 ASP 颇有几分相似，都是一种在服务器端执行的嵌入 HTML 文档的脚本语言；混合了 C、Java 和 Perl 等现代编程语言的长处以及 PHP 自创的新语法，语法简单、易于学习、功能强大、灵活易用，目标就是让网页开发人员快速编写出动态的网页；用 PHP 做出的动态页面与用其他编程语言做出的相比，具有更快的执行速度，因为 PHP 充分利用了服务器的性能，其执行引擎还会将用户经常访问的 PHP 程序驻留在内存中，用户再次访问这个程序时就不需要重新编译程序了，直接执行内存中的代码即可，这也是 PHP 高效率的体现之一；PHP 支持几乎所有流行的数据库以及操作系统，完全不必考虑跨平台问题；PHP、Apache 和 MySQL 的组合已成为 Web 服务器的一种配置标准。

1.1.2　PHP 的版本

PHP 最初只是一个用 Perl 语言编写的简单程序，用来统计网站的访问者。经过慢慢地完善，在 2000 年 5 月发布了官方正式版本——基于该引擎并结合了更多新功能的 PHP 4.0。

1. PHP/FI

1995 年，Rasmus Lerdorf 创建了一套简单的 Perl 脚本，用来跟踪访问他个人主页的人们的信息，并把它取名为"Personal Home Page Tools"，简称 PHP/FI。后来 Rasmus 用 C 语言对它进行了重写,做出了一个可以访问数据库、开发简单的动态 Web 程序的工具。Rasmus 发布了 PHP/FI 的源代码,以便每个人都可以使用它,同时大家也可以修正它的 Bug 并且改进它的源代码。PHP/FI 后续版本 2.0 于 1997 年 11 月正式发布,但是那时只有几个人在为该工程撰写少量代码,它仍然只是少数人的工程。

2. PHP 3.0

1998 年 6 月正式发布了官方 PHP 3.0 版,PHP 3.0 是类似于当今 PHP 语法结构的第一个版本。Andi Gutmans 和 Zeev Suraski 在为一所大学的项目中开发电子商务程序时发现,PHP/FI 2.0 功能明显不足,于是他们重写了代码,这就是 PHP 3.0。考虑到 PHP/FI 已存在的用户群,从 PHP/FI 2.0 的名称中移去了暗含 "本语言只限于个人使用" 的部分,最终被命名为简单的缩写 "PHP"。PHP 3.0 除给最终用户提供数据库、协议和 API 的基础结构外,它强大的可扩展性还吸引了大量的开发人员加入并提交新的模块,这也是 PHP 3.0 取得巨大成功的关键。PHP 3.0 中的其他关键功能包括对面向对象的支持以及更强大和协调的语法结构。

3. PHP 4.0

1998 年的冬天,在 PHP 3.0 官方发布后不久,Andi Gutmans 和 Zeev Suraski 开始重新编写 PHP 代码,以提高复杂程序运行时的性能和 PHP 自身代码的模块性。虽然 PHP 3.0 的新功能和广泛的第三方数据库、API 的支持使得编写这样的程序成为可能,但是 PHP 3.0 没有高效处理如此复杂程序的能力。在 1999 年中期,新的被称为 "Zend Engine"(这是 Zeev 和 Andi 的缩写)的引擎首次引入 PHP,基于该引擎并结合更多新功能的 PHP 4.0 于 2000 年 5 月发布了官方正式版本。

4. PHP 5.0

在 2004 年 6 月份的时候,PHP 的发展到达了第二个里程碑。带有二代 Zend Engine 的 PHP 5.0 正式发布,PHP 5.0 引入了新的对象模型和大量新功能,而且性能明显增强。直到 2008 年,很多程序都不再支持 PHP 4.0 版本,取而代之的是 PHP 5.0。

5. PHP 6.0

PHP 5.0 发布后,收到最多的反馈内容就是在 PHP 中缺少对编码转换的支持。在 Andrei Zmievski 的领导下,PHP 中嵌入了 ICU 库,使文本字符串以 Unicode-16 的方式呈现。这一举动对 PHP 本身以及用户的编码方式产生了巨大的改变,所以 PHP 6.0 应运而生了。但是由于这一改变跨越较大,开发人员无法很好地理解所发生的改变,并且转换导致性能下降,另外 2009 年发布的 PHP 5.3,还有 2010 年发布的 PHP 5.4,几乎涵盖了所有从 PHP 6.0 移植而来的功能;因此,在 2010 年这一工程就停止了,直到 2014 年也没有被人们所接受。

6. PHP 7.0

2014 年至 2015 年期间,PHP 7.0 正式发布了。PHP 7.0 最主要的目标就是通过重构 Zend Engine,使 PHP 的性能更加优化,同时保留语言的兼容性。由于是对引擎加以重构,因此 PHP 7.0 的引擎目前已是第三代 Zend Engine。

1.1.3　PHP 语言的优势

PHP 能够迅速发展，并得到广大使用者的喜爱，主要原因是 PHP 除了拥有一般脚本具有的功能外，还具备自身的优势，具体如下：

- 源代码完全公开：事实上，所有的 PHP 源代码都可以获得。读者也可以通过 Internet 获得所需要的源代码，快速修改并利用。
- 完全免费：和其他技术相比，PHP 本身是免费的。读者使用 PHP 进行 Web 开发无须支付任何费用。
- 语法结构简单：PHP 结合了 C 语言和 Perl 语言的特色，编写简单，方便易懂；可以嵌入到 HTML 语言中，实用性强，更适合初学者。
- 跨平台性强：PHP 是运行在服务器端的脚本，可以运行在 Linux 和 Windows 等操作系统下。
- 效率高：PHP 消耗相当少的系统资源，并且程序开发快、运行快。
- 强大的数据库支持：支持目前所有的主流和非主流数据库，使 PHP 的应用对象非常广泛。
- 面向对象：在 PHP 中，面向对象有了很大的改进，PHP 完全可以用来开发大型商业程序。

1.1.4　PHP 常用工具

制作 PHP 动态网站可分为两个方面：一是网站的界面设计，主要是用浏览器能理解的代码及图片设计网页；二是使用 PHP 语言进行网站程序设计和代码实现，用来实现网站的新闻管理、与用户进行交互等各种功能。

1. 网页设计工具

(1) Dreamweaver

Dreamweaver 是网页制作"三剑客"之一，其功能更多体现在对 Web 页面的设计上。随着 Web 语言的发展，Dreamweaver 的功能早已不再仅限于网页设计方面，而是更多支持各种 Web 应用流行的前后台技术的综合应用。Dreamweaver 对 PHP 的支持十分到位，不但对 PHP 的不同方面清晰地进行表示，并且给予足够的编程提示，使编程过程相当流畅。

(2) Squire

HTML5 现在已经成为最流行的标记语言，拥有成熟的社区和广泛的浏览器支持，HTML5 完备的功能和强大的拓展性使得设计师和开发者可以点石成金。更多的可控元素，更自由的交互设计，变化随心的动效，丰富生动的多媒体，都可以借助 HTML5 一手掌控。Squire 是一款 HTML5 富文本编辑器，兼容不同浏览器的标准，轻巧灵活，让你制作网页如同写文档一般轻松。

2. PHP 代码开发工具

1) 文本编辑工具

Windows 系统自带的记事本是一款体积小、启动快、占用内存小、容易使用、具备最基本的文本编辑功能的工具。

UltraEdit 是一套功能强大的文本编辑器，可以编辑文本、十六进制值、ASCII 码，完全可以取代 Windows 记事本，并且内建了英文单词检查、C++及 VB 指令突显等功能。该软件还附有 HTML 标签颜色显示、搜索替换以及无限制的还原功能，可以满足用户的一切编辑需要。

2) IDE

IDE 是集成开发环境(Integrated Development Environment)的英文简称，是集成了代码编写功能、分析功能、编译功能、调试功能于一体的软件开发套件。目前常用于 PHP 的 IDE 包括以下几种：

Notepad++： Notepad++是一款 Windows 环境下免费开源的代码编辑器，支持的语言包括 C、C++、Java、C#、XML、HTML、PHP、Javascript 等。Notepad++不仅有语法高亮显示功能，也有语法折叠功能，并且支援宏以及扩充基本功能的外挂模组。

PHPEdit： PHPEdit 是 Windows 环境下一款优秀的 PHP 脚本 IDE。该软件为快速、便捷地开发 PHP 脚本提供了多种工具，其功能包括：语法关键词高亮；代码提示、浏览；集成 PHP 调试工具；帮助生成器；自定义快捷方式；150 多个脚本命令；键盘模板；报告生成器；快速标记；插件等。

phpDesigner： phpDesigner 是 Linux 环境下十分流行的免费 PHP 编辑器，小巧且功能强大。它以 Linux 环境下的 gedit 文本编辑器为基础，是专门用来编辑 PHP 和 HTML 的编辑器，可以显著标识 PHP 和 HTML、CSS 以及 SQL 语句。在编写过程中提供函数列表参考、函数参数参考、搜索和检测语法等。

Zend Studio： 由 Zend 科技开发的一个针对 PHP 的全面开发平台，这个 IDE 融合了 Zend Server 和 Zend Framework，并且融合了 Eclipse 开发环境。Eclipse 是最早适用于 Java 的 IDE，缘于优良的特性和对 PHP 的支持，成为极具影响力的 PHP 开发工具，是最好的 PHP IDE 之一。Zend Studio 具备功能强大的专业编辑工具和调试工具，支持 PHP 语法高亮显示，支持语法自动填充功能，支持书签功能，支持语法自动缩排和代码复制功能，内置强大的 PHP 代码调试工具，支持本地和远程两种调试模式，支持多种高级调试功能。Zend Studio 可以在 Linux、Windows、Mac OS X 环境下运行。

PHP 开发工具有很多，但是建议使用记事本等轻型编辑器进行前期的学习，这不仅是因为程序体积小、安装方便、消耗系统资源少，最重要的是把代码完完整整通过敲击键盘按键编辑出来，有利于加强对 PHP 语法规则的记忆和理解。

3. PHP 集成运行环境工具

为了建立 PHP 动态网站，首先需要搭建 PHP 的开发和运行环境。对新手来说，一般选择在 Windows 平台上使用 Apache、MySQL 和 PHP 这种搭配组合，Apache 是类似 IIS 的 Web 服务器软件，MySQL 是数据库，这种组合也称 WAMP(W 代表 Windows、A 代表 Apache、M 代表 MySQL、P 代表 PHP)。下面介绍几款在 Windows 环境下可以使用的 WAMP 集成工具。

WampServer： WampServer 集成了 Apache、MySQL、PHP、phpmyadmin，支持 Apache 的 mod_rewrite 操作，PHP 扩展和 Apache 操作只需要在菜单中操作就可以，省去了修改配置文件的麻烦。可以单独开启 Apache 或 MySQL，也支持中文界面。

APMServ： APMServ 是一款拥有图形界面的绿色软件，无须安装，具有灵活的移动性，只要单击 APMServ 的启动按钮即可自动进行相关设置，拥有跟 IIS 一样便捷的图形管理界面。

XAMPP： XAMPP 是一款具有中文说明，但不支持中文界面的集成环境。XAMPP 不仅仅针对 Windows，也适用于 Linux 等其他操作系统；缺点是集成功能较多，不支持中文界面，操作不容易，安全设定较繁琐。

本书之所以选择将 PHP 作为动态网站的开发语言，主要是考虑到 PHP 语法结构简单、易学，而动态网站开发语言的编程思想是十分相似的，每种语言基本上都定义了一些服务器与浏览器之间交互信息的方法，只要能深刻掌握其中一种，再去学习其他语言就很容易了。另外，WampServer、AppServ 等集成环境的出现使配置 PHP 的 Web 服务器也变得更加简单，初学者能在短时间内学会 Web 应用程序的开发流程。

1.2　PHP 程序的工作流程

1.2.1　PHP 的工作流程

一个完整的 PHP 系统由以下几部分组成：

- 操作系统：网站运行服务器所使用的操作系统。PHP 语言具有跨平台性，可以运行在任何操作系统上，如 Windows、Linux 等。
- 服务器：搭建 PHP 运行环境时所选择的服务器。PHP 支持多种服务器软件，包括 Apache、IIS 等。
- PHP 包：实现对 PHP 文件的解析和编译。
- 数据库系统：实现系统中数据的存储。PHP 支持多种数据库系统，包括 MySQL、SQL Server、Oracle 以及 DB2 等。
- 浏览器：用于浏览网页。因为 PHP 在发送到浏览器时被解析器编译成其他的代码，所以 PHP 对浏览器没有任何限制。

图 1-1 展示了 PHP 页面运行的全过程：

第一步，将 PHP 代码传递给 PHP 包，请求对 PHP 包进行解析并编译。

第二步，服务器根据 PHP 代码请求读取数据库，调用数据。

第三步，服务器与 PHP 包共同根据数据库中的数据或其他运行变量，将 PHP 代码解析为普通的 HTML 代码。

第四步，将解析后的代码发送给浏览器，浏览器对代码进行分析，获取可视化内容。

第五步，用户通过访问浏览器浏览网站内容。

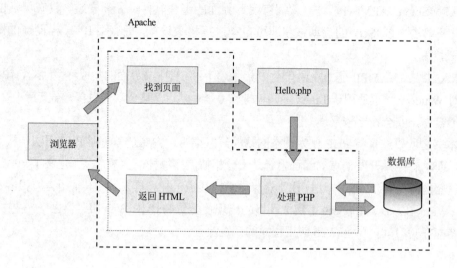

图 1-1   PHP 的工作原理

1.2.2 PHP 服务器

1. PHP 预处理器

PHP 预处理器的功能是解析 PHP 代码，主要是将 PHP 程序代码解析为文本信息，而且这些文本信息中也可以包含 HTML 代码。

2. Web 服务器

Web 服务器也称为 WWW(World Wide Web)服务器，功能是解析 HTTP。当 Web 浏览器向 Web 服务器发送一个 HTTP 请求时，PHP 预处理器会对该请求对应的程序进行解析并执行，然后 Web 服务器会向浏览器返回一个 HTTP 响应，该响应通常是一个 HTML 页面，包含用户请求的信息，供用户浏览。

目前市面上的 Web 服务器也有很多种，常见的有开源的 Apache 服务器、微软的 IIS 服务器、Tomcat 服务器等，本书使用的是 Apache 服务器。

3. 数据库服务器

数据库服务器是用于提供数据查询和数据管理服务的软件，这些服务主要有数据查询、数据的增加/删除/修改等操作、查询优化、事务管理、数据安全等。

常见的数据库服务器有 MySQL、Oracle、SQL Server、Access 等，其中 MySQL 以其强大的功能、使用和安装便捷、较快的运行速度而备受中小型网站青睐，本书也使用该数据库。

1.3　PHP 集成运行环境工具的安装与配置

对于初学者来说，Apache、PHP 以及 MySQL 的安装和配置较为复杂，这时可以选择 WAMP(Windows+Apache+MySQL+PHP)集成安装环境以快速安装的配置 PHP 服务器，集成安装环境就是将 Apache、PHP 以及 MySQL 等服务器软件整合在一起，免去单独安装和配置服务器带来的麻烦，实现 PHP 开发环境的快速搭建。

目前比较常用的集成安装环境是 WampServer 和 AppServ，它们都集成了 Apache 服务器、PHP 预处理器以及 MySQL 服务器。本书以 WampServer 为例介绍 PHP 服务器的安装和配置。

1.3.1　WampServer 的安装步骤

WampServer 是一款由法国软件开发人员开发的、应用在 Windows 环境下的 Apache Web 服务器、PHP 解释器以及 MySQL 数据库的整合软件包，它使开发人员避免将时间花费在烦琐的环境配置过程上，从而腾出更多精力去做开发。这个软件是完全免费的，可以从其官方网站 http://www.wampserver.com/下载到最新的版本，如图 1-2 所示。

图 1-2　下载 WampServer

本书采用的是 64 位版 Windows 7 系统，使用的 WampServer 版本是 WampServer 3.0.6 中文 64 位版，其中集成了包括 Apache 2.4.23、PHP 5.6.25/7.0.10、MySQL 5.7.14 等在内的软件。

WampServer 3.0.6 中文 64 位版软件可以通过常用的中文搜索引擎进行查找和下载，但需要注意的是下载其 64 位版本，下载和安装 32 位版本可能出现意想不到的错误。下载的软件名由 WampServer 的版本、适用的操作系统平台、集成的 Apache、MySQL 和 PHP 软件版本等组成，中间以 "_" 作为分隔符，例如 wampserver3_x64_apache2.4.17_mysql5.7.9_php5.6.16 _php7.0.0，其中 wampserver3 是软件的版本系列，x64 表示 Windows 系列的 64 位操作系统平台，apache2.4.17 表示 Apache Web 服务器版本，mysql5.7.9 是 MySQL 数据库版本，php5.6.16 和 php7.0.0 表示软件版本支持的 PHP 解释器版本。

集成运行软件的安装步骤如下：

(1) 双击下载的 WampServer 软件，会出现如图 1-3 所示的安装初始界面，安装软件支持英语和法语界面，默认是 English 语言界面。

图 1-3　选择语言界面

(2) 单击 OK 按钮，进行软件的版权信息设置，如图 1-4 所示。

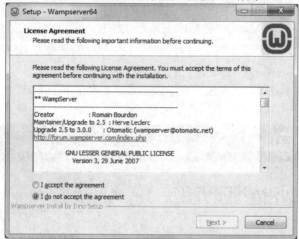

图 1-4　设置版权信息界面

(3) 选中 I accept the agreement 后单击 Next 按钮，进入软件的安装环境确认界面，如图 1-5 所示。

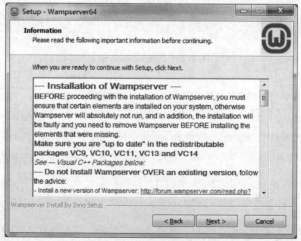

图 1-5　安装环境确认界面

(4) 单击 Next 按钮进入软件的安装目录选择界面,阅读安装软件所需要的最小硬盘空间,默认安装在 C 盘根目录下，如图 1-6 所示。

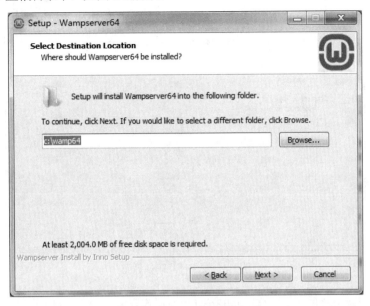

图 1-6　目录选择界面

(5) 使用默认安装目录或修改安装目录后，单击 Next 按钮进入软件的快捷方式存放目录选择界面，如图 1-7 所示。默认存放在"开始"菜单中的"程序"目录下，也可以修改到其他目录下。

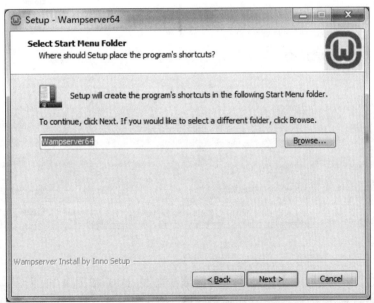

图 1-7　设置快捷方式界面

(6) 单击 Next 按钮进入安装信息确认界面，如图 1-8 所示。

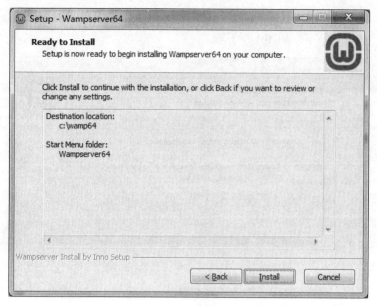

图 1-8　安装信息确认界面

（7）确认安装信息后，可单击 Install 按钮开始正式安装，如图 1-9 所示。也可以单击 Back
按钮返回上一步，修改安装目录和软件快捷方式的存放目录。

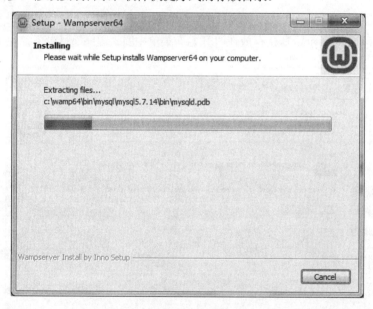

图 1-9　安装界面

（8）在软件安装过程中会弹出两个对话框，如图 1-10 和图 1-11 所示，询问用户对
WampServer 默认使用的浏览器和代码编辑软件，默认使用微软的 Internet 浏览器作为默认浏
览器，使用微软操作系统自带的记事本作为代码编辑器，单击"是"接受默认选项，或者单
击"否"不接受默认选项。

图 1-10　浏览器选择界面　　　　　　　图 1-11　代码编辑器选择界面

　　(9) 如果软件在安装过程提示丢失特定的 DLL 文件，那么需要下载并安装所需 DLL 文件，然后重新安装软件。软件基本安装完毕后，会出现如图 1-12 所示的信息提示界面，包括 phpMyadmin 默认的用户名和密码、WampServer 的菜单操作等信息。

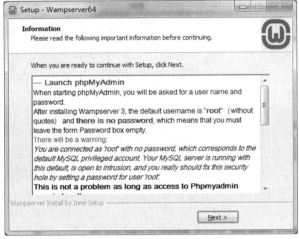

图 1-12　信息提示界面

　　(10) 单击 Next 按钮后，出现软件安装完成界面，如图 1-13 所示。

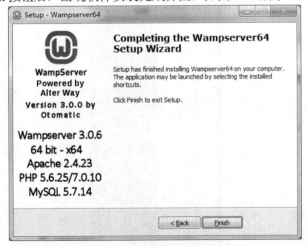

图 1-13　软件安装完成界面

　　(11) 单击 Finish 按钮就可以完成全部安装操作，双击桌面上的软件快捷方式"Wampserver64"即可打开软件，如图 1-14 所示。

图 1-14　软件快捷方式

1.3.2　集成运行环境的配置

1. 第一次使用集成运行软件

1) 集成运行软件的运行状态

在成功安装 WampServer 后，双击如图 1-14 所示的软件快捷方式，可以在状态栏找到软件图标，会显示 3 种颜色(如图 1-15 所示)，不同的颜色代表不同的含义。如果是红色，表示 Apache 服务器和 MySQL 服务器均未能正常运行；如果是橙色，表示 Apache 服务器或 MySQL 服务器中有一个没有正常运行；如果是绿色，表示两种服务器均正常运行。

图 1-15　WampServer 软件的 3 种运行状态

一般情况下，橙色代表 Apache 服务器未能正常运行，造成这种情况的最常见原因是 80 端口被其他应用程序占用，重新为 Apache 服务器指定端口即可解决。另外也可能是因为 Apache 服务器的某些服务未能正常安装造成，重新安装即可解决。

2) 更改操作界面语言

默认状态下，操作界面的语言是英文，可以用鼠标右键单击状态栏中的软件图标，在弹出的菜单中选择"Language"，在子菜单中选择"chinese"，如图 1-16 所示，将软件的操作界面改为简体中文版。

图 1-16　更改 WampServer 软件的操作界面语言

3) 测试 80 端口

用鼠标右键单击软件图标，在弹出的菜单中选择"Tools"，进入二级菜单后，选择"Test Port 80"。在弹出的命令行界面中，会显示端口 80 被占用的具体信息，如果信息显示 80 端口被 PHP 应用程序占用，就需要为 PHP 的运行开辟其他的端口。单击"Test port 80"菜单项下的"Use a Port other than 80"，会弹出一个对话框，默认会使用 8080 端口，如图 1-17 所示，单击 OK 按钮就会将原来的端口改为 8080 端口。然后在 Tools 菜单中，会出现一个新的子菜单"Test port used：8080"，如图 1-18 所示，单击会在命令行界面中显示类似于 80 端口的端口 8080 被占用的具体信息。如果使用非 80 端口的其他端口(如 8080)，访问时就必须在域名后加上端口号，如 http://localhost:8080。

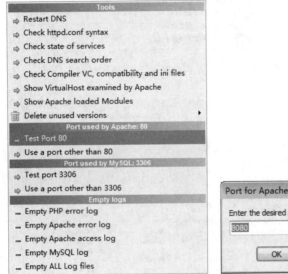
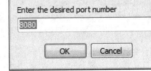

图 1-17　为 Apache 服务器指定其他端口

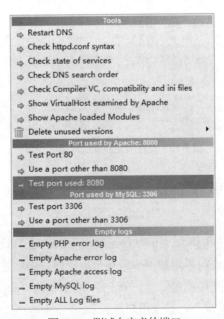

图 1-18　测试自定义的端口

4) 测试集成运行软件安装是否成功

在桌面右下角的状态栏中用鼠标左键单击软件图标，在弹出的菜单中选择 Localhost 命令，如图 1-19 所示。如果能看到如图 1-20 所示的网页，则表示 WampServer 软件安装基本成功。

图 1-19　测试默认网站是否正常运行

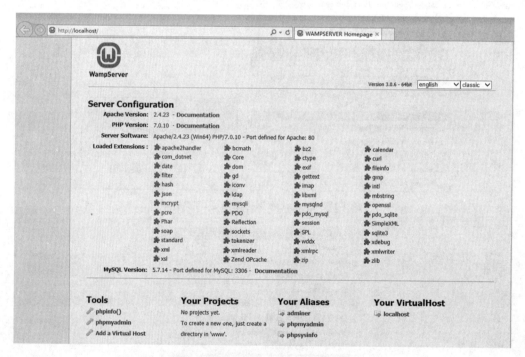

图 1-20　默认网站测试页的运行界面

2. 集成运行软件的常用设置

1) phpMyAdmin

phpMyAdmin 是一个用 PHP 编写的软件工具，可以通过 Web 方式控制和操作 MySQL 数据库。通过 phpMyAdmin 可以对数据库进行全面操作，例如建立、复制和删除数据等，MySQL 数据库的管理就会变得相当简单。单击图 1-19 中的"phpMyAdmin"，可以进入如图 1-21 所示的界面；默认情况下，登录用户名为 root，密码为空，单击"执行"按钮进入如

图 1-22 所示的界面。phpMyAdmin 是用 PHP 语言开发的管理 MySQL 数据库的开源程序，使用 phpMyAdmin 可以对 MySQL 数据库进行新建、删除、编辑、数据备份、数据导入等操作。

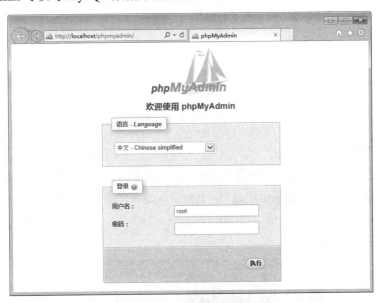

图 1-21　phpMyAdmin 登录界面

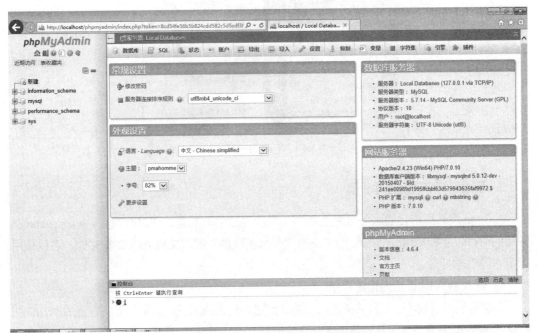

图 1-22　phpMyAdmin 配置界面

2) 网站主目录

在如图 1-19 所示的菜单中，单击"www 目录(W)"可以进入网站主目录，如图 1-23 所示。其中，index.php 文件是网站的首页，在浏览器的地址栏中输入"http://localhost"并回车后，打开的 WampServer 测试页就是该文件的运行结果。

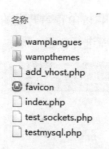

图 1-23　WWW 目录结构

3) 更改 PHP 版本

当前 WampServer 软件版本中内置了 5.6.25 和 7.0.10 两个版本的 PHP 解析器，可用鼠标左键单击软件图标，在弹出的菜单中选择"PHP"，进入二级菜单中后选择"Version"，进入下一级菜单后选择"5.6.25"或"7.0.10"，如图 1-24 所示，即可实现 PHP 在"5.6.25"和"7.0.10"版本之间的切换。

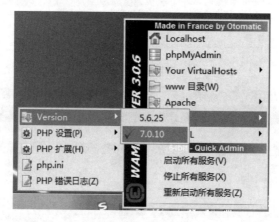

图 1-24　更改 PHP 版本

3. 集成运行环境的基本设置

Apache 没有图形化的服务器配置界面，只能通过修改配置文件进行设置，对 Apache 服务器的所有设置都是通过修改配置文件的代码来实现的。配置文件为纯文本文件，可以使用记事本等软件打开。

1) 修改 WWW 目录为指定目录

不管是学习阶段，还是日后搭建自己的站点进行建设或测试，如果不想将自己的网站放在默认的 WWW 目录下，而希望将个人制作的网站文件与 WWW 目录中的文件进行区分管理的话，可以在其他目录下建立新的站点，并将 localhost 域名指向的网站文件由原来的 WWW 目录所在路径修改为新站点所在路径。例如：可以将 localhost 指向的网站目录从原来的 C:\wamp64\www，修改为新网站所在路径 D:\Test。具体方式如下：

首先使用鼠标左键单击状态栏中的软件图标，在弹出的菜单中选择"Apache"，如图 1-25 所示，在弹出的子菜单中单击"httpd.conf"。

图 1-25　打开 httpd.conf 文件

在用记事本打开的 httpd.conf 文件中，使用 Ctrl+F 组合键打开"查找"对话框，在"查找内容"编辑框中输入"DocumentRoot"，对当前记事本中的第 261 行和第 262 行进行修改。

将原文件中的：

```
DocumentRoot "${INSTALL_DIR}/www"
<Directory "${INSTALL_DIR}/www/">
```

修改为：

```
DocumentRoot "D:/test"
<Directory "D:/test/">
```

需要注意的是，Windows 下表示路径的"\"在这里必须改为"/"，原 httpd.conf 文件中出现的${INSTALL_DIR}代表软件的安装目录 C:\wamp64\。

然后，重新使用鼠标左键单击状态栏中的软件图标，在 Apache 菜单的子菜单中选择"httpd-vhosts.conf"。在用记事本打开的 httpd-vhosts.conf 文件中，找到"DocumentRoot"和"Directory"后按照下面的要求进行修改：

将源文件中的：

```
DocumentRoot C:/wamp64/www
<Directory "C:/wamp64/www/">
```

修改为：

```
DocumentRoot D:/test
<Directory "D:/test/">
```

最后，使用 Ctrl+S 组合键分别保存对两个文件的上述修改，使用鼠标左键单击软件图标，选择"重新启动所有服务"，使刚才的修改生效。

2）修改默认首页

当在浏览器的地址栏中输入诸如"http://localhost"的 URL 时，Apache 默认情况下会按照 index.php、index.php3、index.html、index.htm 的优先顺序在当前网站的根目录下查找，如果 index.php 文件不存在，Apache 会尝试查找 index.php3 文件，依此类推。当目录下不存在默认文档，且用户仅指定要访问的目录但没有指定要访问目录下的哪个文件时，Apache 以超文本形式返回目录中的文件和子目录列表(虚拟目录不会出现在目录列表中)，如图 1-26 所示。

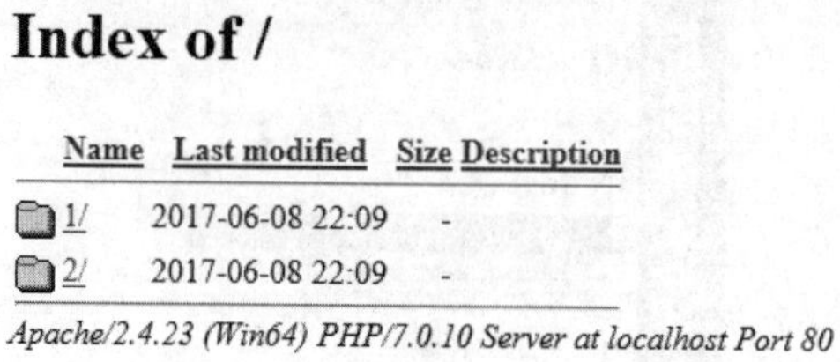

Index of /

Name	Last modified	Size	Description
📁 1/	2017-06-08 22:09	-	
📁 2/	2017-06-08 22:09	-	

Apache/2.4.23 (Win64) PHP/7.0.10 Server at localhost Port 80

图 1-26　以超文本形式显示目录和文件

如果用户想要修改打开首页文件的优先级，或者想要增加新的首页文件，可以使用鼠标左键单击状态栏中的软件图标，选择"Apache"子菜单中的"httpd.conf"，在打开的文件中查找"DirectoryIndex"，找到第 279 行，如下所示：

```
DirectoryIndex index.php index.php3 index.html index.htm
```

修改时需要注意，如果要修改首页文件，可将 index.php 修改为想要的文件名，也可以在 index.php 前添加新的文件名。例如，可以增加新的文件名 default.php 作为优先级最高的首页，如下所示：

```
DirectoryIndex default.php index.php index.php3 index.html index.htm
```

注意 default.php 和 DirectoryIndex 之间，以及 default.php 与 index.php 之间要用英文空格进行分隔，修改后需要保存并重新启动所有服务。

3) 添加虚拟目录

每个站点都有主目录，又称根目录，代表站点的主目录一旦建立，默认情况下主目录中的文件以及所有子目录中的文件都可以被用户访问。一般来说，一个站点的内容应当维护在一个单独的目录下，以免引发访问请求混乱的问题。特殊情况下，网络管理人员可能因为某种需要而使用主目录以外的其他目录，或者使用其他计算机上的目录，让 Internet 用户作为站点访问。对于 Web 服务器来说，将虚拟目录作为主目录的一个子目录来对待，和主目录拥有相同的域名，但实际上这个子目录是不存在的；而对于用户来说，访问时并未感觉到虚拟目录与站点中其他目录之间的区别。将希望使用的目录设为虚拟目录，从而让用户访问。设置虚拟目录时必须指定位置，虚拟目录的实际位置可以在本地服务器上，也可以在远程服务器上。当用户访问的虚拟目录在远程服务器上时，Web 服务器将充当代理的角色，将通过与远程计算机联系并检索用户所请求的文件来实现信息服务支持。

在 Apache 中添加虚拟目录的方式如下：

使用鼠标左键单击状态栏中的软件图标，在弹出的菜单中选择"Apache"，在弹出的子菜单中选择"httpd.conf"，在打开的 httpd.conf 文件中搜索"IfModule dir_module"，找到如下部分代码：

```
<IfModule dir_module>
DirectoryIndex index.php index.php3 index.html index.htm
</IfModule>
```

在这部分代码的下方添加下面的代码:

```
<IfModule dir_module>
DirectoryIndex index.html intex.htm index.php
Alias /raid "D:/test/1"
<Directory D:/test/1>
Options All
AllowOverride None
Require all granted
</Directory>
</IfModule>
```

其中"DirectoryIndex"用于设置虚拟目录中首页的显示优先级;"Alias"表示虚拟目录;"/raid"中的 raid 表示虚拟目录的名字;"D:/test/1"表示的是虚拟目录的路径;"<Directory>…</Directory>"部分用于设置虚拟目录的访问权限;"Options All"表示使用所有目录的访问特性;Options 选项用于定义目录使用哪些特性,包括 Indexes、MultiViews 和 ExecCGI 等;"AllowOverride None"表示禁止使用.htaccess 文件,基于安全和效率的原因,虽然可以通过.htaccess 文件来设置目录的访问权限,但应尽可能地避免使用.htaccess 文件;"Require all granted"表示允许所有用户访问,Require 只用于控制访问权限。

WampServer 提供了一种非常方便的添加虚拟目录的方式,操作步骤如下:

(1) 使用鼠标左键单击状态栏中的软件图标,在弹出的菜单中选择"Apache",在弹出的子菜单中选择"Alias 目录",再在弹出的子菜单中单击"添加一个 Alias",出现录入虚拟目录名界面,如图 1-27 所示。

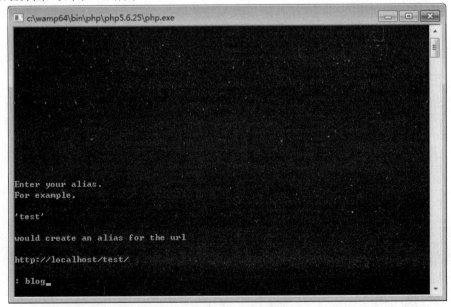

图 1-27　设置虚拟目录名

(2) 在出现的命令行界面中，输入虚拟目录名"blog"后，按回车键进入虚拟目录的路径录入界面，如图 1-28 所示。

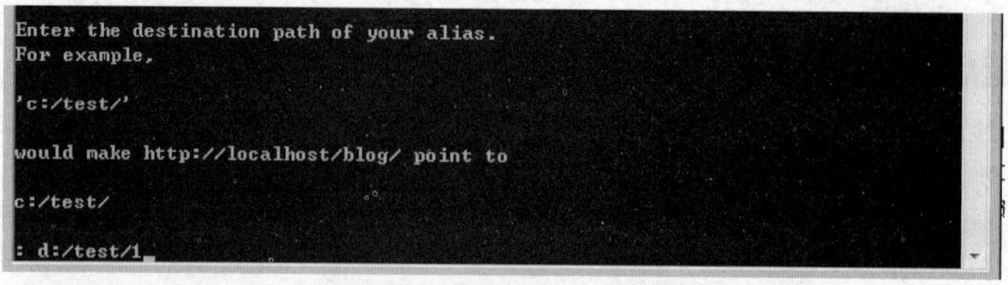

图 1-28   设置虚拟目录的路径

(3) 输入"d:/test/1"后按回车键，则会提示"Alias created. Press Enter to exit ..."。在 Alias 目录中会出现刚才添加的虚拟目录，如图 1-29 所示。

图 1-29   虚拟目录列表

4) 配置虚拟主机

虚拟主机(Virtual Host)是在同一台机器上搭建属于不同域名或基于不同 IP 的多个网站服务的技术，可以为运行在同一台物理机器上的各个网站配置不同的 IP 和端口，也可让多个网站拥有不同的域名。用 WampServer 配置虚拟主机的方式为：单击鼠标左键，在弹出的菜单中选择"Your VirtualHosts"，在弹出的子菜单中会显示已安装的虚拟主机，初始状态下只有 localhost，如图 1-30 所示。

图 1-30   虚拟主机列表

如果不希望使用 localhost 作为域名进行访问，可以通过配置虚拟主机，使用自定义域名的形式访问。Apache 2.4.23 版本默认启用 Apache 的虚拟主机功能，配置虚拟主机时，只需要使用鼠标左键单击状态栏中的软件图标，然后在"Apache"菜单的子菜单中选择"httpd-vhosts. conf"，找到如下代码：

```
<VirtualHost *:80>
    ServerName localhost
    DocumentRoot d:/test
    <Directory "d:/test/">
        Options +Indexes +Includes +FollowSymLinks +MultiViews
        AllowOverride All
        Require local
    </Directory>
</VirtualHost>
```

将第 2 行的 ServerName localhost 修改为 ServerName test.com，修改后需要保存并重新启动所有服务。这样就可以在"Your VirtualHosts"的子菜单中找到刚才新建的虚拟主机"test.com"。

5) 多域名访问

如果一台主机上存在多个网站，每个网站对应不同的域名，那么需要增加新的虚拟主机，每个虚拟主机对应一个网站，并使用一个独立的域名。可以先在 httpd-vhosts.conf 文件中将 <VirtualHost *:80>…</VirtualHost>及其内部所有代码复制，然后在文档结束处粘贴一份。然后分别对其中的 ServerName、DocumentRoot 和 Directory 进行修改，其中 ServerName 修改为新的域名，DocumentRoot 和 Directory 修改为新网站的根目录。最后找到 c:\windows\system32\drivers\etc 目录下的 hosts 文件，使用记事本打开，在末尾添加下面的代码：

```
127.0.0.1 新域名
```

虚拟主机名(也就是域名)要和 ServerName 的值保持一致。每增加一个虚拟主机，就需要增加一行这样的代码，并对域名部分进行相应的更新。

为什么要添加这行代码呢？需要先搞清楚浏览器在接受域名访问请求后的工作流程，浏览器在接收到一个域名的访问请求时，会先在本地的 DNS 缓存文件中查找是否存在与该域名对应的 IP(如果用户以前成功访问过该域名，就会在本地的 DNS 缓存文件中存放与该域名对应的服务器 IP 地址)，如果没有与该域名对应的 IP 地址，就访问 DNS 服务器，获得该域名所指向的服务器 IP 地址，然后通过 IP 地址和服务器建立连接。然而这里设置的域名并不一定是真实存在的，而有可能是模拟域名。为了避免上述操作，需要在本地 DNS 的缓存文件中增加这行代码，这样当访问这个模拟域名时，实际访问的是 127.0.0.1 这个本地 IP。使用这种方式就可以为当前目录下的多个站点指定不同的域名。

1.4　第一个 PHP 程序

1.4.1　开发第一个 PHP 网页

在学习了前几节的内容后，现在尝试开发属于自己的简单的 PHP 网站，主要需要以下步骤：

(1) 首先新建一个用于存放网站文件的目录。需要注意的是：在命名新建的网站目录及网页文件时，尽量不要使用中文。例如，在 D 盘根目录新建文件夹 example，然后在 example 文件夹中新建文件夹 chap1。

(2) 使用记事本新建一个 PHP 文件。PHP 文件和 HTML 文件一样都是纯文本文件，因此可以用记事本编辑，只需将后缀名由原来的.txt 修改为.php 即可。例如，可以新建一个名为 1-1.txt 的记事本文件，然后将后缀名由.txt 修改为.php，使用鼠标右键单击 1-1.php，在弹出的菜单中选择"用记事本打开该文件"命令，在文件中输入以下代码：

```php
<?php
    echo 'Hello world!';
?>
```

单击"文件"菜单中的"保存"菜单项，保存输入的代码并关闭该文件，这样只有一个网页的 PHP 网站就建设好了，然后对 Apache 服务器进行设置，以便能通过浏览器访问这个网站。

1.4.2 设置 PHP 网站

可以参考 1.3.2 节中的"修改 WWW 目录为指定目录"部分，将当前网站修改为服务器默认网站；也可以使用"添加虚拟目录"的形式，将当前网站设置为默认网站的二级网站；还可以使用"配置虚拟主机"或"多域名访问"的形式为当前网站设置新的域名。但是由于唯一的网页文件名为 1-1.PHP，因此需要修改当前网站的默认首页。

使用"修改 WWW 目录为指定目录"的方式，按照以下步骤设置：

(1) 打开 httpd.conf 文件，找到第 261 行和第 262 行，将其中的 DocumentRoot 和 Directory 由原来的默认网站目录修改为以下代码：

```
DocumentRoot "D:/example/chap1"
<Directory "D:/example/chap1/">
```

(2) 打开 httpd-vhosts.conf 文件，找到 ServerName localhost，将其中的"DocumentRoot"和"Directory"的值由原来的默认网站目录修改为以下代码：

```
DocumentRoot D:/example/chap1
<Directory "D:/example/chap1/">
```

(3) 修改网站的默认首页，打开 httpd.conf 文件，在其中搜索"DirectoryIndex"，找到以下代码：

```
<IfModule dir_module>
    DirectoryIndex index.php index.php3 index.html index.htm
</IfModule>
```

在上述代码的第二行中添加 1-1.php，如下所示：

```
DirectoryIndex 1-1.php index.php index.php3 index.html index.htm
```

这样就可以将当前 Apache 服务器管理的所有网站的默认首页修改为 1-1.php，如果只需要修改某个网站的默认首页，那么需要到虚拟目录或虚拟主机部分修改 DirectoryIndex 的默认首页及其顺序。

1.4.3   运行 PHP 网站

打开浏览器，在地址栏中输入 "http://localhost/"，按回车键会出现如图 1-31 所示的页面。当看到这个网页中出现的 "Hello world！" 时，就说明第一个 PHP 网站已经搭建成功了。

图 1-31   第一个 PHP 页面的运行结果

1-1.php 文件中的代码如下：

```php
<?php
    echo 'Hello world!';
?>
```

第一行代码 "<?php" 和第三行代码 "?>" 两部分联合起来表示 PHP 脚本代码。第二行代码 "echo 'Hello world!';" 表示将一对单引号中的信息嵌入到网页中。

在运行的网页中使用鼠标右键单击，在弹出的菜单中选择 "查看源文件" 命令，会出现如图 1-32 所示的内容。输入的 PHP 脚本代码无法在浏览器中查看。

图 1-32   PHP 代码被转换为 HTML 代码

1.5   本章小结

本章首先介绍了什么是 PHP，PHP 的工作流程，PHP 的版本和发展历程、优势及常用工具；其次对 PHP 集成运行环境的安装和相关配置进行了详细介绍；最后演示了第一个 PHP 程序的运行。通过这些内容，使读者对 PHP 程序设计有一个全面的认识。

1.6　思考与练习

一、选择题

　　1. 关于将 PHP 语言嵌入到 HTML 中，以下说法中错误的是(　　)。

　　　A. 可以在两个 HTML 标记对的开始和结束标记中嵌入 PHP

　　　B. 可以在 HTML 标记的属性位置嵌入 PHP

　　　C. HTML 文档中可以嵌入任意多个 PHP 标记

　　　D. PHP 嵌入 HTML 中的标记必须是<?php 和?>

　　2. 下面关于 PHP 服务器的说法中错误的是(　　)。

　　　A. PHP 的运行需要 Web 服务器的参与

　　　B. SQL Server 可以用作 PHP 开发的数据库服务器

　　　C. PHP 预处理器的功能是解释并执行 PHP 代码

　　　D. MySQL 数据库是完全免费的

　　3. 在安装 PHP 之前，首先需要一种(　　)。

　　　A. 文件服务器

　　　B. 信息服务器

　　　C. 数据库服务器

　　　D. Web 服务器

　　4. Apache 的配置文件是(　　)。

　　　A. php.ini

　　　B. apache.ini

　　　C. server.xml

　　　D. httpd.conf

　　5. 如果 Apache 的网站主目录是 D:\shop，并且没有建立任何虚拟目录，那么在浏览器的地址栏中输入 http://localhost/admin/admin.php，回车后打开的文件将是(　　)。

　　　A. D:\shop\admin\admin.php

　　　B. D:\localhost\admin\admin.php

　　　C. D:\shop\admin.php

　　　D. D:\shop\localhost\admin\admin.php

二、编程题

　　1. 自己动手练习 PHP 运行环境的搭建。

　　2. 编写程序，在 PHP 页面中显示欢迎信息"欢迎来到 PHP 学习网站！"。

第2章 PHP开发基础

通过前面的学习，读者已经了解什么是 PHP 以及 PHP 的作用，而且还编写并测试了一个简单的 PHP 脚本。本章开始学习 PHP 的基础知识，它们是 PHP 的核心内容。无论是从事网站制作，还是对应用程序进行开发，没有扎实的基本功是不行的。

本章的主要学习目标：

- 掌握 PHP 的基本语法格式
- 掌握 PHP 中常量、变量的概念和使用
- 掌握 PHP 数据类型和类型转换方式
- 掌握 PHP 语言结构

2.1 PHP 基本语法

学习 PHP 语言的基本语法是进行 PHP 编程开发的第一步，PHP 语言的语法混合了 C、Java 和 Perl 语言的特点，语法非常灵活，与其他编程语言相比有很多不同之处。初学者如果学习过其他编程语言，可通过体会 PHP 与其他语言的区别来学习 PHP。

2.1.1 PHP 标记符

PHP 是一种可嵌入到 HTML 中、运行在服务器端的脚本语言，PHP 代码一般由运行在浏览器端的 HTML 代码以及嵌入其中的 CSS 和 JavaScript 等客户端代码，还有运行在服务器端的位于 PHP 标记符"<?"和"?>"之间的服务器脚本代码两部分组成。

PHP 标记符让 Web 服务器能够识别 PHP 代码的开始和结束。由于在 PHP 文件中，HTML 代码和 PHP 代码混杂在一起，因此没有实现页面和程序的分离。使用 PHP 标记符就可以对 PHP 代码与其他代码进行区分，标记符之外的任何文本都会被认为是普通的 HTML，方便服务器进行识别。

默认情况下，PHP 是以"<?php"和"?>"标识符作为开始和结束标识符的，把这种脚本定界符嵌入 HTML 的方式又称 PHP 的 XML 风格。PHP 一共支持 4 种标记风格，分别如下：

1. XML 风格

以"<?php"和"?>"作为定界符。需要注意的是，"<?"和"php"之间不能有空格。例如：

```
<?php
echo "Hello world! ";
?>
```

这是本书中使用的标记风格，也是推荐读者使用的标记风格。

2. 简短风格

有时候，会看到将 XML 风格中的 php 省略后出现的<? ?>情况，使用 "<?" 和 "?>" 作为定界符又称简短风格。使用简短风格，必须保证 php.ini 文件中 short_open_tag=ON(默认为 OFF，表示关闭)。可使用鼠标左键单击 WampServer 软件，在弹出的菜单中选择 "PHP"，在弹出的子菜单中选择 "php.ini"，在打开的文件中搜索 "short_open_tag"，找到第 203 行，修改并保存后，重启所有服务以使修改生效。演示代码如下：

```
<?
echo "PHP short stytle! ";
?>
```

这种标记风格最为简单，但需要保证 php.ini 文件中的 short_open_tags 默认设置为关闭，所以并不推荐使用这种标记风格。

3. 脚本风格

PHP 7.0 以前版本支持将 PHP 代码写在<script> </script>标记对中，这种表示方式又称脚本风格，与 HTML 页面中 JavaScript 的表示方式十分相似。演示代码如下：

```
<script language="php">
echo "PHP script stytle";
</script>
```

在 XHTML 或 XML 中推荐使用这种标记风格，它符合 XML 语言规范的写法。

4. ASP 风格

受 ASP 的影响，为了照顾 ASP 用户使用 PHP，早期的 PHP 版本提供了 ASP 风格，这种风格将 PHP 代码写在 "<%" 和 "%>" 中间，但 PHP 5.3.0 以后的版本不再支持这种风格。这种标记风格只在特殊情况下使用，并不推荐正常使用，较早版本可以通过将 php.ini 文件中的 asp_tags 由 OFF 修改为 ON 来实现。

```
<%
echo "PHP script stytle";
%>
```

2.1.2　PHP 注释

为了增强可读性，程序员会在程序语句的后面添加文字说明。注释可以理解为代码的解释说明，一般添加到代码的上方或尾部。使用注释不仅能够提高程序的可读性，而且有利于程序的后期维护工作。在执行代码时，注释部分会被解释器忽略，因此注释不会影响程序的执行。PHP 支持两种风格的文字注释：

1. 单行注释

单行注释可以使用 C++语言风格的“//”和“SHELL”风格的“#”，在配置 Apache 服务器时，在 httpd.conf 文件中可以看到。例如：

```php
<?php
echo 'C plus plus style!' ;   //C++风格
echo 'SHELL style!';       #SHELL 风格
?>
```

需要注意的是，单行注释的内容本身不能包含“?>”，否则解释器会认为 PHP 脚本到此结束，而去执行“?>”后面的代码。例如：

```php
<?php
echo 'C plus plus style!';   // There will be an error here ?> 出现错误
?>
```

2. 多行注释

多行注释比较适合需要大段注释的情况，但需要注意的是，多行注释不能嵌套使用。例如：

```
/*
此部分是 C 语言风格的注释内容，
可以添加多行注释。
*/
```

2.1.3　PHP 语句和语句块

PHP 程序由一条或多条 PHP 语句构成，每条语句都以英文分号“；”结束。在书写 PHP 代码时，一条 PHP 语句一般占用一行。虽然在一行中写多条语句或者一条语句占用多行也是可以的，但是这样会使代码的可读性变差，不建议这样做。

如果多条 PHP 语句之间存在着某种联系，可以使用“{”“}”将这些 PHP 语句包含起来，形成一个语句块。示例代码如下：

```php
<?php
  $i=1;                //定义变量
  echo "输出 10 以内的整数: ";
  while($i<=10)         //判断是否符合条件
  {
      echo $i;
      $i++;
  }
?>
```

语句块一般不会单独使用。只有当和条件判断语句、循环语句、函数等一起使用时，语句块才会有意义。

2.1.4 PHP 编码规范

由于现在的 Web 开发往往需要多人合作开发，因此使用相同的编码规范显得非常重要，特别是新的开发人员参与时，通常需要知道前期开发的代码中变量的意义或函数的作用等，这就需要统一的编码规范。

1. 什么是编码规范

编码规范是一套某种编程语言的导引手册，这种导引手册规定了一系列该语言的默认编程风格，用来增强这种语言的可读性、规范性和可维护性。

很多初学者对编码规范不以为然，认为对程序开发没有什么帮助，甚至因为要遵循规范而影响了学习和开发的进度；或者因为经过一段时间的使用，已经形成了自己的一套风格，而不愿意去改变，这种想法是很危险的。

一门语言的编程规范主要包括：文件组织、缩进、注释、声明、空格处理、命名规则等。遵循编码规范有以下好处：

- 编码规范是对团队开发中每个成员的基本要求，编码规范程度是程序员成熟程度的表现。
- 提高程序的可读性，有利于开发人员相互交流。
- 形成良好一致的编程风格，在团队开发中可以达到事半功倍的效果。
- 有助于程序的后期维护，降低软件成本。

2. PHP 中的编码规范

PHP 作为一种高级语言，十分强调编码规范，以下是编码规范在几个方面的体现。

- 表述

在 PHP 的表述中，通常每一条 PHP 语句都以 ";" 结尾，例如：

```php
<?php
echo 'Hello world!';
?>
```

- 空白

PHP 对空格、回车造成的新行，以及 Tab 操作等留下的空白都进行了忽略，这跟浏览器对 HTML 语言中空白的处理是一样的。

- 缩进

使用 Tab 键缩进，缩进单位为 4 个空格，如果开发工具多样，则需要在开发工作中统一设置。

- 大括号 {}

有两种大括号放置规则可以使用：

一种是将大括号放到关键字的下方、同列。

```php
<?php
  if($i<=100)        //判断是否符合条件
  {
      echo $i;
  }
?>
```

另一种是首括号与关键字同行，尾括号与关键字同列。

```php
<?php
  if($i<=100){
      echo $i;
  }
?>
```

2.1.5　PHP 命名规则

1. 类命名

- 使用大写字母作为词的分界，其他的字母均使用小写。
- 名字的首字母使用大写。
- 不要使用下画线_。

如 Name、SuperMan、Desseme。

2. 常量命名

对常量的命名应该全部使用大写字母，单词之间用_分隔，例如：

```php
define('DEFI_NUM!',10) ;
define('DEFI_SUM!',100) ;
```

3. 变量命名

- 所有字母均使用小写。
- 使用下画线_作为每个词的分界。

如$name_i、$check_num 等。

4. 数组命名

数组是一组数据的集合，是一个可以存储多个数据的容器。因此在对数组进行命名时，尽量使用单词的复数形式，如$names、$books 等。

5. 函数命名

函数的命名规则和变量的命名规则相同。所有的名称都使用小写字母，多个单词使用下画线_分隔，例如：

```
function this_good_idear(){
define('DEFI_SUM!',100) ;
}
```

6. 类文件命名

PHP 类文件在命名时都以.class.php 为后缀，文件名和类名相同。例如，若类名为
DbMysql，则类文件名为 DbMysql.class.php。

2.2 常量

常量用于存储不经常改变的数据信息。顾名思义，常量的值是不能改变的。在 PHP 程序
中，常量的值只能定义一次。在程序的整个执行期间，这个值都有效，并且不可再次对该常
量进行赋值。

常量不同于变量，表现在它们的名称上，常量名不需要以$开头，此外，常量名与变量
名的命名方法完全一样。但是最好用全部大写字母表示常量。此外，由于常量的首字符不是$，
因此读者要尽量避免使常量名与语句名或函数名等 PHP 保留字同名。例如，不可以创建名为
ECHO 或 SETTYPE 的常量。如果读者确实创建了这样的常量，PHP 引擎将无法识别。

常量只包含标量值，如布尔值、整型数、浮点数和字符串(不可以是数组和对象等)，可
以在 PHP 程序中的任何地方引用常量，而不需要考虑变量的作用域或大小写敏感等问题。

2.2.1 自定义常量

定义常量要使用 define()函数，括号中是常量名和常量值，函数的语法如下：

```
define(string constant_name,mixed value,case_sensitive=true)
```

其中，参数 constant_name 表示常量名称，为必选参数；参数 value 表示常量的值，为必选
参数；参数 case_sensitive 用来指定是否大小写敏感，设置为 true，表示不敏感，为可选参数。

下面的例子计算圆的周长和面积，其中要用到圆周率，它是一个固定不变的值(这时就可
以使用 define()函数来定义常量)，代码如下：

```
<?php
$radius = 4;

$diameter = $radius * 2;
$circumference = M_PI * $diameter;
$area = M_PI * pow( $radius, 2 );

echo "This circle has... <br /> ";
echo "A radius of " . $radius . "<br /> ";
echo "A diameter of " . $diameter . "<br /> ";
```

```
echo "A circumference of " . $circumference . "<br />";
echo "An area of " . $area . "<br />";
?>
```

在这个脚本中，首先把圆的半径存储到了 $radius 变量中，然后计算圆的直径，即半径的两倍，并把它存储到了 $diameter 变量中，接着计算圆的周长，周长是直径的 π 倍，并把结果存储到了 $circumference 变量中。此处，程序利用了 PHP 内置常量 M_PI，这个常量表示 π 的值。接着，这个脚本计算圆的面积，面积是半径的平方再乘上 π，并把结果存储到了 $area 变量中。为了计算半径的平方，可以调用内置函数 pow()，pow()需要两个参数，第一个参数 base 表示底数，第二个参数 exp 表示指数，返回值是 base 的 exp 次方值。

当希望某个值在整个脚本程序中都保持不变时，就可以使用常量。经常需要使用常量的情况包括配置文件和存储需要显示给用户的文本。

2.2.2　预定义常量

PHP 提供了很多预定义常量，可以获取 PHP 中的信息，但不能任意更改这些常量的值。预定义常量的名称及其作用如表 2-1 所示。

表 2-1　PHP 中的预定义常量

常量名	功　　能
__FILE__	默认常量，代表 PHP 程序的完整路径和文件名
__LINE__	默认常量，代表 PHP 程序的行号
PHP_VERSION	内建常量，代表 PHP 程序的版本
PHP_OS	内建常量，代表执行 PHP 解析器的操作系统名称
TRUE	代表布尔值真
FALSE	代表布尔值假
NULL	代表 null 值
E_ERROR	代表错误，导致 PHP 程序运行终止
E_WARNING	代表警告，不会导致 PHP 程序运行终止
E_PARSE	代表解析错误，由程序解析器报告
E_NOTICE	代表非关键的错误

需要注意的是，__FILE__ 和 __LINE__ 中的"__"是两条下画线，而不是一条"_"。
下面的例子用 PHP 中提供的预定义常量来输出 PHP 中的信息：

```
<?php
    echo "当前文件路径为："._FILE__;   //使用__FILE__常量获取当前文件路径
    echo "<br>";
    echo "当前行数为："._LINE__;      //使用__LINE__常量获取当前所在行号
    echo "<br>";
    echo "当前 PHP 版本信息为：".PHP_VERSION; //使用 PHP_VERSION 常量获取当前 PHP 版本
    echo "<br>";
```

```
    echo "当前操作系统为： ".PHP_OS; //使用 PHP_OS 常量获取当前操作系统
    ?>
```

运行结果如图 2-1 所示。

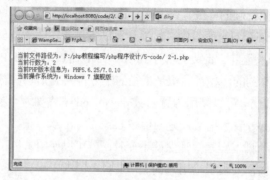

图 2-1　程序运行结果

2.3　变量

2.3.1　变量的概念

变量是指在程序运行过程中值可以变化的量。变量为开发人员提供了有名字的内存存储区，在程序中可以通过变量名对内存存储区进行读、写操作。可以将变量比作贴有名字标签的空盒子，不同的变量类型对应不同种类的数据，就像不同种类的东西要放入不同种类的盒子。变量包括变量名、变量值和变量的数据类型三个要素。PHP 中的变量是一种弱类型变量，无特定数据类型，不需要事先声明，可以通过赋值初始化为任何数据类型，也可以通过赋值随意改变变量的数据类型。

2.3.2　变量的声明和使用

PHP 中的变量不同于 C 或 Java 语言需要对每一个变量声明类型，PHP 中的变量不需要声明。PHP 中的变量名一般以"$"作为前缀，然后以字母 a~z 的大小写或"_"下画线开头。变量名是大小写敏感的。PHP 中的变量名称遵循以下约定：

- PHP 中的变量名是区分大小写的。
- 变量名必须以"$"开始。
- 变量名可以以"_"开头。
- 变量名不能以数字字符开头。
- 变量名可以包含一些扩展字符，但不能包含非法扩展字符。

以下变量名均为合法变量名：

```
$_hello
$Aform1
```

以下为非法变量名：

```
$168
$!like
```

在程序中使用变量之前，要先为变量赋值。下面的例子演示了变量的使用：

```
/*
unset()函数释放指定变量
isset()函数检测变量是否设置
empty()函数检测变量是否为空
*/
<?php
  $var="";    //声明变量$var 并赋予空值
  if(empty($var))
    {
    echo '$var is either 0 or not set at all';
    }

  if(isset($var))
    {
    echo '$var is not set at all';
    }    //结果为 true，因为$var 已经设置

  unset($var);
  if(isset($var))
    {
    echo "This var is set so I will print. ";
    }
?>
```

2.3.3　变量的作用域和生存周期

变量的作用域是指变量在程序中可以被使用的代码范围。在 PHP 中有 6 种基本的变量作用域法则：

- 内置的超全局变量(built-in super global variables)，在代码中的任意位置都可以访问。
- 常数(constants)，一旦声明，就是全局性的，可以在函数内外使用。
- 全局变量(global variables)，在代码前声明，可在代码间访问，但不能在函数中访问。
- 在函数中创建和声明为静态变量的变量，在函数外是无法访问的，但是静态变量的值可以保留。
- 在函数中创建和声明的局部变量，在函数外是无法访问的，并且在函数终止时失效。

1. 超全局变量

超全局变量也称自动全局变量，这种变量的特性是不管在程序的任何地方都可以访问，

不管是在函数外还是在函数内。这些超全局变量由 PHP 预先定义好，以方便开发者使用。超全局变量主要包括以下几种：

- $GLOBALS：包含全局变量的数组。
- $_GET：包含所有通过 GET 方法传递给代码的变量的数组。
- $_POST：包含所有通过 POST 方法传递给代码的变量的数组。
- $_FILES：包含文件上传变量的数组。
- $_COOKIES：包含 cookie 变量的数组。
- $_SERVER：包含服务器环境变量的数组。
- $_ENV：包含环境变量的数组。
- $_REQUEST：包含用户所有输入内容的数组(包括$_GET、$_POST 和$_SERVER)。
- $_SESSION：包含会话变量的数组。

2. 全局变量和局部变量

对于 PHP 变量来说，如果变量被定义在函数内部，那么只有函数内的代码才可以使用变量，变量的作用域是这个函数内部，这样的变量被称为局部变量。如果变量定义在所有函数外，那么其作用域就是整个 PHP 文件(但在自定义函数内不能使用)，称为全局变量。在全局变量这一点上，PHP 和 ASP VBScript 语言是不同的。例如：

```php
<?php
$a="Global variables";        //定义全局变量$a
function fun()
   {                          //自定义函数 fun()
   echo $a;
   $a="Local variables";      //定义局部变量$a
   echo $a;
   }
fun();                        //调用自定义函数$a
echo $a;
?>
```

在运行时，会提示 "NOTICE：Undefined variable: a…on line 4"，即在第 4 行有一个没有定义的变量$a。

如果一定要在函数内部引用外部定义的全局变量，或者在函数外部应用函数内部定义的局部变量，可以使用 global 关键字。例如，可以在上面的代码中增加一行代码，如下所示：

```php
<?php
$a="Global variables";        //定义全局变量$a
function fun(){
   global $a;                 //使用 global 关键引用函数外定义的变量$a
   echo $a;                   //输出 Global variables
   $a="Local variables";      //将变量$a 的值由 Global variables 修改为 Local variables
   echo $a;                   //输出 Local variables
}
```

```
fun();
echo $a;                    //输出 Local variables
?>.
```

这样输出的结果为"Global variables""Local variables""Local variables"。

使用 global 关键字需要注意以下几点：

- global 的作用并不是将变量的作用域设置为全局，而是起传递参数的作用。在函数外部声明的变量，如果想在函数内部使用，就要在函数内部使用 global 声明该变量。
- 不能在用 global 声明变量的同时给变量赋值，例如 global $a="Global variables"是错误的。
- global 只能写在自定义函数内部，写在函数外部没有任何用途。
- 对于全局变量，应该用完之后就用 unset()销毁，因为全局变量占用资源较多。

2.3.4　变量的生存周期

变量的生存周期表示变量在什么时间范围内存在，也可以理解为变量从被定义、分配内存空间起，到变量的存储空间被回收释放为止。全局变量的生存周期从它被定义那一刻起，到整个脚本代码执行结束为止；局部变量的生存期从定义它的函数被调用、变量被定义、分配内存空间起，到该函数运行结束为止。

一般局部变量在函数调用结束后，变量存储的值会被自动清除，所占用的存储空间也会被释放。为了能在函数调用结束后，继续保存局部变量的值，可以使用 static 关键字，将局部变量定义为静态局部变量，这样当再次调用该函数时，可以继续使用上次调用结束时的变量值。例如：

```php
<?php
function teststatic()
  {
    static $s=0;
    echo $s;
    $s++;
  }
teststatic();
teststatic();
?>
```

第一次调用 teststatic()函数，输出的 s 的结果为 0，s 变量自增，由 0 变成了 1；由于 static 使 s 变量的生存周期延长，第二次调用 teststatic()函数时，输出的 s 变量的结果为 1。如果将上述程序中的 static 删除，那么两次输出的 s 变量的结果都是 0：第一次调用 teststatic()函数，s 变量产生的变化随着函数的结束而丢失，没有保存到第二次调用 teststatic()函数时。

静态变量的作用域也在局部函数内部，在函数外部不能引用函数内部的静态变量。对静态变量赋值时不能将表达式赋给静态变量。

2.3.5　可变变量与变量的引用

一般的变量表示很容易理解，但是有两个变量表示概念比较容易混淆，就是可变变量和变量的引用。

1. 可变变量

可变变量是一种特殊的变量，这种变量的名称不是预先定义的，而是动态设置和使用的。可变变量一般使用一个变量的值作为另一个变量的名称，所以可变变量又称变量的变量。可变变量从直观上看就是在变量名前加一个"$"，例如：

```php
<?php
$value="guest";
$$value="Bob";        //相当于$guest="Bob"
echo $guest;
?>
```

输出结果为 Bob。也可以这样理解：$value="guest"，$($value)等价于$guest，这里使用变量$value 的值 guest 作为另一个变量的名称。

2. 变量的引用

变量的引用相当于给变量添加了别名，使用"&"来引用原始变量的地址，修改新变量的值将影响原始变量，反之亦然。就像是给同一个盒子贴了两个名字标签，两个名字标签指的都是同一个盒子。例如：

```php
<?php
$str1="guest";
$str2=&$str1;        //为$ str1 取别名$ str2
echo $str2;
echo "<br>";
$str2="user";        //修改$ str2 相当于修改$ str1
echo $str1;
?>
```

运行结果如图 2-2 所示。

图 2-2　程序运行结果

可以看到，输出结果为 guest、user。使用"&"引用变量$str1 并赋值给变量$str2，此时输出$str2 相当于输出$str1 的值；修改$str2 的值相当于修改$str1 的值，因而输出$str1 的值为 user。

2.4　数据类型

在计算机的世界中，数据是计算机操作的对象。每一个数据都有其类型，具备相同类型的数据才可以进行运算操作。

数据类型是一个值的集合以及定义在这个集合上的一组操作，不同的数据类型存储的数据的种类也不同。数据类型的使用往往和变量的定义联系在一起，变量的数据类型决定了变量的存储方式和操作方法。

作为一种弱类型语言，PHP 也被称为动态类型语言。在强类型语言之一的 C 语言中，一个变量只能存储一种类型的数据，并且这个变量在使用前必须声明该变量的类型。而在 PHP 中，不需要事先声明，赋值即可声明，给变量赋什么类型的值，这个变量就是什么类型。

例如以下几个变量：

```
$hello = "Hello world!";
```

由于 Hello world! 是字符串，因此变量$hello 的数据类型就是字符串类型。

```
$hello = 10;
```

同样，由于 10 为整型，$hello 也是整型。

```
$wholeprice = 10.0;
```

由于 10.0 是浮点型，因此$wholeprice 也是浮点型。

虽然 PHP 是弱类型语言，但是在某些特定场合，仍然需要正确的数据类型。

PHP 的数据类型可以分成 4 种，即标量数据类型、复合数据类型、特殊数据类型和检测数据类型。

2.4.1　标量数据类型

标量数据类型是数据结构中最基本的单元，只能存储一个数据。PHP 中的标量数据类型包括 4 种，即整型、浮点型、布尔型和字符串型，如表 2-2 所示。

表 2-2　PHP 中的标量数据类型

数据类型	描　　述
整型(integer)	用来存储整数，占用 4 个字节
浮点型(float)	用来存储实数，即包含小数的数
布尔型(boolean)	用来存储逻辑判断的真(true)或假(false)两种结果
字符串型(string)	用来存储字符序列，组成字符串的字符可以使字母、数字或符号

下面对这 4 种数据类型进行详细介绍。

1. 整型

整型(integer)是数据类型中最基本的类型。整型数据类型只能包含整数。在 32 位处理器上，整型的取值范围是-2147483648 到+2147483647。整型可以表示为十进制、十六进制和八进制。如果用八进制，需要在数字前加 0；如果用十六进制，需要加 0x。例如：

```
3560      //十进制整数
01223     //八进制整数
0x1223    //十六进制整数
```

在下面的示例中，分别输出定义的十进制、八进制和十六进制变量：

```php
<?php
$str1=12;        //定义十进制变量
$str2=012;       //定义八进制变量
$str3=0x12;      //定义十六进制变量
echo "输出数字 12 十进制、八进制、十六进制的结果分别为：<br>";";
echo "数字 12 十进制结果为：$str1<br>";
echo "数字 12 十进制结果为：$str2<br>";
echo "数字 12 十进制结果为：$str3<br>";
?>
```

程序运行结果如图 2-3 所示。

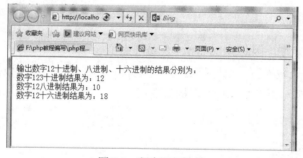

图 2-3　程序运行结果

2. 浮点型

浮点型(float)可以用来存储整数，也可以保存小数，也就是表示实数。浮点型提供的精度比整型大得多，在大多数运行平台下，这种数据类型的大小为 8 个字节，近似值范围是1.7E-308~1.7E+308(科学记数法)。例如：

```
-1.432
3.1415926
0.0
```

还有一种科学记数法格式，例如：

```
3.55E1
1E+07
834.13E-3
```

在下面的示例中，输出圆周率的近似值，分别用了圆周率函数、传统书写格式和科学记数法，如下所示：

```php
<?php
echo "请看圆周率的三种写法：";
echo "第一种为圆周率函数：";
echo pi()."<br>";
echo "第二种为传统写法：";
$ str 1=3.14159265359;
echo $str1."<br>";
echo "第三种为科学记数法：";
$ str2 =3.14159265359E-11;
echo $str2."<br>";
?>
```

运行结果如图 2-4 所示。

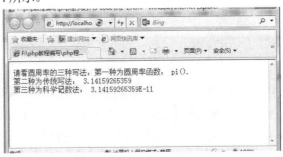

图 2-4　程序运行结果

3. 布尔型

布尔型(boolean)是 PHP 中较为常见的数据类型之一，只有两个值：true 和 false。布尔型是十分有用的数据类型，程序通过它实现了逻辑判断的功能。其他的数据类型基本都有布尔属性：

- 整型：为 0 时，其布尔属性为 false；为非 0 时，其布尔属性为 true。
- 浮点型：为 0.0 时，其布尔属性为 false；为非 0 时，其布尔属性为 true。
- 字符串型：为空字符串""或零字符串"0"时，其布尔属性为 false；包括除此以外的字符串时，其布尔属性为 true。
- 数组型：若不含任何元素，其布尔属性为 false；只要包含元素，其布尔属性为 true。
- 对象型、资源型：其布尔属性永远为 true。
- 空型：其布尔属性永远为 false。

布尔型变量可以用在条件语句或循环语句的表达式中，用来帮助判断程序的执行。例如，下面的程序演示了布尔型变量的使用：

```php
<?php
$str=true;
if($str=true)
```

```
        {
            echo "这是为真的情况： ";
            echo $str."<br>";
        }
        else
        {
            $str=false;
            echo "这是为假的情况： ";
            echo $str."<br>";
        }
    ?>
```

4. 字符串型

字符串是连续的字符序列，由数字、字母和符号组成。字符串中的每个字符只占用一个字节。在 PHP 中，定义字符串有以下 3 种方式：

- 单引号(')
- 双引号(")
- 定界符(<<<)

字符串型(string)的数据需要表示在引号之间。引号分为双引号(")和单引号(')，这两种引号都可以表示字符串。但是这两种表示方法也有一定区别。双引号几乎可以包含所有的字符，但是对于其中的变量，显示的是变量的值，而不是变量的变量名，有些特殊字符加上"\"符号就可以了；单引号内的字符会被直接显示出来，如果存在变量，就会输出变量的名字而不是变量的值。例如，下面的程序演示了使用单引号和双引号分别输出同一个字符串变量，请比较输出结果。

```
    <?php
    $str="你好，欢迎访问网站 PHP 乐园！： ";
        echo "这是双引号的输出结果： <br>";
        echo "$str <br>";
        echo "这是单引号的输出结果： <br>";
        echo '$str <br>';
    }
    ?>
```

2.4.2　复合数据类型

复合数据类型将多种简单的数据类型组合在一起，存储在一种变量中，包括数组和对象两种，如表 2-3 所示。

表 2-3　PHP 中的复合数据类型

数据类型	描　　述
数组型(array)	用来存储一组具有相同数据类型的元素的数据结构
对象型(object)	是面向对象语言中的一种复合数据类型，对象就是类的实例

1. 数组型(array)

数组是一组数据的集合，它把一系列数据组织起来，形成一个可操作的整体。数组是按照"键"与"值"的对应关系组织数据的。数组中可以包括很多数据，如标量数据、数组、对象、资源，以及其他 PHP 支持的语法结构等。数组不特意表明键值，默认情况下，数组元素的键值为从零开始的整数。

数组中的每个数据称为元素，元素包括索引和名称两部分，其中索引也叫键名。元素的索引可以由数字或字符串组成，元素的值可以是多种数据类型。定义数组的语法格式如下：

```
$array=("value1","value2",....);
```

或者

```
$array[key]="value";
```

或者

```
$array(key1=>value1, key2=>value2,....);
```

其中，参数 key 是数组元素的下标(索引)，value 是数组下标所对应元素的值。

PHP 数组的下标既可以是数字，也可以是字符串的形式。下面的示例分别演示了如何将数字和字符串作为数组的下标来创建数组，并输出对应元素的值：

```php
<?php
$arr=array(0=>1, 1=>2);
    echo "数字下标输出结果： <br>";
    echo $arr[0];
    echo " <br>";
$arr=array('hi'=>"hello");
    echo "字符串下标输出结果： <br>";
    echo $arr['hi'];
?>
```

2. 对象型(object)

编程语言有面向过程语言和面向对象语言之分。在 PHP 中，用户可以自由使用这两种方法。对象就是类的实例。当一个类被实例化以后，这个被生成的对象被传递给一个变量，这个变量就是对象型变量。对象型变量也属于资源型变量。

2.4.3　特殊数据类型

特殊数据类型包括资源和空值两种，如表 2-4 所示。

表 2-4　PHP 中的特殊数据类型

数据类型	描　　述
NULL	空类型只有一个值 NULL，未被赋值的变量的值就是 NULL
资源型(resource)	资源型是 PHP 特有的数据类型，又叫作"句柄"。可以用来表示 PHP 扩展资源，可以是数据库访问操作或打开的文件，也可以是其他数据类型

1. 空值(NULL 型)

空值表示没有为变量设置任何值。NULL 类型是仅拥有 NULL 这个值的类型。这种类型用来标记变量为空。空值不区分大小写，NULL 和 null 的效果是一样的。被赋予空值的情况有以下 3 种：

- 没有任何赋值
- 被赋值 null
- 被 unset()函数处理过的变量

下面是对这 3 种情况的应用：

```php
<?php
 $a;
 $b=null;
 $c=10;
 unset($c);
     echo "没有赋值情况输出结果：<br>";
     echo $a;
     echo " <br>";
     echo "被赋 null 值输出结果：<br>";
     echo $b;
     echo " <br>";
     echo " unset()处理后输出结果：<br>";
     echo $c;
     echo " <br>";
?>
```

需要指出的是，空字符串与 NULL 是不同的。在数据库存储时会把空字符串和 NULL 区分开处理。NULL 型在布尔判断时永远为 false。很多情况下，在声明变量时可以直接先赋值为 NULL，如$value = NULL。

2. 资源型

resource 类型，也就是资源型，是一种十分特殊的数据类型，由专门的函数建立和使用。在使用资源时，由程序员分配。它表示 PHP 的扩展资源，可以是打开的文件，也可以是数据库连接，甚至可以是其他的数据类型。但是在编程过程中，资源型确实几乎永远接触不到。

2.4.4　检测数据类型

PHP 还内置了检查数据类型的一系列函数，可以对不同类型的数据进行检测，判断其是否属于某个类型。检测数据类型的函数如表 2-5 所示。

表 2-5　PHP 中检测数据类型的函数

函数	检测类型
is_bool	检测变量是否为布尔型

函数	检测类型
is_string	检测变量是否为字符串型
is_float	检测变量是否为浮点型
is_null	检测变量是否为空值
is_array	检测变量是否为数组类型
is_object	检测变量是否为对象类型
is_numeric	检测变量是否为数字或由数字组成的字符串

下面的示例演示了检测数据类型的函数的应用：

```php
<?php
$a=true;
$b=null;
$c=10;
$d="字符串型";

    echo "检测变量是否为布尔型：<br>";
    echo " is_bool($a);
    echo " <br>";
    echo "检测变量是否为空值：<br>";
    echo " is_null($b);
    echo " <br>";
    echo "检测变量是否为整型：<br>";
    echo " is_int($c);
    echo " <br>";
    echo "检测变量是否为字符串型：<br>";
    echo " is_bool($d);
    echo " <br>";
?>
```

2.5　数据类型的转换

在 PHP 中，数据类型的转换主要有自动类型转换和强制类型转换两种。

2.5.1　自动类型转换

PHP 中的自动类型转换是指在定义常量或变量时，不需要指定常量或变量的数据类型。在代码执行过程中，PHP 会根据需要将常量或变量转换为适合的数据类型。所以，数据类型的自动转换一般发生在对变量重新赋值和对不同类型的变量进行运算操作时。

1. 给变量重新赋值

在 PHP 中变量定义时不需要明确的数据类型定义, 会根据使用变量的上下文环境及赋值的数据决定变量的类型。在对变量重新赋予一个与之前不同数据类型的值后, 变量的数据类型会自动转换。例如:

```
$str="tom";   //$str 原来是 string 类型
$str=10;      //重新给$str 赋值, $str 由 string 自动转换为 integer 类型
```

2. 对不同数据类型的变量进行运算操作

对不同数据类型的变量进行运算操作时, 一般算术运算符中的加法运算符 "+" 和连接运算符 ".", 会选择占用字节最多的一个运算数的数据类型作为运算结果的数据类型, 而另一个操作数会自动转换为占用字节最多的那个运算数的数据类型。

例如, 在以下代码中, "+" 会自动按数字运算:

```
$x=1+1.2;      //1.2 为浮点数, 1 会被当成浮点数, 运算结果 2.2 是浮点数
$y=2+"1.2";    //"1.2"自动转换为浮点数 1.2, 然后使用上一行转换规则进行加法运算
$z=3+"Hello";  //"Hello"转换为整型数据 0, 运算结果 3 是整型
```

例如, 在以下代码中, "." 会自动按字符串运算:

```
$a=1;
$b=$a.'a';     //结果 1a, 将整型操作数 1 转换为'1'后与'a'连接成'1a'
```

下面的示例演示了 PHP 中不同类型数据之间的自动转换:

```php
<?php
  $a=true;
  $b=null;
  $c=100;
  $d="100abc";
  $e=0.1;
  // var_dump()函数输出数据的值、类型以及字符串的长度
  var_dump($a+$c);
  echo " <br>";
  var_dump($b+$c);
  echo " <br>";
  var_dump($c+$d);
  echo " <br>";
  var_dump($c+$e);
  echo " <br>";
  var_dump($e+$e);
  echo " <br>";
?>
```

2.5.2　强制类型转换

PHP 中有两种强制类型转换方式:

1. 使用强制类型转换

强制类型转换可以将数据转换为指定的数据类型,语法格式如下:

```
(类型名)变量或表达式
```

其中,类型名包括 int、integer、float、double、real、string、bool、boolean、array、object,类型名两侧的括号一定不能省略。int 和 integer 转换成整型,float、double 和 real 转换为浮点型,string 转换为字符串,bool 和 boolean 转换成布尔型,array 转换为数组,object 转换为对象。例如:

```
$num1=3.14;
$num2=(int)$num1;
print_r($num1);        //输出 float(3.14)
print_r($num2);        //输出 int(3)
```

下面的示例演示了 PHP 中数据类型的强制转换:

```php
<?php
$str="你好,欢迎来到 PHP 学习网站! ";
echo "这是原始 string 形式: ".$str;
echo " <br>";
echo "这是 boolean 形式: ".(boolean)$str;
echo " <br>";
echo"这是 integer 形式: ".(integer)$str;
echo " <br>";
echo"这是原始 float 形式: ".(float)$str;
echo " <br>";
echo"这是原始 array 形式: ".(array)$str;
echo " <br>";
?>
```

2. 使用类型转换函数

可以使用 intval()、floatval()、strval()、settype()等函数实现类型的强制转换。例如:

```php
$str="123.9abc";
$int=intval($str);        //转换为 int 型数值 123
$float=floatval($str);    //转换为 float 型数值 123.9
$str=strval($float);      //转换为 string 型"123.9"
$num4=12.8;
settype($num4,"int");     //将$num4 中的数据转换为 int 型
```

虽然强制类型转换使用起来比较方便,但也存在一些问题,例如字符串转换为整型该如何转换,整型转换成布尔型该如何转换,这些都需要一些明确的规定,PHP 为此提供了相关

的规定，如表 2-6 所示。

表 2-6　PHP 类型转换规定

源类型	目标类型	转换规则
float	integer	保留整数部分，小数部分无条件舍去
boolean	integer 或 float	false 转换为 0，true 转换为 1
boolean	string	false 转换为空字符串""，true 转换为"1"
string	integer	从字符串开头取整数，若开头没有，则转换为 0
string	float	从字符串开头取浮点数，若开头没有，则转换为 0.0
string	boolean	空字符串""或字符串"0"转换为 false
integer float	boolean	0 转换为 false，非 0 数值数转换为 true
integer float	string	将所有数值转换为字符串
integer float boolean string	array	创建一个数组，第一个元素是源类型数据本身
object	boolean	没有对象的转换为 false，否则转换为 true

下面的示例演示了 PHP 中数据类型的强制转换：

```php
<?php
$str="3.1415926abc! ";
$int=intval($str) ;
$floa=floatval($str) ;

var_dump($int);
echo " <br>";

var_dump($floa);
echo " <br>";

var_dump($str);
echo " <br>";
?>
```

2.6　数据的输出

PHP 中最常用的输出语句是 echo。除 echo 语句之外，还可以使用 print 语句向浏览器中
输出数据。

2.6.1　print 和 echo

print 语句和 echo 语句的作用非常相似，都用于向页面中输出数据。例如：

```php
var_dump($int);
```

print 语句和 echo 语句的区别如下：

- 使用 print 语句一次只能输出一个字符串，而使用 echo 语句可以同时输出多个字符串，多个字符串之间用逗号隔开。
- 在 echo 语句前不能使用错误屏蔽运算符"@"。
- print 语句可以看成有返回值的函数，因此 print 语句能作为表达式的一部分，而 echo 语句不能。
- echo 语句可以输出一个或多个字符串，而 print 语句只能输出简单类型变量的值，如 int、string。

2.6.2　输出运算符"<?= ?>"

如果只需要在 HTML 代码中嵌入一条 PHP 输出语句，可以使用 PHP 提供的另一种便捷方法：使用输出运算符"<?= ?>"来输出数据。例如，将页面背景颜色设置为红色，代码如下：

```
<body bgcolor="<?='red'?> ">
</body>
```

2.7　本章小结

本章介绍了 PHP 语法的基础知识，主要包括 PHP 的基本语法、常量、变量、数据类型以及编码规范等。

熟练掌握 PHP 的基本语法是学习 PHP 语言的第一步，也是读者学好 PHP 的最基础内容。由于 PHP 是一种弱类型语言，因此其变量常常无须指定类型即可直接使用。这既是 PHP 的灵活之处，也是 PHP 的弱点。通过本章的学习，读者要对这些知识点以及 PHP 的组成部分有一个整体的认识。

2.8　思考和练习

一、选择题

1. PHP 语言标记是(　　)。

    A. <html　/ html >　　　　　　　　B. <?php　?>

    C. ?............?　　　　　　　　　　D. /*....*/

2. 可以支持多行注解的 PHP 注释符是(　　)。

    A. //　　　　　　　　　　　　　　B. #

    C. ?............?　　　　　　　　　　D. /*....*/

3. "<?php echo 'PHP'; #语言?>你好呀！"会在浏览器中显示(   )。

     A. PHP   B. PHP 语言

     C. PHP 语言你好呀！   D. PHP 你好呀！

4. 以下关于常量和变量的说法中正确的是(   )。

     A. 变量的值不可以随时更改

     B. 常量的值一旦定义就不能更改

     C. 变量的值一旦定义就不能更改

     D. 常量的值可以随时更改

5. 在 PHP 中，以下变量命名正确的是(   )。

     A. $book   B. 4book

     C. $4book   D. _book

6. 下列代码执行后的结果为(   )。

```php
<?php
runction read($a)
{
    $result=$a*$a;
    echo '1';
    return $result;
}
echo read(1);
read(1);
```

     A. 1

     B. 11

     C. 111

     D. 1111

7. LAMP 具体结构不包含下面哪种？(   )

     A. Windows 系统

     B. Apache 服务器

     C. MySQL 数据库

     D. PHP 语言

二、编程题

1. 编写程序，根据长方形的长和宽，输出长方形的周长和面积。

2. 编写程序，输出三个数中最大的那个数。

第3章　运算符和表达式

前面初步认识了 PHP 这门语言，熟悉了这门语言的背景和历史，深入了解了 PHP 环境的搭建和相关概念，以及 PHP 的基本语法、常量、变量、数据类型以及编码规范等。本章将逐步展开讲解，介绍 PHP 中的各类运算符和表达式。PHP 中包含多种类型的运算符，常见的有算术运算符、字符串运算符、赋值运算符、比较运算符和逻辑运算符等。运算符是程序设计语言中不可或缺的内容，有了运算符才能让算法得到更好的表达。

本章的主要学习目标：

- 掌握 PHP 中算术运算符的使用
- 了解 PHP 中字符串运算符的使用
- 掌握 PHP 中赋值运算符的使用
- 掌握 PHP 中比较运算符的使用
- 掌握 PHP 中逻辑运算符的使用

3.1　算术运算符

算术运算符是最简单、最常用的运算符，它的运算结果是一个算术值。例如：$a=5+2，结果是 7。如果算术运算符的左右两边任一操作数或两个操作数都不是数值，那么会将操作数先转换成数值，再执行算术运算。例如：$a=10+'20'，结果为 30；$a='15'+'3.2ab4'，结果为 18.2；$a='15'+'ab4'，结果为 15；$a='15'+true，结果为 16。

将字符串转换为数值的原则是：从字符串开头取出整数或浮点数，如果开头不是数字，就是 0；布尔型的 true 会转换成数值 1，false 会转换成数值 0。常见的算术运算符如表 3-1 所示。

表 3-1　常见的算术运算符

运算符	功　　能
+	加法运算符，进行加法运算
–	减法运算符，进行减法运算
*	乘法运算符，进行乘法运算
/	除法运算符，进行除法运算
%	取余运算符，进行取余运算
++	累加运算符，进行累加运算
--	累减运算符，进行累减运算

3.1.1 常用算术运算符

常见且容易理解的运算符有"+""-""*""/""%"，即加减乘除和取余。运算规则和数学中的运算规则一致，先算乘除再算加减，有括号的先算括号内的数。算术运算符的用法如下面的示例所示：

```php
<?php
$a=5;
$b=2;
echo $a."+".$b."=";      //"."为连接字符串运算符，这里是为了输出 5+2=7 这样的表达式
echo $a+$b."<br />";     //<br />为换行符
echo $a."-".$b."=";
echo $a-$b."<br />";
echo $a."*".$b."=";
echo $a*$b."<br />";
echo $a."/".$b."=";
echo $a/$b."<br />";
echo $a."%".$b."=";
echo $a%$b."<br />";
?>
```

程序的运算结果如图 3-1 所示。

图 3-1 算术运算符的应用

3.1.2 累加、累减运算符

累加、累减运算符即"++""--"，常用在变量的前面或后面，对变量进行加 1 或减 1 操作。但用在变量后和用在变量前却有着很大的差别，比如$b=$a++;或$b=$a--;，程序会先把$a 的值赋给$b，然后执行++或--操作，示例如下所示：

```php
<?php
$a=5;
$b=$a++;
echo '$b='.$b;
echo "<br />";      //<br />为换行符
echo '$a='.$a;
?>
```

运算结果如图 3-2 所示。

图 3-2　累加、累减运算符的应用(一)

而$b=++$a;或$b=--$a;会先进行++或--操作，也就是先对$a 加 1 或减 1，然后将值赋给$b，示例如下所示：

```php
<?php
 $a=5;
 $b=++$a;
 echo '$b='.$b;
 echo "<br />";   //<br />为换行符
 echo '$a='.$a;
?>
```

运算结果如图 3-3 所示。

图 3-3　累加、累减运算符的应用(二)

3.2　字符串运算符

字符串运算符把两个字符串连接起来，变成一个新的字符串。字符串运算符用"."表示，如果字符串运算符左右两边任一操作数或两个操作数都不是字符串类型，那么会将操作数先转换成字符串，再执行连接操作；如果变量是整型或浮点型，PHP 会自动将它们转换为字符串输出，然后进行连接。字符串运算符的应用也相对较广，很多时候需要将有用的信息连接组合，示例如下所示：

```php
<?php
header("content-type:text/html; charset=gb2312");//将 HTML 以 GB2312 编码，以便汉字能够正常显示
$a="您好先生！请您住：";                    //定义字符串变量
$b=205;
$c="房间";
echo $a.$b.$c;                              //把字符串连接后输出
?>
```

运行结果如图 3-4 所示。

图 3-4   字符串运算符的应用

3.3   赋值运算符

赋值运算符的作用是把一定的数据值加载给特定变量，最基本的赋值运算符是"="，用于对变量赋值，因此左边只能是变量，而不能是表达式。PHP 还支持像 C 语言那样的赋值运算符与其他运算符的缩写形式，如"+=""-=""*=""/="等。常用的赋值运算符如表3-2 所示。

表 3-2   常用的赋值运算符

运算符	功　　能
=	将右边的值赋值给左边的变量
+=	将左边的值加上右边的值并赋给左边的变量
-=	将左边的值减去右边的值并赋给左边的变量
*=	将左边的值乘以右边的值并赋给左边的变量
/=	将左边的值除以右边的值并赋给左边的变量
.=	将左边的字符串连接到右边
%=	将左边的值对右边的值取余数，然后赋给左边的变量

例如，$a=3+5，$b=$c=8，前者是将运算结果赋值给变量$a，后者是将数值常量 8 赋值给变量$c 和$b，这里的"="不是判断"等于"，而是把值赋给变量。$a+=$b 相当于$a=$a+$b，

其他赋值运算符与此类似。赋值运算符可以使程序更加简练，从而提高执行效率。

3.4　比较运算符

一般来说，比较运算符常用在 if 条件语句中，用来判断程序该跳转到哪个分支。if 语句就相当于生活中从一个起点到达一个或多个终点，有很多条路，该走哪一条需要我们选择，需要我们判断。它与"="赋值运算符的意义与用途是完全不同的，它用来比较两端数据值的大小。比较运算符的种类很多，如表 3-3 所示。

表 3-3　比较运算符

运算符	功　　能
==	进行相等关系运算，为"真"时返回 1
===	进行完全相等关系运算，两边的操作数类型与值完全相等时返回 1
!=	进行不相等关系运算
!==	进行完全不相等关系运算，即包括数值和类型
>	进行大于关系运算
<	进行小于关系运算
>=	进行大于或等于关系运算
<=	进行小于或等于关系运算

比较运算符常用在条件判断语句中。对于"=="，当左右两端的值相等时，返回 true，否则返回 false。对于"=="，两端的操作数相等，不仅仅数值要相等，而且操作数的类型也要一样，才会返回 true，否则返回 false。

在还没有正式介绍 if 语句之前，先来了解关系运算符的运算过程，示例如下所示：

```php
<?php
$a=12;
$b=20;
echo "判断 a 是否等于 b:";
echo $a==$b;
echo "<br />";         //<br />为换行符
echo "判断 a 是否大于 b:";
echo $a>$b;
echo "<br />";
echo "判断 a 是否小于 b:";
echo $a<$b;
?>
```

运行示例代码，效果如图 3-5 所示。

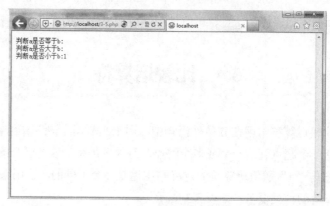

图 3-5　比较运算符的应用

由图 3-5 可以看出，最后返回 1 时，表示"$a"小于"$b"是成立的，其他则不成立。

3.5　逻辑运算符

逻辑运算符和比较运算符最重要的功能是逻辑判断和运算，在许多 PHP 应用程序中都起到了重要作用，它们常用在控制结构中。逻辑和、逻辑或、逻辑否都是逻辑运算符，逻辑运算符如表 3-4 所示。

表 3-4　逻辑运算符

运算符	功　　能
&&	逻辑与。如果两边都为真，则返回真
and	逻辑与。如果两边都为真，则返回真
‖	逻辑或。如果两边有一个为真，则返回真
or	逻辑或。如果两边有一个为真，则返回真
!	逻辑非。返回一个相反的布尔值
not	逻辑非。返回一个相反的布尔值
xor	逻辑异或。两边布尔值不同时返回真

逻辑运算符用来组合逻辑运算的结果，例如对两个布尔值或两个比较表达式进行逻辑运算，再返回一个布尔值。对于逻辑与(&&和 and)和逻辑或(‖和 or)，虽然含义相同，但运算符的优先级却不同。"&&"的优先级比"and"高，"‖"的优先级比"or"高。例如$a=(1 or 2 and 0)，结果为 true。因为 or 和 and 优先级相同，所以按自右至左的执行顺序，先执行 2 and 0。而对于$b=(1 ‖ 2 and 0)，会先执行 1 ‖ 2，再执行 true and 0，最终返回 false。

逻辑运算符的用法如下：

```php
<?php
$a=true;
$b=false;
echo '$a&&$b:';
```

```
var_dump($a&&$b);
echo "<br />";
echo '$a||$b:';
var_dump($a||$b);
echo "<br />";
echo '!$a:';
var_dump(!$a);
?>
```

运行结果如图 3-6 所示。

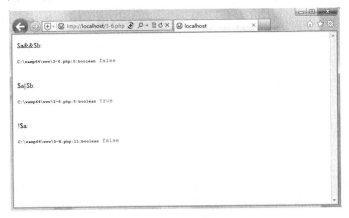

图 3-6　逻辑运算符的应用

3.6　按位运算符

按位运算符需要把数值转换成二进制数据，用二进制数据进行运算，把各"位"对齐进行按位处理。例如$a=(11&14)，需要先把 11 转换成二进制数$(1011)_2$，把 14 也转换成二进制数$(1110)_2$，然后进行按位和运算，即对应的二进制都是 1，结果为 1，最终结果为$(1010)_2$,即十进制的 10，按位运算符的含义如表 3-5 所示。

表 3-5　按位运算符

运算符	功　　能
&	按位和。例如$a&$b，表示将$a 和$b 都转换成二进制，对应位都是 1，结果该位为 1
|	按位或。例如$a\|$b，表示将$a 和$b 都转换成二进制，对应位中有一个是 1，结果该位为 1
^	按位异或。例如$a^$b，表示将$a 和$b 都转换成二进制，对应位不相同时，结果该位为 1
~	按位取反。例如~$a，表示将$a 转换成二进制，对应位是 1，结果该位为 0；对应位是 0，结果该位为 1

（续表）

运算符	功　能
<<	左移。例如$a<<$b，表示将$a 转换成二进制，向左移动$b 位，右边移空补 0
>>	右移。例如$a>>$b，表示将$a 转换成二进制，向右移动$b 位，左边移空补 0

3.7　错误控制运算符

错误控制运算符用"@"表示。在操作数之前使用，用来屏蔽错误信息的生成。有的时候不能将程序的错误信息全部显示给客户，错误信息里可能包含后台中很多保密的信息，如用户名、密码或用户登录的验证方式等。为了将信息屏蔽，可以在容易发生错误的程序代码前加入"@"符号，如下所示：

```php
<?php
$a=@(5/0);        //如果不想显示除数为零错误，在表达式前加上"@"即可
?>
```

像上边的错误在编程的时候当然是不会出现的，因为很容易就能发现错误的地方，在调试程序的时候也能及时发现。有的代码没有语法错误，但会由于某种外在的原因造成程序运行出错，例如 PHP 连接数据库时，数据库所在服务器断电或者某项服务未启动，都可能造成数据库连接失败。如果不作处理，数据库连接失败就会出现错误信息，并在客户端页面上显示，透露数据库的部分信息，这些信息有可能会成为黑客攻击数据库的漏洞，造成数据库内信息的泄露。如果银行系统被黑客攻破数据库，读取了用户账户和密码，将是多么可怕的事情。

在 mysql_connect()函数的前面添加符号"@"，可以用于屏蔽函数出错信息的显示。但如果错误真的出现时无任何显示，会给程序开发人员或维护人员带来麻烦，因为有时他们也不知道错误出现在什么地方，不容易排查。为了不透漏内部有用信息，还能让开发人员或维护人员迅速找到出错的地方，可以将连接数据库的语句写成如下形式：

```
mysql_connect('localhost','root','123456') or die('数据库服务器连接失败！')
```

在上述代码中，如果调用函数出错，将执行 or 后面的语句，其中 die()函数用于停止脚本执行并向用户输出错误信息"数据库服务器连接失败！"，这样程序开发人员就很容易找到问题所在。

3.8　三元运算符

三元运算符的作用和 if 判断类似，是最简单的 if 判断，由三部分组成，前面是判断表达式，后面是两条跳转语句。当判断表达式成立时，执行后面的第一条语句；当判断表达式不

成立时，执行后面的第二条语句。这样的操作符在 PHP 中只有一个，用符号"?:"表示，语法格式为：

表达式? 语句 1：语句 2

如果表达式成立，执行语句 1，否则执行语句 2。

```php
<?php
header("content-type:text/html; charset=gb2312");
$a=date("D",time());
echo ($a=="Sat"||$a=="Sun")?"今天可以休息！":"今天正常上班！";
?>
```

运行结果如图 3-7 所示。

图 3-7 三元运算符的应用

3.9 运算符的优先级和结合规则

运算符的优先级和结合规则其实和正常的数学运算符的结合规则十分相似。

● 加减乘除的先后顺序同数学运算中的完全一致。

● 对于括号，先括号内，再括号外。

● 对于赋值，由右向左运行，即依次从右边向左边的变量进行赋值。

3.10 表达式

表达式是在特定语言中表达特定操作或动作的语句。PHP 的表达式也有同样的作用。PHP 主要有 5 种表达式，即数学表达式(如 2+3*4)、字符串表达式(如"abc"."de")、赋值表达式(如 $a+=$b)、关系表达式(如$i= =6)和逻辑表达式(如$a||$b&&$c)。

表达式包含"操作数"和"操作符"。操作数可以是变量，也可以是常量。操作符则体现了要表达的各个行为，如逻辑判断、赋值、运算等。

3.11　小结

本章介绍了 PHP 中的运算符和表达式,其实各种计算机高级语言中的运算符和表达式类型都几乎一样，是计算机编程不可缺少的组成部分，是计算机编程的基础，掌握这部分知识将为以后的编程打下坚实的基础。

3.12　思考和练习

一、填空题

1. 若$a=3;$a+=3;，执行后，变量$a 的值为_____。
2. 若$a=2;，表达式($a++)/2 的值是_____。

二、选择题

1. 假设$a=2，三元表达式$a>0?$a+2:5 的运算结果是以下哪一个？(　　)

    A. 0　　　　　　B. 2　　　　　　C. 4　　　　　　D. 5

2. 下面的运算符中，哪个用于执行除法运算？(　　)

    A. /　　　　　　B. \　　　　　　C. %　　　　　　D. *

第4章 流程控制语句

程序流程控制在编程语言中占有非常重要的地位,大部分的程序段都要依靠它们来完成。PHP 脚本文件由一系列的语句构成,如果没有流程控制语句,PHP 程序将从第一条 PHP 语句开始执行,一直运行到最后一条 PHP 语句。流程控制语句用于改变程序的执行次序,从而控制程序的执行流程。

PHP 的程序流程主要包括分支、判断、循环等,这 3 种类型的流程控制构成了面向过程编程的核心。

本章的主要学习目标:

- 条件控制语句
- 循环控制语句
- 跳转控制语句

4.1　流程控制概述

流程控制,也叫控制结构,主要是指根据需要让程序转向执行指定的语句。PHP 提供了一组流程控制语句用于实现上述程序执行顺序,而这些控制语句之间大多都可以进行嵌套使用。PHP 中的控制结构语句分为 4 类:顺序控制语句、条件控制语句、循环控制语句和跳转控制语句。其中顺序控制语句是从上到下执行的,这种结构没有分支和循环,是 PHP 程序中最简单的结构。

- 条件控制语句: if 和 switch
- 循环控制语句: while、do-while、for 和 foreach
- 跳转控制语句: break、continue 和 return

4.2　条件控制语句

条件控制语句以一定的条件作为依据,根据判断的结果,选择性地执行指定的语句。在 PHP 中,有 if 语句和 switch 两种条件控制语句。if 语句又可分为单分支选择 if 语句、双分支选择 if 语句和多分支选择 if 语句 3 种。

4.2.1 if 语句

if 语句是最简单、最为常见的条件控制语句，它对某段程序的执行附加一个条件，如果该条件满足，就执行这段程序，否则跳过这段程序，转而执行下面的程序。

if 语句的语法格式为：

```
if(expr)
    statement;
```

如果条件表达式 expr 的值为 true，那就顺序执行语句 statement 的内容；否则，就跳过 statement 语句往下执行。如果需要执行的语句不止一条，那么可以使用{ }，格式如下：

```
if(expr)
    {
        statement1;
        statement2;
    }
```

if 条件语句的流程图如图 4-1 所示。

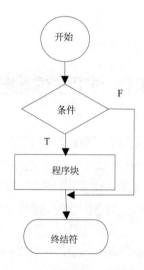

图 4-1 if 语句的流程图

下面是 if 语句的一个应用：

```php
<?php
    $score=89;            //定义变量
    if($score>=60)        //判断是否符合条件
    {
        echo "及格";
    }
?>
```

上述代码用 if 语句判断变量$score 的值是否大于或等于 60，如果判断成功，输出"及格"，否则什么也不做，跳出 if 语句。如果语句块中仅有一行代码，也可将大括号省略。

比如下面的例子：

```php
<?php
    if($num%2==0)
    {
        echo "$num 是偶数。";
    }
?>
```

上面的例子判断变量$num 对 2 取模的结果是否等于 0，如果判断成功，说明$num 是偶数，执行 echo 语句并跳出 if 语句；如果判断失败，什么也不做并跳出 if 语句。

4.2.2　if…else 语句

大多数时候，总是需要在满足某个条件时执行一条语句，而在不满足该条件时执行其他语句。为了在 if 语句中描述这种情况，提供了 else 子句。else 子句表示的自然语句是"否则"的意思，其语法格式为：

```php
if(expr){
    statement 1;
    }
else{
    statement 2;
    }
```

当表达式 expr 的值为 true 时，执行 statement 1 语句；当表达式 expr 的值为 false 时，执行 statement 2 语句。if…else 语句的流程图如图 4-2 所示。

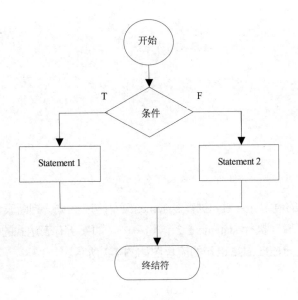

图 4-2　if…else 语句的流程图

下面是 if...else 语句的一个应用：

```php
<?php
    $score=89;           //定义变量
    if($score>=60)       //判断是否符合条件
    {
        echo "及格";
    }
    else
    {
        echo "不及格";
    }

?>
```

上述代码用 if 语句判断变量$score 的值是否大于或等于 60，如果判断成功，输出"及格"；否则，执行 else 子句下的语句块，输出"不及格"。使用 if 语句和 else 子句能够描述一些复杂的逻辑问题，但 if...else 语句有时并不能完整地表达人们的语义。例如，对学生成绩的判断，如果学生的考试成绩在 90 分以上，为"优秀"；如果学生的考试成绩在 80 分~90 分之间，为"良好"；如果学生的考试成绩在 70 分~80 分之间，为"中等"；如果学生的考试成绩在 60 分~70 分之间，为"及格"；如果学生的考试成绩在 60 分以下，为"不及格"。这种情况用 if...else 语句就无法实现，针对类似的情况，下面介绍另外一种语句。

4.2.3　if...elseif...else 语句

考虑到 if...else 语句只能选择两种结果，要么执行真，要么执行假。当条件表达式有多种取值时，选择结果超两种以上，if...else 语句就无法实现该程序。此时可以使用多分支选择语句——if...elseif...else 语句，其语法格式为：

```
if(expr1){
    statement 1;
    }
else if(expr2){
    statement 2;
    }
    …
else{
    statement n;
    }
```

当表达式 expr1 的值为 true 时，执行 statement 1 语句；否则，判断表达式 expr2，当表达式 expr2 的值为 true 时，执行 statement 2 语句……，如果所有表达式的值都为 false，执行 statement n 语句。if...elseif...else 语句的流程图如图 4-3 所示。

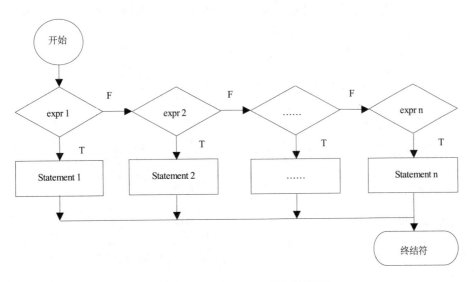

图 4-3　if…elseif…else 语句的流程图

下面是 if…elseif…else 语句的一个应用：

```php
<?php
$score=89;          //定义变量
if($score>=90)      //判断是否符合条件
{
    echo "优秀";
}
elseif($score<90&&80$score>=80)      //判断是否符合条件
{
    echo "良好";
}
elseif($score<80&&80$score>=70)      //判断是否符合条件
{
    echo "中等";
}
elseif($score<70&&80$score>=60)      //判断是否符合条件
{
    echo "及格";
}
else
{
    echo "不及格";
}
?>
```

　　本例中首先判断$score 是否大于或等于 90，如果成立，输出"优秀"，执行完毕后退出该选择结构，不再判断其他条件表达式。如果第一个条件表达式不成立，继续判断后面的条件表达式是否成立，如果成立，执行对应的语句块，执行完毕后退出该选择结构。如果所有的表达式都不成立，执行最后一个 else 后的语句块。由此可见，无论何种情况，if…elseif…else 语句只会执行其中一个语句块，可以实现 n 选 1。

例如，求 a、b、c 三个数中的最大数，代码如下：

```php
<?php
  if($a<$b){
     $max=$b;
  }
  elseif($a<$c){
     $max=$c;
  }
  else{
     $max=$a;
  }
?>
```

4.2.4　switch 语句

在程序设计中，所有依据条件做出判定的问题都可以用前面介绍的不同类型的 if 语句来解决。不过，在用 if…else 语句处理多个条件判定问题时，组成条件的表达式在每一个 elseif 语句中都要计算一次，显得烦琐臃肿。为了避免 if 语句冗长，提高程序的可读性，可以使用另外一种选择控制语句——switch 分支控制语句。PHP 提供 switch…case 多分支控制语句，对于某些多项选择场合，可使代码更加简洁，增加代码的可读性。

switch 语句给出了不同情况下可能执行的程序块，条件满足哪个程序块，就执行哪个语句。switch 语句可以看成多分支选择 if 语句的另外一种形式，两者可以相互转换。在要判断的条件有很多种可能的情况下，使用 switch 语句将使多分支选择结构更加清晰。

switch 语句的语法格式为：

```
switch(variable)
{
 case value1:
     statement 1;
     break;
 case value 2:
     statement 2;
     break;
 case value 3:
     statement 3;
     break;
 …
default:
     statement n;
}
```

switch 语句根据 variable 的值，依次与 case 中的 value 值相比较，如果不相等，继续查找下一个 case；如果相等，就执行对应的语句，直到 switch 语句结束或遇到 break 为止。一般 switch 语句的结尾都有默认的 default 分支，如果在前面的 case 中没有找到相符合的条件，就执行默认分支，这和 else 语句类似。

switch 语句的流程图如图 4-4 所示。

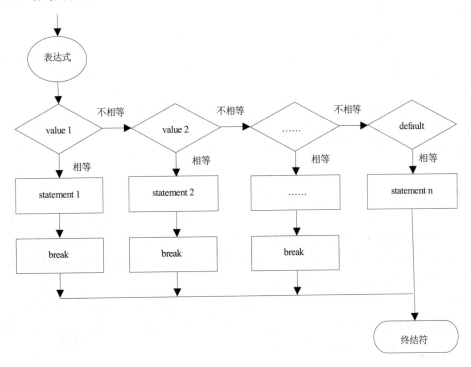

图 4-4   switch 语句的流程图

switch 语句的示例如下：

```php
<?php
$weekday=3;        //定义变量
switch($weekday)
{
case 1:
    echo "今天星期一，希望新的一周有个好的开始。";
    break;
case 2:
    echo "今天星期二，继续努力。";
    break;
case 3:
    echo "今天星期三，劳动人民最可爱。";
    break;
case 4:
    echo "今天星期四，勤奋才能出成绩，加油！";
    break;
case 5:
```

```
        echo "今天星期五，马上就是周末，完成工作好好休息。";
        break;
    case 6:
        echo "今天星期六，没办法，还要加个班啊。";
        break;
    default:
        echo "今天星期日，终于可以睡到自然醒了。";
        break;
    }

?>
```

上述例子判断变量$weekday 的值，如果$weekday 为 1 至 6 中的某个数字，执行与之对应的 case 语句，然后跳出 switch 分支结构；如果$weekday 的值不为 1 至 6 中的任何一个数字，执行 default 语句，然后跳出 switch 分支结构。

使用多分支 switch 语句时需要注意以下几点：

- case 语句后不能跟表示范围的条件表达式，只能跟常量。
- 各个 case 中的常量必须不相同，如果相同，满足条件时只会执行前一个 case 语句，后面那个 case 语句中的语句块不会被执行。
- 多个 case 可共用一组语句，此时必须写成 "case value2:case value 3:" 的形式，不能写成 "case value 2，value 3"。
- 每个 case 语句后一般只要一个 break 语句，这样执行完该 case 语句后就会跳出 switch 分支结构；否则，执行完该 case 语句后还会按顺序执行下面的 case 语句，直到遇到 break 或 switch 分支结构执行完毕。

4.3　循环控制语句

在实际应用中，经常遇到一些操作并不复杂但需要反复多次处理的问题。对于这类问题，如果用顺序结构的程序来处理，将十分烦琐，有时甚至难以实现。为此，PHP 提供了循环语句来实现循环结构的程序设计。

循环控制语句是指能够按照一定的条件重复执行某段功能代码的代码结构。循环控制语句分为以下 4 种：

- while 循环语句
- do-while 循环语句
- for 循环语句
- foreach 循环语句

其中，while 循环在代码运行的开始检查表述的真假；而 do-while 循环则在代码运行的末尾检查表述的真假，这样，do-while 循环至少要运行一遍。

4.3.1　while 循环语句

while 循环语句是 PHP 中最简单的循环控制语句，while 循环语句根据某一条件进行判断，根据判断结果决定是否执行循环。

while 循环语句的语法格式为：

```
while(expr)
{
    statement;
}
```

当条件表达式 expr 的值为 true 时，将执行语句块 statement 的内容；执行结束后，再返回表达式 expr 继续进行判断，直到表达式 expr 的值为 false，才跳出循环，执行大括号后面的语句。while 循环语句的流程图如图 4-5 所示。

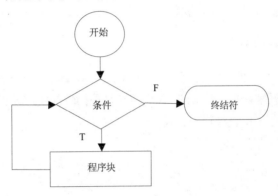

图 4-5　while 循环语句的流程图

下面是 while 循环语句的一个应用：

```php
<?php
  $i=1;               //定义变量
  echo "输出 100 以内的整数：";
  while($i<=100)       //判断是否符合条件
  {
      echo $i;
      $i++;
  }
?>
```

上述代码用来输出 100 以内的整数，变量$i 的初始值为 1，循环语句判断变量$i 的值。若小于或等于 100，输出变量$i 的值，并对变量$i 加 1，继续下一次循环，直到变量$i 的值大于 100 才结束循环。

下面的例子使用 while 循环语句输出 10 以内的奇数。

```php
<?php
  $num=1;
  $str="输出 10 以内的奇数：";
```

```
    while($num<=10)
    {
     if($num%2!=0)
       {                    //判断变量$num 是否为奇数
            echo $num;    //若变量$num 为奇数，则进行输出
       }
     $num++;             //将变量$num 自增 1
    }
?>
```

在上述代码中，判断变量$num 是否小于或等于 10，如果条件表达式的值为真，执行循环体。在循环体内部，首先判断$num 是否能整除 2，如果不能整除，输出变量$num，如果能整除，什么也不做；然后将$num 的值加 1。继续判断$num 是否小于或等于 10，如果条件表达式的值为真，会再次执行循环体(此时$num 会再次加 1)，直到条件表达式的值为假，此时跳过循环体，执行循环结构后面的语句。

4.3.2　do-while 循环语句

while 循环语句还有另外一种表示形式：do-while。do-while 循环语句和 while 循环语句非常相似，两者唯一的区别在于：do-while 循环语句是在循环的底部检查循环表达式，而 while 循环语句是在循环的顶部检查循环表达式。

do-while 循环语句的语法格式为：

```
do{
    statement;
}
while(expr);
```

do-while 循环语句先执行 statement 语句，然后对表达式进行判断，当表达式 expr 的值为 true 时，将执行 statement 语句的内容，直到表达式的值为 false，才跳出循环。因此，应用 do-while 循环语句时，循环体至少执行一次。do-while 循环语句的流程图如图 4-6 所示。

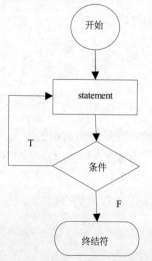

图 4-6　do-while 循环语句的流程图

需要注意的是，do-while 循环语句是后测试循环，它将条件表达式的判断操作放在循环体语句块的下面，这样就保证了循环体至少会被执行一次。将 4.3.1 节中的 while 循环语句示例用 do-while 循环语句重写一下：

```php
<?php
    $i=1;                    //定义变量
    echo "输出 100 以内的整数: ";
    do{
        echo $i;
        $i++;
    }while($i<=100) ;        //判断是否符合条件
        echo $i;

?>
```

在上述代码中，用 do-while 循环语句实现 100 以内整数的输出，变量$i 的初始值为 1，先执行 do-while 循环体中的语句，输出$i 的值为 1，并对变量$i 加 1。然后判断变量$i 的值，若小于或等于 100，继续下一次循环。值得注意的是，当$i 的值增加到 100 时，仍然会执行do-while 循环体中的语句，变量$i 增加为 101，此时循环结束，所以程序最后输出的$i 值为101。而在用 while 循环语句输出 100 以内整数的程序示例中，循环结束时$i 值为 100。

再来看一个例子：

```php
<?php
    $a=0;
    while($a!=0){
        echo "while 要执行的内容";
    }
    do{
        echo "do…while 要执行的内容";
    }while($a!=0);
?>
```

在上面的示例中，可以看到两种循环语句的对比：$a!=0 的结果为 true，所以 while 循环体一次也不会执行，而 do-while 循环体因为是先执行后判断，所以循环体会执行一次。

4.3.3 for 循环语句

for 循环语句是 PHP 中最复杂的循环控制语句，for 循环语句能够按照已知的循环次数进行循环操作，主要应用于多条件情况下的循环操作。如果在单一条件下使用 for 循环语句，就有些不合适。这一点从语法中就可以看出，条件表达有 3 个。for 循环语句的语法格式为：

```php
for(expr1; expr2; expr3)
{
    statement;
}
```

其中，exp1 为变量赋初始值。exp2 为循环条件，即在每次循环开始前求值，如果为真，执行 statement；否则，跳出循环，继续往下执行。exp3 对变量递增或递减，即每次循环后被执行。

for 循环的执行过程是：先执行初始表达式 expr1(通常是给循环变量赋初值)；然后判断循环条件表达式 expr2 是否成立，若成立，则执行循环体，否则跳出循环结构；正常执行完循环体之后，执行计数器表达式 expr3(通常是对循环变量进行计数)；转到 for 循环的条件表达式那里，判断是否继续循环。

for 循环语句的流程图如图 4-7 所示。

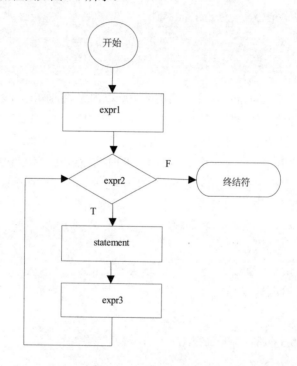

图 4-7　for 循环语句的流程图

将 4.3.1 节的 while 循环语句示例用 for 循环语句重写一下：

```php
<?php
    for($i=1; $i<=100; $i++)
    {
        echo $i;
    }

?>
```

在上述代码中，用 for 循环语句来实现 100 以内整数的输出。首先执行 for 循环语句中的初始表达式，为变量$i 赋初值为 1，并判断变量$i 的值，若满足条件表达式，即小于或等于

100，则执行循环体中的语句，输出$i 的值。接着执行计数器表达式，对变量$i 加 1。然后判断变量$i 的值是否满足条件表达式，以决定是否继续下一次循环。

再来看一个例子：

```php
<?php
    for($i=0;$i<=5;$i++)
    {
        echo "循环体被执行一次<br/>";
    }

?>
```

上述代码中，为变量$i 赋初值为 0，当$i 的值变成 6 时，会跳出循环结构，for 循环会执行 6 次。

for 循环语句非常灵活，在 for 循环语句中，循环变量可以采用递增或递减的方式，但有一个前提，就是要保证循环能够结束。无期限的循环(死循环)将导致程序崩溃。读者可以通过一些练习来熟练掌握 for 循环语句的使用。以上代码采用循环变量递增的方式，也可以采用递减的方式，下面来看一个循环变量递减的例子：

```php
<?php
    $num=1;
    for($i=100;$i>=1;$i--)
    {
        $num+=$i;
        echo "100 以内整数的和为：".$num;
    }

?>
```

程序运行结果如下：

```
100 以内整数的和为：5050
```

4.3.4 foreach 循环语句

foreach 循环语句常用来对数组或对象中的元素进行遍历操作，例如在数组中的元素个数未知的情况下，很适合使用 foreach 循环语句。

foreach 循环语句可以根据数组的情况分为两种，即不包含键值的数组和包含键值的数组。其语法格式为：

```
foreach(arry_expression as $value){
    statement;
}
```

或

```
foreach(arry_expression as $key->value){
    statement;
}
```

foreach 循环语句将遍历数组 arry_expression，每进行一次循环，将当前数组元素的值赋给数组元素值变量$value。同时，数组指针会逐一向后移动，直到遍历结束为止。当使用 foreach 循环语句时，数字指针将自动被重置，所以不需要手动设置指针位置。

foreach 循环语句应用很广泛，最主要功能就是遍历数组，下面给出一个应用。

```
<?php
$arr=arry("one",  "two", "three");          //数组$arr
foreach($arr as $value){                     //使用不包含键值的数组
    echo "数组值: ".$value. "<br/> ";
}
?>
```

上述代码中，循环体中的 echo 语句会执行 3 次，分 3 行输出数组中的 3 个数组元素。

4.4　跳转语句

跳转语句用于实现程序流程的跳转。PHP 提供了 3 种跳转语句：break 语句、continue 语句和 return 语句。其中前两种跳转语句使用起来非常简单，也很容易掌握，这是因为它们都被应用于指定的环境中，例如前面章节提到的 switch 循环语句，都使用了 break 语句。return 语句在应用环境上较前两者相对单一，一般被用在自定义函数和面向对象类中。本节将对这 3 种跳转语句进行介绍。

4.4.1　break 语句

break 语句用于结束当前的循环，包括 while 循环语句、do-while 循环语句、for 循环语句、foreach 循环语句和 switch 分支语句的执行。

break 语句不仅可以跳出当前循环，还可以指定跳出几重循环，格式如下：

```
break n;
```

参数 n 指定要跳出的循环数量。

break 语句的流程图如图 4-8 所示。

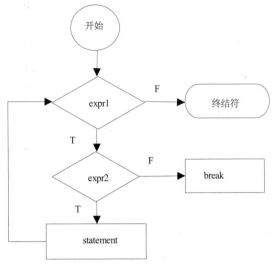

图 4-8　break 语句的流程图

下面这个例子使用 break 语句，跳出(也就是终止)循环控制语句和条件控制语句中 switch
语句的执行：

```php
<?php
$n=0;
while(++$n)
{
    switch($n)
    {
      case 1:
        echo "case one";
        break;
      case 2:
        echo "case two";
        break 2;
      default:
        echo "case three";
        break 1;
    }
  }
?>
```

在这段程序中，在 while 循环体中包含 switch 流程控制语句。其中"case 1"后的 break
语句会跳出 switch 语句。"case 2"后的 break 2 语句会跳出 switch 语句和包含 switch 语句的
while 语句。"default"后的 break 1 语句和"case 1"后的 break 语句一样，只是跳出 switch
语句。其中，break 后面带的数字参数是 break 要跳出的控制语句结构的层数。上述代码只会
输出 case one 和 case two，无法输出 case three，因为 case 2 语句后的 break 2 会同时跳出 switch
和 while 两个控制结构。

4.4.2　continue 语句

程序执行 break 语句后，将跳出循环，并继续执行循环体后续的语句。continue 语句只能终止本次循环，而进入下一次循环。在执行 continue 语句后，程序将结束本次循环，直接进入下一次循环，继续执行程序。

continue 语句的流程图如图 4-9 所示。

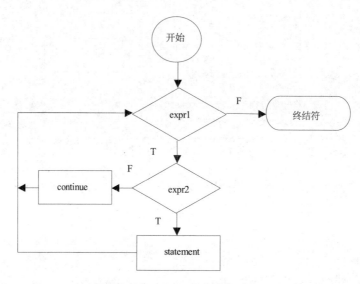

图 4-9　continue 语句的流程图

下面这个例子使用 continue 语句实现跳转：

```php
<?php
$i=0;
while($i++<6)
{
    if($i%2==0)
    {
        continue;
    }
    echo $i. "<br/>";
}
?>
```

使用 continue 语句，当 i 能被 2 整除时，跳出本次循环，并且直接进入下一次循环。另外，continue 语句和 break 语句一样，都可以在后面直接跟一个数字参数，用来表示跳出循环的结构层数。"continue" 和 "continue 1" 相同，"continue 2" 表示跳出所在循环和上一级循环。上述代码输出 1、3、5 共 3 个数，每个数占用一行。

break 和 continue 语句都能实现跳转功能，但两者还是有区别的：continue 语句只是终止本次循环，并不终止整个循环的执行，而 break 语句则是结束整个循环过程。

4.4.3　exit 语句

exit 语句的作用是终止整个 PHP 程序的执行，exit 语句后的所有 PHP 代码都不会执行。格式如下：

```
void exit([string message]);
```

message 是可选参数，用来输出字符串信息，然后终止整个 PHP 程序的执行。例如：

```php
<?php
    $i=1/0;
    exit ("除数不能为 0");
    echo "这条语句不会输出";
    ?>
```

在上述示例中，exit 语句后的程序将不会执行。

4.5　本章小结

本章讲述了 PHP 中流程控制语句的基本知识。PHP 中三种类型的流程控制语句构成了面向过程编程的核心。通过本章的学习，读者能够掌握条件控制语句和循环控制语句的应用，特别是 if 语句和 for 语句，从整体上形成开发思路，逐渐形成自己的编程习惯和编程思想。

4.6　思考和练习

一、选择题

1. 关于 PHP 中的各种循环，下列说法正确的是(　　)。

 A. foreach 语句用于循环遍历数组

 B. do-while 是先判断，再进行循环

 C. while 是先循环，再判断

 D. for 循环是条件判断型循环，跟 while 循环相似

2. 控制语句的基本控制结构有三种，不属于这三种结构的是(　　)。

 A. 顺序结构

 B. 选择结构

 C. 循环结构

 D. 计算结构

3. 执行下列语句后，a、b 的值分别为(　　)。

```
$a=1;
$b=10;
do{
```

```
$b-=$a;
$a++;
}while($b--<0)
```

A. 8　　2　　　　　　　　B. -2　　2

C. -1　　8　　　　　　　　D. 2　　8

二、编程题

1. 分别利用 while 循环语句和 for 循环语句，输出 1~100 范围内所有奇数的和。

2. 利用 PHP 程序来判定年份是否为闰年。

提示：

① 普通年能被 4 整除而不能被 100 整除的为闰年(比如 2004 年就是闰年，1900 年不是闰年)。

② 世纪年能被 400 整除而不能被 3200 整除的为闰年(比如 2000 年是闰年，3200 年不是闰年)。

第5章 数组

在前面的学习中，我们学习了不同的数据类型，如布尔型、整型、字符串等。这些数据类型经常用来进行单个数据的存储，但是有时候需要我们对数据类型相同、用途相近的一组数据进行集中处理，用以前的数据类型进行操作就显得过于烦琐。本章将向大家介绍一种新的数据类型——数组，数组方便了我们对大量类型相同、用途相近的数据进行存储，我们可以用数组处理大量相似的数据，将这些数据存放在数组中。例如，要想存储 100 个学生的信息，不需要用 100 个独立的变量$student1、$ student2 等存储这些学生的信息，只需要创建一个名为$students 的数组就可以保存全部学生的信息。数组是存储大量数据的最好工具，可以取任意长度，可以存储一个值，也可以存储多个值，可以对数组进行添加或删除，可以对数组进行排序，可以对数组进行搜索，也可以对数组进行合并等。

本章的主要学习目标：

- 掌握数组的各种创建方法
- 掌握数组元素的访问
- 了解如何用循环访问数组的每个元素
- 了解多维数组的使用
- 了解数组的排序和合并

5.1　数组概述

在详细介绍如何创建和使用数组之前，有必要先详细讨论一下数组的概念。前面曾提到，数组是一个可以保存很多值的变量。可以把数组看成一个数值列表。数组中的值称为元素。数组中的每个元素都是通过唯一的索引进行引用的。访问一个元素的值——不管是创建、读取、赋值还是删除这个元素，都要用到这个元素的索引。从这个意义上来说，数组与字符串有相似之处。正如可以通过索引访问字符串的每个字符一样，也可以通过索引访问数组的每个元素。

包括 PHP 在内的许多现代程序设计语言都支持两类数组：

- 索引数组：这类数组的每个元素都是通过一个数值型索引进行引用的。通常元素的索引是从 0 开始的，第二个元素的索引为 1，依此类推。
- 关联数组：这类数组的元素是通过哈希函数或映射进行引用的。对于关联数组，每个元素是通过一个字符串索引进行引用的。例如，我们可能用一个数组的元素表示客户的年龄，并把 "age" 作为它的索引。

虽然 PHP 允许我们创建和操作索引数组以及关联数组，但事实上，PHP 中的所有数组都属于同一类型。这有时给我们带来许多方便，例如，我们可能会在同一个数组中混用字符索引和数值索引，或者把索引数组当作关联数组。实际上，我们通常不是使用索引数组就是使用关联数组，这有助于我们把索引数组和关联数组看成两种不同类型的数组。

数组元素中存储的实际值可以是任何类型，甚至可以在同一个数组中保存多种类型的值。例如，可以以第一个元素为字符串、第二个元素为浮点数、第三个元素为布尔值创建一个数组。

5.2 创建数组

虽然数组的功能非常强大，但是数组在 PHP 中非常容易创建。新建数组变量的最简单方法是使用 PHP 内置的 array()构造函数。array()构造函数是一个典型的数组函数，用户可以用它创建一个新数组，这个新数组可以是空数组，也可以是在定义时给定数组的元素。比如创建如下 foods 数组：

```
$foods = array( "饼干", "牛奶", "蛋糕", "牛排" );
```

这行代码创建了一个包含四个元素的数组，每个元素都是一个字符串，然后把这个数组赋给变量$foods。现在，就可以通过单个变量名$foods访问该数组的任意一个元素了，后边将介绍如何访问数组元素。

这个数组是一个索引数组，每个元素都可以通过一个从 0 开始的唯一数值索引进行访问。在本例中，"饼干"元素的索引为 0，"牛奶"元素的索引为 1，"蛋糕"元素的索引为 2，"牛排"元素的索引为 3。

如果想要建立一个关联数组，使其中每个元素通过字符串索引而不是数值索引访问，则需要使用"=>"运算符，如下所示：

```
$price = array("板蓝根" => "11.5",
               "快克" => "13.5",
               "三精口服液" =>"21.5");
```

这段代码创建了一个包含三个元素的数组。"11.5"这个元素的索引为"板蓝根"，"13.5"的索引为"快克"，"21.5"的索引为"三精口服液"。

5.3 访问数组中的元素

创建了数组之后，如何访问数组中的元素呢？事实上，数组元素的访问方法与字符串中单个字符的访问方法一样：

```
$foods = array( "饼干", "牛奶", "蛋糕", "牛排" );
$myfood = $foods[0];            // $myfood 的值为"饼干"
$anotherfood = $foods[1];       // $anotherfood 的值为"牛奶"
```

访问数组需要先写变量名，后面跟一对方括号，方括号里面是元素的索引。如果需要访问关联数组的元素，则不是使用数值索引，而是使用字符串索引：

```
$price = array("板蓝根" => "11.5",
               "快克" => "13.5",
               "三精口服液" =>"21.5");

$myPrice = $myBook["板蓝根"];         // $myPrice 的值为"11.5"
```

数组变量名后面的方括号中的内容并不一定必须是常量，而可以是任何表达式，只要表达式的值是一个合适的整数或字符串就行：

```
$foods = array( "饼干", "牛奶", "蛋糕", "牛排" );
$pos = 2;
echo $foods[$pos + 1];       // 显示数组中的 "牛排"
```

5.3.1　改变元素内容

不仅可以访问数组元素的值，而且还可以用同样的方法修改数组元素的值。把数组元素看成单独的变量，就可以随意创建、读取、写入它的值。

例如，下面的代码把数组中第三个元素的值从"蛋糕"改为"油条"：

```
$foods = array( "饼干", "牛奶", "蛋糕", "牛排" );
$foods[2] = "油条";
```

假如想增加第五个食品，怎么办？很简单，可以添加一个索引值为 4 的新元素：

```
$foods = array( "饼干", "牛奶", "蛋糕", "牛排" );
$foods[4] = "汉堡";
```

还有一种给数组增加新元素的更简单方法，只用方括号，不用索引，如下所示：

```
$foods = array( "饼干", "牛奶", "蛋糕", "牛排" );
$foods[] = "汉堡";
```

事实上，还可以用这种方括号方法，从头开始创建一个数组。下面三个例子将会得到同一个数组：

```
//用 array()创建一个数组
$foods1 = array( "饼干", "牛奶", "蛋糕", "牛排" );
// 用[]创建一个相同的数组
$foods2[0] = "饼干";
$foods2[1] = "牛奶";
$foods2[2] = "蛋糕";
$foods2[3] = "牛排";
```

```
// 用空[]创建一个相同的数组
$foods3[] = "饼干";
$foods3[] = "牛奶";
$foods3[] = "蛋糕";
$foods3[] = "牛排";
```

但是，与普通变量一样，必须先正确初始化数组。在第二和第三个例子中，如果$foods2和$foods3 数组变量已存在，并且其中已经包含其他元素，那么执行上述代码后，最后得到的数组可能就会包含不止上述赋值的四个元素。

如果无法确定一个数组是否已创建，那么最好在创建数组之前，先对数组变量进行初始化，即便当前还不需要创建数组元素。初始化数组很容易，只需要使用 array()构造函数，以空的列表为参数即可：

```
$foods = array();
```

在创建一个没有任何元素的数组(空数组)之后，还可以给它添加元素：

```
$foods[] = "饼干";
$foods[] = "牛奶";
$foods[] = "蛋糕";
$foods[] = "牛排";
```

用方括号方法也可以给关联数组添加元素或修改元素的值。下面是一个关联数组，用两种方法给它赋值。第一种方法用的是 array()构造函数，第二种方法用的是方括号方法：

```
// 使用 array()构造函数创建一个关联数组
$myBook = array( "title" => "ASP",
                 "author" => "张三",
                 "pubYear" => 2016 );

// 使用数组名加[]创建一个相同的关联数组
$myBook = array();
$myBook["title"] = "ASP";
$myBook["author"] = "张三";
$myBook["pubYear"] = 2016;
```

修改关联数组的元素值与修改索引数组的元素值一样，方法如下：

```
$myBook["title"] = "PHP";
$myBook["pubYear"] = 2017;
```

5.3.2　用 print_r()函数输出整个数组

对于普通变量，用 print()或 echo()函数输出。但是 PHP 为我们提供了函数 print_r()，它可以输出数组的全部内容，用于调试。

```
print_r($array);
```

下面这个例子首先创建了一个索引数组和一个关联数组，然后用print_r()函数输出，将这两个数组的元素显示到一个网页上。

```
<!DOCTYPE html PUBLIC "-//W3C//DTD XHTML 1.0 Strict//EN"
        "http://www.w3.org/TR/xhtml1/DTD/xhtml1-strict.dtd">
<html xmlns="http://www.w3.org/1999/xhtml" xml:lang="en" lang="en">
   <head>
      <title >输出数组</title>
      <link rel="stylesheet" type="text/css" href="common.css" />
   </head>
   <body>
      <h1>用 print_r()输出数组</h1>

<?php
header("content-type:text/html; charset=gb2312");
$foods = array( "饼干", "牛奶", "蛋糕", "牛排" );

$myBook = array( "title" => "ASP",
                 "author" => "张三",
                 "pubYear" => 2016 );

echo '<h2>$foods:</h2><pre>';
print_r ( $foods );
echo '</pre><h2>$myBook:</h2><pre>';
print_r ( $myBook );
echo "</pre>";

?>
   </body>
</html>
```

以上代码的运行结果如图 5-1 所示。

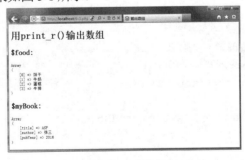

图 5-1 输出数组

可以看出，print_r()函数首先会输出传递给它的变量的类型，即 Array，然后以 key=>value的形式输出这个数组的全部元素。本例中索引数组的键(或索引)是从 0 到 3，关联数组的键是 title、author 和 pubYear。

脚本用<pre>和</pre>标签控制 print_r()的输出格式，这样我们看到的是格式化之后的结果。如果没有这些标签，结果将以一行显示在网页上。

如果要把 print_r()的输出结果存储到一个字符串中，而不是输出到浏览器中，则需要给它传递第二个参数 true：

```
$arrayStructure = print_r( $array, true );
echo $arrayStructure;
```

5.3.3 用 array_slice()函数读取数组中的连续几个元素

有时，我们希望一次能访问多个元素。例如，有一个数组保存了 100 个未处理的客户订单，我们想读取前 10 个订单进行处理。

PHP 内置了 array_slice()函数，它可以从一个数组中读取一组元素。使用 array_slice()函数时，需要把数组变量传递给它，之后是第一个元素的位置(从 0 开始)，其后再跟一个数值，表示要读取元素的个数。它可以返回一个新数组，该数组的元素就是原数组的部分元素。例如：

```
$foods = array( "饼干","牛奶","蛋糕","牛排" );
$foodSlice = array_slice( $foods, 1, 2 );

//显示"array ( [0] =>牛奶  [1] =>蛋糕)"
print_r($foodSlice);
```

这个例子从$food 数组中读取第二和第三个元素，并把结果存储到一个新的数组中。然后用 print_r()函数输出这个新数组的值。

注意，array_slice()不保留原数组的键值，而是会在新数组中从 0 开始重新设置索引。因此，在原数组$food 中，"牛奶"的索引为 1；而在$foodSlice 数组中，它的索引为 0。

我们可能很想知道如何把 array_slice()用于关联数组。虽然关联数组并没有数值索引，但是 PHP 会记住每个元素在关联数组中的顺序。因此，我们仍然可以用 array_slice()函数读取关联数组的部分元素。例如，在下面的例子中，用 array_slice()函数读取了一个关联数组的第二和第三个元素：

```
$myBook = array( "title" => " ASP",
                 "author" => "张三",
                 "pubYear" => 2016 );
$myBookSlice = array_slice( $myBook, 1, 2 );

// 输出 "array ( [author] =>张三 [pubYear] => 2016 )";
print_r( $myBookSlice );
```

我们发现 array_slice()函数确实保留了原关联数组的键值。

如果在使用 array_slice()函数时，没有使用第三个参数，那么它会读取原数组从指定位置开始到数组中最后一个元素之间的全部元素。

```
$food = array( "饼干", "牛奶", "蛋糕", "牛排" );
$foodSlice = array_slice( $food, 1 );
```

```
// 输出"array ([0] =>牛奶 [1] =>蛋糕 [2] =>牛排)";
print_r( $foodSlice );
```

前面曾提到，array_slice()不会保留索引数组中元素原来的索引号。如果确实要保留原来的索引号，那么需要把 true 传递给 array_slice()的第四个参数：

```
$food = array( "饼干", "牛奶", "蛋糕", "牛排" );

//输出"array ( [0] =>饼干 [1] =>牛奶)";
print_r( array_slice( $food, 2, 2 );

//输出"array ( [2] =>蛋糕 [3] =>牛排)";
print_r( array_slice( $food, 2, 2, true ) );
```

5.3.4 统计数组中元素的个数

如果想知道数组元素的个数？很简单！PHP 提供了 count()函数。只需要把一个数组传递给这个函数，它就会返回一个整数，表示数组的元素个数：

```
$food = array( "饼干", "牛奶", "蛋糕", "牛排" );
$myBook = array("title" => " ASP",
                "author" => "张三",
                "pubYear" => 2016);
echo count( $food ) . "<br/>";        //输出"4"
echo count( $myBook ) . "<br/>";      //输出"3"
```

也可以用 count()函数读取索引数组的最后一个元素：

```
$food = array( "饼干", "牛奶", "蛋糕", "牛排" );
$lastIndex = count( $food ) - 1;
echo $food[$lastIndex];               //输出"牛排"
```

千万不要认为，一个包含四个元素的索引数组，它的最后一个元素的索引肯定为 3。例如，下面这个示例数组中最后一个元素的索引就不是 3：

```
// 创建一个稀疏索引数组
$food = array( 0 => "饼干", 1 => "牛奶", 2=> "蛋糕", 47 =>"牛排" );
$lastIndex = count( $food ) - 1;
echo $authors[$lastIndex];            //没有$authors[3]这个值
```

虽然这个数组使用的是数值键，这表示它是一个索引数组，但是它的键值不连续。当然也可以把它看成一个使用数值键的关联数组。正如本章开头曾提到的，PHP 在内部并不区分索引数组和关联数组，因此有可能会创建一个非连续键值的索引数组。对照本例，虽然$food 这个数组的最大索引为 47，但是实际上它只包含四个元素而非 48 个元素(因此常称这样的数组为稀疏数组)。

因此，当脚本用$lastIndex(它的值为 3，比 count()函数的返回值小 1)访问最后一个元素("牛排")时，PHP 会输出 Undefined Offset("没有定义的偏移"）消息，并且用 echo()语句输出一个空字符串。

之所以介绍这些内容，就是要让你们知道，如果一个索引数组的索引是连续的，就可以认为，第 30 个元素的索引肯定是 29；但是如果无法确定索引是否连续，那么可以使用下一节中介绍的函数来访问。

5.3.5　逐个访问数组中的元素

我们已经知道，可以用元素的键——不管是数值键(针对索引数组)还是字符串键(针对关联数组)——访问数组的任意元素，但是如果事先不知道数组的键，又该怎么办呢？幸运的是，PHP 给我们提供了几个数组访问函数。用这些函数可以逐个访问数组中的元素，而不管它们的索引如何表示。当创建数组时，PHP 会记住元素的创建顺序，并且保存一个内部指针，指向数组中的元素。这个指针初始时会指向第一个创建的元素，但是可以任意地向前或向后移动这个指针。

用表 5-1 中的函数可以操作这个指针并且访问指向的元素。

表 5-1　操作内部指针的函数

函数	说明
current()	返回指针所指的当前元素的值，指针位置没有变化
key()	返回指针所指的当前元素的键，指针位置没有变化
next()	将指针移动到下一个元素位置，并且返回这个元素的值
prev()	将指针移动到前一个元素位置，并且返回这个元素的值
end()	将指针移动到最后一个元素位置，并且返回这个元素的值
reset()	将指针移动到第一个元素位置，并且返回这个元素的值

上述每个函数都只有一个参数，即数组，返回的是找到的元素的值或索引。如果找不到，就返回 false(例如，当指针指向数组的最后一个元素时，使用 next()函数，或者对一个空数组使用 current()函数)。

下面这个例子说明了这些函数的用法，运行结果如图 5-2 所示。

```
<!DOCTYPE html PUBLIC "-//W3C//DTD XHTML 1.0 Strict//EN"
    "http://www.w3.org/TR/xhtml1/DTD/xhtml1-strict.dtd">
<html xmlns="http://www.w3.org/1999/xhtml" xml:lang="en" lang="en">
  <head>
    <title>访问数组</title>
    <link rel="stylesheet" type="text/css" href="common.css" />
  </head>
  <body>
    <h1>访问数组</h1>

<?php
header("content-type:text/html; charset=gb2312");
$authors = array( "张三", "李四", "王五", "赵六" );
echo "<p>作者数组: " . print_r( $authors, true ) . "</p>";
echo "<p>当前元素是: " . current( $authors ) . "</p>";
```

```
echo "<p>下一个元素是: " . next( $authors ) . ".</p>";
echo "<p>当前元素的键是: " . key( $authors ) . ".</p>";
echo "<p>下一个元素是: " . next( $authors ) . ".</p>";
echo "<p>前一个元素是: " . prev( $authors ) . ".</p>";
echo "<p>第一个元素是: " . reset( $authors ) . ".</p>";
echo "<p>最后一个元素是: " . end( $authors ) . ".</p>";
echo "<p>前一个元素是: " . prev( $authors ) . ".</p>";
?>

    </body>
</html>
```

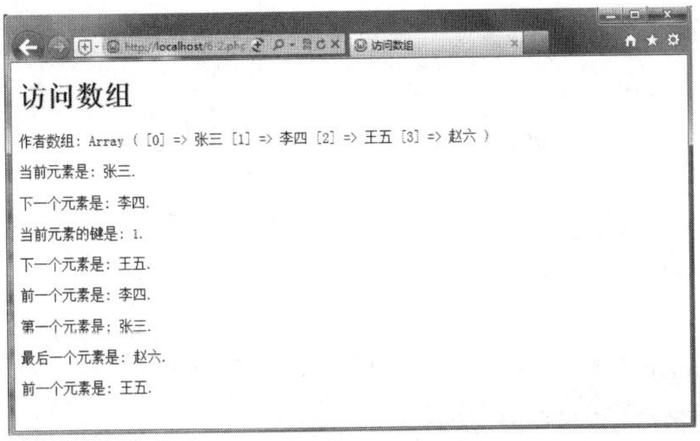

图 5-2　访问数组

注意在这个脚本中，是如何用这些函数向前或向后移动数组的指针的(current()和 key() 函数是例外情况，这两个函数只返回当前元素的值或键，而没有移动指针)。

再回到前一节说明 count()函数用法的稀疏数组示例，现在我们应该知道如何读取数组的最后一个元素了(不管这个数组是不是索引数组)：

```
//创建一个稀疏数组
$authors = array( 0 => "张三", 1 => "李四", 2=> "王五", 47 =>"赵六" );
echo end( $authors );            //显示"赵六"
```

这些函数非常有用，但是它们存在一个小小的问题。当找不到元素时，这些函数都会返回 false，这并没有错！但是如果数组中某个元素的值正好也是 false，怎么办呢？ 在这种情况下，当函数的返回值为 false 时，就很难判断它究竟是表示元素的值，还是表示找不到这个元素。

为了解决这个问题，可以使用另一个 PHP 函数：each()。它会返回数组的当前元素，然后将指针移动到下一个元素。但是不同于前面五个函数，each()返回的不是一个值，而是一个包含四个元素的数组，其中包含当前元素的键和值。如果找不到某个元素——原因可能是指针到达了末尾，或者是空数组，则each()会返回 false。因此，用 each()函数就可以很容易地判断，读取的是否是一个值为 false 的元素。因为在这种情况下，它会返回一个包含四个元素的数组，如果找不到元素，则返回 false。

each()函数返回的四元素数组正好说明了 PHP 数组的灵活性，因为它既包含数值型元素，也包含字符串元素，如表 5-2 所示。

表 5-2 四元素数组

元 素 索 引	元 素 值
0	当前元素的键
"key"	当前元素的键
1	当前元素的值
"value"	当前元素的值

换言之，可以用 0 索引或"key"访问当前元素的键，用 1 或"value"访问当前元素的值。例如：

```
$myBook = array( "title" => "PHP",
                 "author" => "张三",
                 "pubYear" =>2017 );


$element = each( $myBook );
echo "Key: " . $element[0] . "<br/>";
echo "Value: " . $element[1] . "<br/>";
echo "Key: " . $element["key"] . "<br/>";
echo "Value: " . $element["value"] . "<br/>";
```

这段代码的运行结果如下：

```
Key: title
Value: PHP
Key: title
Value:PHP
```

下面这个例子说明了如何用 each()函数读取一个值为 false 的数组元素：

```
$myArray = array( false );
$element = each( $myArray );
$key = $element["key"];
$val = $element["value"];
```

由于 each()函数会返回当前数组元素，同时把数组指针向前移动一个位置，因此可以在 while 循环中用它访问数组的每个元素。下面这个例子用来访问$myBook 数组的每个元素，并且返回元素的键或值。运行结果如图 5-3 所示。

```
<!DOCTYPE html PUBLIC "-//W3C//DTD XHTML 1.0 Strict//EN"
  "http://www.w3.org/TR/xhtml1/DTD/xhtml1-strict.dtd">
<html xmlns="http://www.w3.org/1999/xhtml" xml:lang="en" lang="en">
  <head>
    <title>用 each()返回当前数组元素</title>
    <link rel="stylesheet" type="text/css" href="common.css" />
  </head>
  <body>
```

```
    <h1>用 each()返回当前数组元素</h1>

    <dl>

<?php
header("content-type:text/html; charset=gb2312");
$myBook = array( "title" => "PHP",
                    "author" => "张三",
                    "pubYear" =>2017);

while ( $element = each( $myBook ) ) {
  echo "<dt> $element[0]</dt>";
  echo "<dd> $element[1]</dd>";
}

?>

    </dl>
  </body>
</html>
```

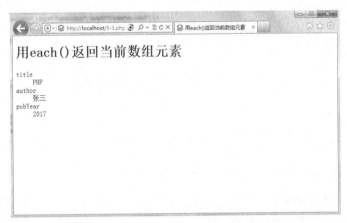

图 5-3　用 each()返回当前数组元素

　　只要 each()返回的是数组的四个元素(它的赋值运算结果为 true)，这个 while 循环就会一直执行下去。当到达数组的末尾时，each()函数就会返回 false，至此循环结束。

5.4　用 foreach()循环访问数组

　　正如我们已经看到的，通过将 each()函数与 while 循环相结合，可以逐一访问数组的全部元素。事实上，还有一种更简单的方法来循环访问数组，那就是使用 foreach 语句。
　　foreach()是一类特殊的循环语句，只适用于数组(或对象)。可以用两种不同的方式使用 foreach 语句。一种是用它读取每个元素的值，另一种是用它读取元素的键和值。

5.4.1　用 foreach 循环访问数组中每个元素的值

最简单的方法是用 foreach 语句访问每个元素的值，用法如下所示：

```
foreach( $array as $value ) {
    //把$value 放在这儿
}
```

我们可以想象到，foreach 循环可以从数组的第一个元素直到最后一个元素，逐一访问数组的全部元素。在某次循环过程中，$value 变量被赋予当前元素的值，在循环体内，可以根据需要对这个变量的值进行处理。然后执行下一次循环，读取数组中下一个元素的值，这样反复执行，直到处理完数组的全部元素为止：

下面是 foreach 用法的一个例子：

```
$authors = array( "张三", "李四", "王五", "赵六" );

foreach( $authors as $val ) {
    echo $val . "<br/>";
}
```

这段代码的执行结果如下：

```
张三
李四
王五
赵六
```

5.4.2　用 foreach 循环访问数组中元素的键和值

用 foreach 同时读取数组中元素的键和值，要用到以下语法：

```
foreach( $array as $key => $value ) {
    // 把$key 和$value 放在这儿
}
```

这段代码与前面那段代码非常相似，唯一的差别在于：$key 变量同时也存储了元素的键(这里的$key和$value变量不是唯一的，必须使用$key和$value变量，也可以使用其他变量来代替)。

现在用 foreach 循环改写前一节中使用 while 循环和 each()函数的例子：

```
<!DOCTYPE html PUBLIC "-//W3C//DTD XHTML 1.0 Strict//EN"
    "http://www.w3.org/TR/xhtml1/DTD/xhtml1-strict.dtd">
<html xmlns="http://www.w3.org/1999/xhtml" xml:lang="en" lang="en">
    <head>
        <title>Using foreach</title>
        <link rel="stylesheet" type="text/css" href="common.css" />
    </head>
    <body>
```

```
    <h1>Using foreach</h1>

    <dl>
<?php
header("content-type:text/html; charset=gb2312");
$myBook = array( "title" => "PHP",
                 "author" => "张三",
                 "pubYear" => 2017);

foreach( $myBook as $key => $value ) {
   echo "<dt>$key</dt>";
   echo "<dd>$value</dd>";
}
?>

    </dl>
    </body>
</html>
```

运行这段代码同样可以生成图 5-3 所示的键和值的列表。

5.4.3　用 foreach 循环修改数组中元素的值

当我们使用 foreach 语句时，在循环体内处理的是数组元素的副本。这意味着，改变这个值，并不会改变原来数组中相应元素的值。下面这段代码说明了这个道理：

```
$authors = array( "张三", "李四", "王五", "赵六" );

foreach( $authors as $val ) {
   if( $val == "王五" ) $val = "王虎";
   echo $val . " ";
}

echo "<br/>";

print_r( $authors );
```

我们注意到，虽然在循环体内$val 的值已从“王五”改为“王虎”，但是原来$authors 数组中的值并没有发生变化，这从最后一行print_r()的输出结果中可以看出。如果确实想修改数组中元素的值，可以用 foreach()循环返回这个值的引用，而不是它的副本。这意味着循环中的变量指向的是数组中元素的值，要改变数组中元素的值，只需要改变这个变量的值即可。

要返回数组中元素的引用，只需要在 foreach 语句的变量名之前加一个&符号即可：

```
foreach( $array as & $value ) {
```

使用引用把前面的例子改写成如下形式：

```
$authors = array( "张三", "李四", "王五", "赵六" );
foreach( $authors as & $val ) {
    if( $val == "王五" ) $val = "王虎";
    echo $val . " ";
}

unset( $val );
echo "<br/>";

print_r( $authors );
```

现在我们注意到，$author 数组的第三个元素的值已从"王五"改为"王虎"。

顺便指出，unset($val)可以确保在循环结束之后删除$val 变量。这通常是一个好主意，因为循环结束后，$val 变量仍然保存了最后一个元素的引用(即"赵六")。如果万一在此之后的代码中，改变了$val 变量的值，那就可能在不经意间改变了$author 数组的最后一个元素的值。因此，复位或删除$val 这个变量，可以防止出现这个潜在的 bug。

5.5　多维数组

到目前为止，本章只介绍了字符串和整型等简单的数组，但是实际上，数组的作用远不止这些。正如本章 5.1 节"数组概述"中提到的，PHP 数组可以存储包括资源、对象在内的任何类型的值，更重要的是，数组还可以包含其他数组。

利用可以在数组中包含其他数组的特性，可以建立多维数组(也称为嵌套数组，因为一个数组包含一个或多个数组)。如果一个数组包含多个其他数组，称这样的数组为二维数组；如果这些数组再包含其他数组，称这样的数组为三维数组；依此类推。

5.5.1　创建多维数组

下面这段脚本创建了一个简单的名为$myBooks 的二维数组，然后用 print_r()函数输出它的全部内容，运行结果如图 5-4 所示。

```
<!DOCTYPE html PUBLIC "-//W3C//DTD XHTML 1.0 Strict//EN"
    "http://www.w3.org/TR/xhtml1/DTD/xhtml1-strict.dtd">
<html xmlns="http://www.w3.org/1999/xhtml" xml:lang="en" lang="en">
  <head>
    <title>一个二维数组</title>
    <link rel="stylesheet" type="text/css" href="common.css" />
  </head>
  <body>
    <h1>一个二维数组</h1>

<?php
header("content-type:text/html; charset=gb2312");
$myBooks = array(
```

```php
        array(
            "title" => "PHP",
            "author" => "张三",
            "pubYear" => 2017
        ),
        array(
            "title" => "ASP.NET",
            "author" => "李四",
            "pubYear" => 2016
        ),
        array(
            "title" => "网页设计",
            "author" => "王五",
            "pubYear" => 2017
        ),
        array(
            "title" => "Flash 动画制作",
            "author" => "赵六",
            "pubYear" => 2017
        ),
    );

    echo "<pre>";
    print_r ( $myBooks );
    echo "</pre>";

    ?>

    </body>
</html>
```

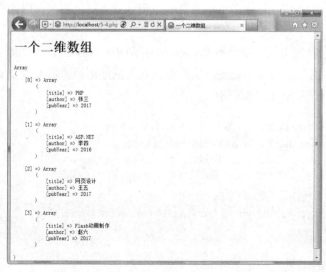

图 5-4　二维数组

可以看出，这段脚本创建的是一个索引数组，即$myBooks 包含四个元素，它们的键分别为 0、1、2 和 3。其中每个元素又是一个包含三个元素的关联数组，它们的键分别为 "title" "author" 和 "pubYear"。虽然这是一个非常简单的例子，但是它可以让我们初步领悟多维数组的强大功能。例如，可以用这样一个数组存储成千上万本书，而且每本书中都可以保存很多信息。

5.5.2　访问多维数组中的元素

利用前面介绍的方括号方法可以访问多维数组中的任意一个元素。下面是几个例子(这些例子针对的都是刚刚建立的$myBooks 多维数组)：

```php
print_r( $myBooks[1] );

//输出"ASP.NET"
echo "<br/>" . $myBooks[1]["title"] . "<br/>";

//输出"2017"
echo $myBooks[3]["pubYear"] . "<br/>";
```

根据 print_r()的输出结果，可以看出，事实上，$myBooks 数组的第二个元素是一个关联数组，它包含 "ASP.NET" 这本书的信息。同时，其后的两行 echo()代码说明了如何访问这个嵌套的关联数组中的元素。正如读者已经看到的，我们分别在两个方括号中使用两个键。第一个键是顶层元素的索引，第二个键是嵌套数组中元素的索引。在本例中，首先通过第一个键选择需要访问的关联数组，然后通过第二个键选择这个关联数组中的一个元素。

5.5.3　多维数组的循环访问

我们已经介绍了如何用 foreach 循环访问一维数组中的全部元素，但是如何访问多维数组中的每个元素呢？本质上，多维数组是在数组中嵌套数组，因此可以使用嵌套的循环访问多维数组。

下面这个例子将使用两层嵌套的 foreach 循环访问$myBooks 数组。将这个脚本保存到文档根文件夹中，并将其命名为 5-5.php，然后在浏览器的地址栏中输入这个文件的 URL 地址，执行这个脚本文件，结果如图 5-5 所示。

```html
<!DOCTYPE html PUBLIC "-//W3C//DTD XHTML 1.0 Strict//EN"
    "http://www.w3.org/TR/xhtml1/DTD/xhtml1-strict.dtd">
<html xmlns="http://www.w3.org/1999/xhtml" xml:lang="en" lang="en">
  <head>
    <title>循环访问一个二维数组</title>
    <link rel="stylesheet" type="text/css" href="common.css" />
  </head>
  <body>
    <h1>循环访问一个二维数组</h1>

<?php
```

```php
header("content-type:text/html; charset=gb2312");
$myBooks = array(
    array(
        "title" => "PHP",
        "author" => "张三",
        "pubYear" => 2017
    ),
    array(
        "title" => "ASP.NET",
        "author" => "李四",
        "pubYear" => 2016
    ),
    array(
        "title" => "网页设计",
        "author" => "王五",
        "pubYear" => 2017
    ),
    array(
        "title" => "Flash 动画制作",
        "author" => "赵六",
        "pubYear" => 2017
    ),
);

$bookNum = 0;

foreach( $myBooks as $book ) {
    $bookNum++;
    echo "<h2>Book #$bookNum:</h2>";
    echo "<dl>";

    foreach( $book as $key => $value ) {
        echo "<dt>$key</dt><dd>$value</dd>";
    }

    echo "</dl>";
}

?>

    </body>
</html>
```

图 5-5　循环访问一个二维数组

示例说明

　　该脚本首先显示了标准的 XHTML 页眉信息，然后定义了$myBooks 二维数组。该数组的每个元素都是一个关联数组，其中包含了某本书的相关信息。

　　接着，该脚本定义了一个计数器变量$bookNum，并把它设置为 0，然后建立了一个外层 foreach 循环。这个循环逐一访问顶层数组($myBooks)的每个元素。当循环访问每个元素时，首先给$bookNum 变量加 1，并显示当前图书的序号。然后，定义一个 XHTML 列表符元素(dl)。

　　内层循环访问当前元素中的关联数组。对于关联数组的每个元素，该脚本在 XHTML 的 dt 元素中显示它的键("title""author"和"pubYear")，并在 XHTML 的 dd 元素中显示它的值。在内层循环结束后，结束 dl 元素。在外层循环结束后，结束 XHTML 页面。

5.6　数组的操作

　　前面我们已经介绍了 PHP 数组的基本内容：什么是数组，如何创建数组，如何访问数组的元素，如何用循环访问每个元素，如何使用多维数组。但是 PHP 提供的数组功能并不仅限于此。与字符串一样，PHP 提供了很多数组处理函数，这些函数使得数组的功能变得更加强大。在本节，我们将介绍其中几个常用函数。

5.6.1　数组的排序

　　在大多数程序设计语言中，都有一个很重要的功能，即可以按顺序对数组的元素进行排序。例如，我们从一个文本文件中读取 100 个书名，并将它们保存到一个数组中。可以把这些书名按字母顺序排序，然后按排序后的顺序输出。也可以创建一个多维数组，保存众多客户的信息，然后根据购物数量进行排序，看看谁是最忠实的客户。关于数组的排序，PHP 语言提供了不少于 12 个与数组排序有关的函数。其中比较常用的是：

- sort()和 rsort()——用于索引数组的排序。
- asort()和 arsort()——用于关联数组的排序。
- ksort()和 krsort()——根据关联数组的键而非值，进行排序。
- array_multisort()——一个非常有用的函数，可以同时对多个数组或多维数组进行排序。

1. 用 sort()和 rsort()对索引数组进行排序

最简单的数组排序函数是 sort()和 rsort()。sort()函数可以按升序对数组元素的值进行排序(对于字母，是按字母表顺序，对于数值，是按数值大小，并且字母排在数值之前)，rsort()函数可以按降序对数组元素的值进行排序。这两个函数都需要一个数组名作为其参数。如果排序成功，返回 true，否则返回 false，本章的其他函数也都如此。下面这个例子先按字母的升序对作者的姓名进行排序，然后按降序进行排序：

```php
$authors = array( "张三", "李四", "王五", "赵六" );

sort( $authors );
print_r( $authors );

//输出"array ([0] => 李四[1] => 王五[2] => 张三[3] =>赵六)"
rsort( $authors );
print_r( $authors );
//输出"array ([0] =>赵六 [1] =>张三 [2] =>王五 [3] =>李四)"
```

2. 用 asort()和 arsort()对关联数组进行排序

再来分析前面关于 sort()和 rsort()用法的例子。我们注意到，排序后数组元素的键不同于原来数组元素的键。例如，"张三"在原来数组中的索引为 0，而在第二个数组中的索引为 2，在第三个数组中的索引为 1。由此可见，sort()和 rsort()函数为原来的数组重新建立了索引。

对于索引数组来说，这正是我们所希望的，因为我们希望排序后的数组元素以正确的顺序出现，同时也希望索引数组的索引从 0 开始。但是，对于关联数组，这可能会产生一个问题。考虑下面的情形：

```php
$myBook = array( "title" => "PHP",
                 "author" => "张三",
                 "year" => 2017 );

sort( $myBook );

//输出"array ( [0] => PHP [1] => 张三  [2] => 2017 )"
print_r( $myBook );
```

请注意在本例中，sort()函数是如何为关联数组重新建立索引的。实际上，它是把关联数组转换成了一个索引数组，并用数值键取代原来的字符串键。这样的排序实际上没有任何用处。因为这样排序后，就无法找出哪个元素包含图书的书名。

在这种情况下，就需要使用 asort()和 arsort()函数。它们的作用与 sort()和 rsort()函数一样，但是它们保留了每个元素的键与值之间的关系：

```php
$myBook = array( "title" => "PHP",
                 "author" => "张三",
                 "year" => 2017 );

//输出"array([title] => PHP [author] =>  张三  [year] =>2017 )"
asort( $myBook );
print_r( $myBook );

//输出"array( [year] => 2017 [author] =>  张三  [title] => PHP)"
arsort( $myBook );
print_r( $myBook );
```

3. 用 ksort()和 krsort()函数对关联数组的键进行排序

ksort()和 krsort()函数的作用与 asort()和 arsort()函数相似，它们分别按升序和降序对数组进行排序，而且它们都保留了键与值之间的关联性。唯一的差别在于，asort()和 arsort()函数是根据元素的值进行排序的，而 ksort()和 krsort()函数是根据元素的键进行排序的：

```php
$myBook = array( "title" => "PHP",
                 "author" => "张三",
                 "year" => 2017 );

//输出"Array ([author] =>  张三  [title] => PHP [year] =>2017)"
ksort( $myBook );
print_r( $myBook );

//输出"Array ( [year] => 2017 [title] => PHP [author] =>张三)"
krsort( $myBook );
print_r( $myBook );
```

在这个例子中，ksort()函数根据键的升序（"author""title""year"）对数组进行了排序，而 krsort()函数则是按相反顺序进行了排序。

提示：

与 asort()和 arsort()函数一样，ksort()和 krsort()函数主要应用于关联数组。

4. 用 array_multisort()函数进行多重排序

利用 array_multisort()函数，可以同时对多个相关数组进行排序，并且保留它们之间的关系。使用这个函数时，必须把需要排序的几个数组传递给它作为参数：

```
array_multisort( $array1, $array2, ... );
```

考虑下面这个例子，我们没有把图书信息存储到一个多维数组中，而是存储到三个相关的数组中：其中，一个数组用来保存图书的作者，另一个数组用来保存书名，第三个数组用来保存出版的年份。把这三个数组传递给 array_multisort()，它们会根据第一个数组的值进行排序：

```
$authors = array( "张三", "李四", "王五", "赵六" );
$titles = array("PHP", "ASP.NET", "网页设计", "Flash 动画制作" );
$pubYears = array( 2015, 2014, 2017, 2016 );

array_multisort( $authors, $titles, $pubYears );

//输出"array([0] => 李四 [1] => 王五[2] => 张三[3] =>赵六)"
print_r ( $authors );
echo "<br/>";

//输出"array([0] => ASP.NET [1] => 网页设计 [2] => PHP [3] =>Flash 动画制作 )"
print_r ( $titles );
echo "<br/>";
//输出"array ( [0] => 2014 [1] => 2017 [2] => 2015 [3] => 2016 )"
print_r ( $pubYears );
```

我们发现，$author 数组是按字母顺序进行排序的，而$titles 和$pubYears 数组也被重新进行了排序，从而使得它们的元素的顺序与$author 数组中的元素相对应。如果想按书名进行排序，只需要改变传递给 array_multisort()的参数次序即可：

```
array_multisort( $titles, $authors, $pubYears );
```

此外，用 array_multisort()函数还可以对多维数组进行排序。用法与对多个数组的排序方法相同，唯一的差别是该函数的参数只需要一个数组。它先对嵌套数组的第一个元素进行排序，然后对第二个元素进行排序，依此类推。在排序过程中，嵌套数组中元素的顺序保持不变。

下面这段代码说明了如何用 array_multisort()函数对一个二维数组进行排序。排序的输出结果如图 5-6 所示。

```
<!DOCTYPE html PUBLIC "-//W3C//DTD XHTML 1.0 Strict//EN"
  "http://www.w3.org/TR/xhtml1/DTD/xhtml1-strict.dtd">
<html xmlns="http://www.w3.org/1999/xhtml" xml:lang="en" lang="en">
  <head>
    <title>用 multisort()对多维数组排序</title>
    <link rel="stylesheet" type="text/css" href="common.css" />
  </head>
  <body>
      <h1>用 multisort()对多维数组排序</h1>
<?php
header("content-type:text/html; charset=gb2312");
$myBooks = array(
```

```
    array(
      "title" => "PHP",
      "author" => "张三",
      "pubYear" => 2017
    ),
    array(
      "title" => "ASP.NET",
      "author" => "李四",
      "pubYear" => 2016
    ),
    array(
      "title" => "网页设计",
      "author" => "王五",
      "pubYear" => 2017
    ),
    array(
      "title" => "Flash 动画制作",
      "author" => "赵六",
      "pubYear" => 2017
    ),
);
array_multisort( $myBooks );
echo "<pre>";
print_r( $myBooks );
echo "</pre>";

?>
  </body>
</html>
```

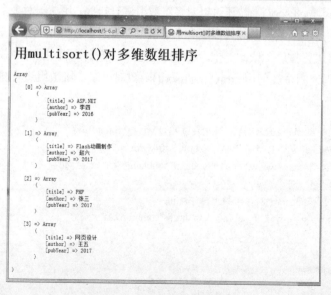

图 5-6　用 multisort()对多维数组排序(一)

我们发现，array_multisort()函数会根据书名顺序对$myBooks 数组进行排序。如果想根据作者的顺序进行排序，怎么办？在这种情况下，只需要改变嵌套的关联数组中的元素顺序即可：

```php
$myBooks = array(
    array(
        "author" => "张三",
        "pubYear" => 2017,
        "title" => "PHP"
    ),
    array(
        "author" => "李四",
        "pubYear" => 2016,
        "title" => "ASP.NET"
    ),
    array(
        "author" => "王五",
        "pubYear" => 2017,
        "title" => "网页设计"
    ),
    array(
        "author" => "赵六",
        "pubYear" => 2017,
        "title" => "Flash 动画制作"
    ),
);
```

执行这个脚本，得到如图 5-7 所示的结果。

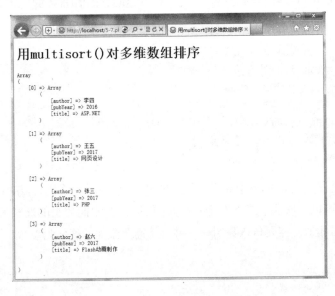

图 5-7　用 multisort()对多维数组排序(二)

5.6.2　添加和删除数组元素

我们已经介绍过用方括号方法可以给数组添加元素。例如：

```
$myArray[] = "new value";
$myArray["newKey"] = "new value";
```

对于一些简单的情况，这样添加元素是可以的。但是如果需要更强大的元素添加和删除功能，则 PHP 提供了如下五个有用的函数：

- array_unshift()——将一个或多个新元素添加到数组的首部。
- array_shift()——删除数组的第一个元素。
- array_push()——在数组的末尾添加一个或多个新元素。
- array_pop()——删除数组的最后一个元素。
- array_splice()——删除数组中从某个位置开始的元素，或者把新元素插入到数组中的某个位置。

1. 在数组的首尾添加或删除元素

用 array_unshift()函数可以把一个或多个元素插入到数组的首部。只需要把数组名和要插入的元素传递给它，它就能够返回插入后的数组的元素个数，例如：

```
$authors = array( "张三", "李四", "王五", "赵六" );
echo array_unshift( $authors,"刘德华", "张信哲" ) . "<br/>";          //输出"6"

// 输出"array( [0] =>刘德华 [1] =>张信哲 [2] =>张三 [3] =>李四 [4] =>王五 [5] =>赵六)"
print_r( $authors );
```

用 array_shift()可以删除数组的第一个元素，并返回它的值(而不是它的键)。array_shift()只需要一个参数，即需要删除元素的数组：

```
$myBook = array( "title" => "PHP",
                 "author" => "张三",
                 "pubYear" => 2017 );

echo array_shift( $myBook ) . "<br/>";          // 输出 "PHP"
//输出 "array( [author] =>张三 [pubYear] => 2017 )"
print_r( $myBook );
```

如果要在数组的末尾添加一个元素，当然也可以使用前面介绍过的方括号表示法，但是使用 array_push()可以一次添加多个元素(而且它可以告诉我们数组的新长度)。它的用法与 array_unshift()非常相似：需要传入数组名，并且将需要添加的值作为参数。下面是说明它用法的一个例子：

```
$authors = array( "张三", "李四", "王五", "赵六" );
echo array_push( $authors, "刘德华", "张信哲" ). "<br/>";          // 输出 "6"

//新数组为"array([0] =>张三 [1] =>李四 [2] =>王五 [3] =>赵六 [4] =>刘德华 [5] =>张信哲)"
```

```
print_r( $authors );
```

此外，对于 array_unshift()和 array_push()这两个函数，如果要添加的值是一个数组，那么它们会把该数组作为一个元素添加到原来的数组中，这样就把原来的数组变成了一个多维数组：

```
$authors = array("张三", "李四", "王五", "赵六");
$newAuthors = array("刘德华", "张信哲");
echo array_push($authors, $newAuthors) . "<br/>";              // 数组元素为 "5"

/*
新数组为:
 array
 (
         [0] =>张三
         [1] =>李四
         [2] =>王五
         [3] =>赵六
         [4] => array
             (
                         [0] =>刘德华
                         [1] =>张信哲
             )
 )
*/
print "<pre>";
print_r( $authors );
print "</pre>";
```

如果我们希望把数组的元素逐一添加到原来的数组中，可以使用 array_merge()函数（本章后面将讨论它的用法）。

array_pop()函数与 array_shift()相对应，它可以删除数组的最后一个元素，并返回这个元素的值。使用这个函数时，只需要把数组作为参数传递给它即可：

```
$myBook = array( "title" => "PHP",
                 "author" => "张三 ",
                 "pubYear" => 2017 );

echo array_pop( $myBook ) . "<br/>";          //删除最后一个元素"2017"

//新元素为"array ( [title] => PHP[author] =>张三)"
print_r( $myBook );
```

提示:

利用 array_push()和 array_pop()可以很容易地创建一个后进先出(Last-In First-Out，LIFO)的栈。可以用 array_push()把一个新元素压入栈顶，用 array_pop()弹出最近压入的元素。当需要编写递归程序时，栈非常有用。

2. 在数组的中间位置插入或删除元素

如果我们希望不只是在数组的首尾添加元素，那么需要使用功能更加强大的 array_splice()函数。这个函数的功能相当于字符串处理函数 substr_replace()。利用 array_splice() 函数可以删除数组中的连续几个元素，并且用另一个数组的元素替换它们。删除和替换都是可选的，这意味着既可以只删除元素，不插入新的元素，也可以只插入新的元素，不删除原来的元素。

现在介绍 array_splice()函数的插入和删除过程。使用 array_splice()函数时，必须传递给它三个参数，第一个参数是要处理的数组，第二个参数是要删除的元素的开始位置(记住，所有的数组，即使是关联数组，也都有元素位置这个概念)，第三个参数是可选的，表示需要删除的元素个数。如果省略了第三个参数，则表示删除这个开始位置之后的全部元素。array_splice()函数还有第四个可选的参数，表示要插入的数组。

最后，该函数会返回删除后(或插入后)的数组。

下面这个脚本说明了 array_splice()函数的各个参数的作用，将它保存到文档根文件夹中，并命名为 5-8.php，然后用 Web 浏览器打开这个文件，结果如图 5-8 所示。

```html
<!DOCTYPE html PUBLIC "-//W3C//DTD XHTML 1.0 Strict//EN"
    "http://www.w3.org/TR/xhtml1/DTD/xhtml1-strict.dtd">
<html xmlns="http://www.w3.org/1999/xhtml" xml:lang="en" lang="en">
  <head>
    <title>array_splice()的使用</title>
    <link rel="stylesheet" type="text/css" href="common.css" />
    <style type="text/css">
      h2, pre { margin: 1px; }
      table { margin: 0; border-collapse: collapse; width: 100%; }
      th { text-align: left; }
      th, td { text-align: left; padding: 4px; vertical-align: top; border:1px solid gray; }
    </style>
  </head>
  <body>
    <h1>array_splice()的使用</h1>

<?php
header("content-type:text/html; charset=gb2312");
$headingStart = '<tr><th colspan="4"><h2>';
$headingEnd = '</h2></th></tr>';
$rowStart = '<tr><td><pre>';
$nextCell = '</pre></td><td><pre>';
$rowEnd = '</pre></td></tr>';

echo '<table cellpadding="0" cellspacing="0"><tr><th>Original
    array</th><th>Removed</th><th>Added</th><th>New array</th></tr>';

echo "{$headingStart}1. 中间增加 2 个元素。{$headingEnd}";

$authors = array( "张三", "李四", "王五" );
```

```php
$arrayToAdd = array( "刘德华", "张信哲" );
echo $rowStart;
print_r( $authors );
echo $nextCell;
print_r( array_splice( $authors, 2, 0, $arrayToAdd ) );
echo $nextCell;
print_r( $arrayToAdd );
echo $nextCell;
print_r( $authors );
echo $rowEnd;
echo "{$headingStart}2. 删除 2 个元素，增加 1 个新元素。element {$headingEnd}";

$authors = array("张三", "李四", "王五" );
$arrayToAdd = array( "赵六" );
echo $rowStart;
print_r( $authors );
echo $nextCell;
print_r( array_splice( $authors, 0, 2, $arrayToAdd ) );
echo $nextCell;
print_r( $arrayToAdd );
echo $nextCell;
print_r( $authors );
echo $rowEnd;

echo "{$headingStart}3. 删除最后两个元素。{$headingEnd}";

$authors = array( "张三", "李四", "王五" );
echo $rowStart;
print_r( $authors );
echo $nextCell;
print_r( array_splice( $authors, 1 ) );
echo $nextCell;
echo "Nothing";
echo $nextCell;
print_r( $authors );
echo $rowEnd;

echo "{$headingStart}4. 向数组中添加一个元素。{$headingEnd}";

$authors = array( "张三", "李四", "王五" );
echo $rowStart;
print_r( $authors );
echo $nextCell;
print_r( array_splice( $authors, 1, 0, "赵六" ) );
echo $nextCell;
echo "赵六";
echo $nextCell;
print_r( $authors );
```

```
echo $rowEnd;

echo '</table>';

?>

    </body>
</html>
```

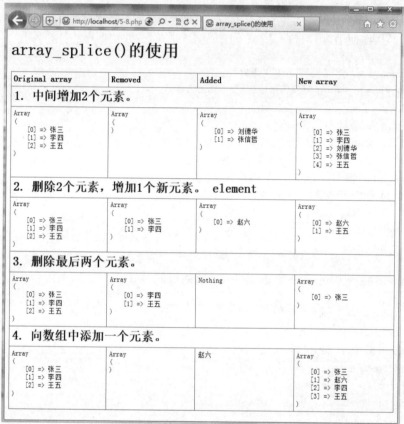

图 5-8　array_splice()函数的使用

示例说明

这个脚本说明了 array_splice()函数的四种不同用法，并将它的执行结果显示在了一个 HTML 表格中。第一个例子把两个新元素插入到数组的第三个位置，并显示被删除的元素，但是由于没有删除元素，因此它是一个空数组。

```
print_r( array_splice( $authors, 2, 0, $arrayToAdd ) );
```

我们把这行代码理解为"在第 2 个位置删除 0 个元素，然后插入$arrayToAdd 数组"。
第二个例子说明了如何同时删除和插入元素：

```
print_r( array_splice( $authors, 0, 2, $arrayToAdd ) );
```

这行代码相当于"在数组的首部(位置 0)删除两个元素,然后把$arrayToAdd 数组的元素插入到位置 0"。

第三个例子说明了没有第三个参数时的情况:

```
print_r( array_splice( $authors, 1 ) );
```

这行代码表示删除从第 2 个位置开始的全部元素。

最后,第四个例子说明了第四个参数的作用,即第四个参数可以不是数组名。假如只需要添加一个元素,如一个字符串,只需要把这个字符串传递给这个参数就行。这是因为,array_splice()函数在使用之前会自动把第四个参数转换为数组。因此,array_splice()会自动把"赵六"字符串转换为只有一个元素("赵六")的数组,然后把它添加到另一个数组中:

```
print_r( array_splice( $authors, 1, 0, "赵六" ) );
```

需要注意的是,插入一个数组时,所插入元素的键不会保留,而会用数值键重新生成索引。因此,array_splice()不可以用来插入关联数组,例如:

```
$authors = array( "张三", "李四", "王五" );
array_splice( $authors, 1, 0, array( "authorName" => "赵六" ) );
echo "<pre>";
print_r( $authors );
echo "</pre>";
```

这段代码生成如下结果:

```
array
(
        [0] => 张三
        [1] => 赵六
        [2] => 李四
        [3] => 王五
)
```

注意,"赵六"元素原来的键("authorName")已被替换为数值键(1)。

5.6.3　数组的合并

假如我们想把多个数组合并成一个大数组,则需要使用 array_merge()函数。这个函数需要一个或多个数组作为参数,然后返回合并后的数组,原来的数组不受影响。

下面是数组合并的一个例子:

```
$authors = array( "张三", "李四" );
$moreAuthors = array( "王五", "赵六" );

//显示"array([0]=>张三 [1]=>李四 [2]=>王五 [3]=>赵六)"
print_r( array_merge( $authors, $moreAuthors ) );
```

注意，array_merge()会把两个数组的元素合并在一起，生成一个新的数组。这与array_push()、array_unshift()和方括号表示法不同，它们都是原封不动地插入参数数组，从而生成一个多维数组：

```
$authors = array("张三", "李四");
$moreAuthors = array("王五", "赵六");
array_push( $authors, $moreAuthors );

// 输出 "array ( [0] =>张三 [1] =>李四 [2] =>Array ([0] =>王五 [1] =>赵六 ) )"
print_r( $authors );
```

array_merge()函数的一个重要特性是，它保留了关联数组的键。因此，我们经常通过它将新的键/值对插入到关联数组中。

```
$myBook = array( "title" => "PHP",
                 "author" => "张三",
                 "pubYear" => 2017 );

$myBook = array_merge( $myBook, array( "numPages" => 263 ) );

//输出"array ( [title] => PHP [author] =>张三 [pubYear] => 2017 [numPages] => 263 )"
print_r ( $myBook );
```

如果在用一个字符串添加一个键/值时，数组中已经存在这个元素，那么原来的元素将会被覆盖。因此，用 array_merge()函数可以方便地更新关联数组：

```
$myBook = array( "title" => "PHP",
                 "author" => "张三",
                 "pubYear" => 2017 );

$myBook = array_merge( $myBook, array( "title" => "ASP.NET", "李四"=>2016 ) );
//输出"array ( [title] => ASP.NET [author] =>张三　 [pubYear] =>张三 [李四] => 2016 )"
print_r( $myBook );
```

但是，数值键相等的元素不会被覆盖，而是会在数组的末尾添加一个新的元素，并且给它分配一个新的索引：

```
$authors = array( "张三", "李四", "王五", "赵六" );
$authors = array_merge( $authors, array( 0 => "张飞" ) );

// 输出"array( [0] =>张三 [1] =>李四 [2] =>王五 [3] =>赵六 [4] =>张飞 )"
print_r( $authors );
```

此外，我们还可以用 array_merge()函数重新生成单个索引数组的索引值，只需要把这个数组传递给它就可以。当我们想保证一个索引数组的全部元素使用连续的索引号时，这个特性会非常有用。

```
$authors = array(34 =>"张三", 12 => "李四", 65 => "王五", 47 =>"赵六" );

// 输出"array( [0] =>张三  [1]=>李四  [2] =>王五  [3] =>赵六  )"
print_r( array_merge( $authors ) );
```

5.6.4　数组与字符串之间的转换

PHP 提供了几个函数，允许我们把字符串转换成数组，或者把数组转换为字符串。为了把字符串转换为数组，需要使用 explode()函数。这个函数需要一个字符串作为参数，它会根据特定的分隔符把字符串分解成多个字符块，然后把分解得到的字符块保存到一个数组中，最后返回这个数组。下面这个例子说明了它的用法：

```
$WordString = "A,B,C,D,E";
$WordArray = explode( ",", $WordString );
```

运行这段代码后，$WordArray 数组将包含 5 个字符串元素，它们分别为"A""B""C""D"和"E"。

如果在 explode()中设置了第三个参数，则可以限制返回数组的元素个数。此时，数组的最后一个元素将会包含字符串的全部其余内容：

```
$WordString = "A,B,C,D,E";
$WordArray = explode( ",", $WordString ,3);
```

在这个例子中，$WordArray 数组的三个元素分别包含"A""B"和"C，D，E"。

如果把第三个参数设置为一个负值，则表示不需要转换的字符串个数。例如，如果在前面的例子中使用-3，最后得到的数组将包含"A"和"B"两个元素(忽略了其余三部分内容，即"C""D"和"E")。

当我们需要从一个文件中读取一行由逗号或空格符分隔的数据，并将其转换到一个数组中时，explode()函数就可以大显身手。

提示：

其他一些将字符串转换为数组的函数包括 preg_split()和 str_split()。前者可以根据正则表达式分解字符串，后者可以把字符串分解成字符数组或一定长度的字符块数组。

如果我们想要执行与 explode()相反的操作，即把数组元素合并成一个长字符串，则可以使用 implode()函数。这个函数需要两个参数：分隔字符和需要合并的字符串。例如，下面这段代码用来将$WordArray 数组中的元素合并为一个用逗号分隔的字符串，即$WordString：

```
$WordArray = array( "A", "B", "C", "D", "E" );
$WordString = implode( ",", $WordArray );

echo $WordString;          //合并后的字符串为"A,B,C,D,E"
```

5.6.5 把数组转换为变量列表

最后，本章将介绍另一个数组处理工具，即 list()函数。它为我们提供了一种简单的方法，把数组的各个元素的值分散到各个变量中。分析下面的代码：

```
$myBook = array( "PHP", "张三", 2017 );

$title = $myBook[0];
$author = $myBook[1];
$pubYear = $myBook[2];

echo $title . "<br/>";              //显示"PHP"
echo $author . "<br/>";             //显示"张三"
echo $pubYear . "<br/>";            //显示"2017"
```

这段代码确实可以把数组元素分解到各个变量中，但是比较冗长。而如果使用 list()，就会变得简单多了。可以按下面的形式使用 list()函数：

```
$myBook = array( "PHP", "张三", 2017 );
list( $title, $author, $pubYear ) = $myBook;

echo $title . "<br/>";              //显示"PHP"
echo $author . "<br/>";             //显示"张三"
echo $pubYear . "<br/>";            //显示"2017"
```

注意，list()函数只适用于索引数组，而且它总是假定元素从 0 开始且是连续索引的(因此第一个元素的索引为 0，第二个元素的索引为 1，依此类推)。

list()函数的一个典型应用是与 each()函数一起使用。例如，在本章前面的 5.3.5 节“逐个访问数组中的元素”中，有一个介绍 each()函数用法的例子，改写这个例子，应用 list()函数，得到以下代码：

```
$myBook = array( "title" => "PHP",
                 "author" => "张三",
                 "pubYear" => 2017 );

while( list( $key, $value ) = each( $myBook ) ) {
  echo "<dt>$key</dt>";
  echo "<dd>$value</dd>";
}
```

5.7　本章小结

本章介绍了 PHP 中的另一个重要概念：数组。数组是一个特殊的变量，可以存储多个值。我们将会发现在 PHP 脚本中经常使用数组。

本章首先介绍了数组的基本概念，你知道了什么是索引数组，什么是关联数组。然后介绍了如何在 PHP 脚本中创建数组，如何用方括号表示法和 array_slice()函数访问数组的元素。本章还介绍了另一个非常有用的函数 print_r()，调试时，我们常用它输出数组的全部元素。

接着，本章指出每个 PHP 数组都有一个内部指针，可以通过这个指针引用数组的元素。此外还介绍了如何用指针访问数组的每一个元素，如何用 current()、key()、next()、prev()、end()和 reset()函数访问数组，如何用循环结构访问数组的每个元素。

当数组相互嵌套并生成多维数组时，数组的强大功能才表现出来。本章介绍了如何创建嵌套数组，如何用循环结构访问嵌套数组。

最后，我们讨论了 PHP 中几个功能强大的数组处理函数，它们是：

- 排序函数——它们是 sort()、asort()、ksort()和 array_multisort()等函数。
- 添加和删除元素函数——它们是 array_unshift()、array_shift()、array_push()、array_pop()和 array_splice()等函数。
- array_merge()函数——它可以把多个数组合并成一个数组。
- explode()和 implode()函数——利用它们可以进行数组与字符串之间的转换。
- list()——它可以把数组的元素存储到各个普通变量中。

5.8　思考和练习

一、选择题

1. 如果$a=array(0=>6,1=>10)，$b=array(1=>12,2=>22)，$c=$a+$b，则$c 等于下列哪一项？（　　）

　　A. array([0]=>6 [1]=>10 [2]=>22)

　　B. array([0]=>6 [1]=>12 [2]=>22)

　　C. array([0]=>6 [1]=> [2]=>22])

　　D. array([0]=>6 [1]=>10 [2]=>12 [3]=>22])

2. 如果$a=range(2,15,5)，则 print_r($a)等于下列哪一项？（　　）

　　A. array(2,15,7)

　　B. array(2,7,12)

　　C. array(5,10,15)

　　D. array(2, 7,15)

3. 通过下列哪个函数可以对数组进行升序排列？（　　）

　　A. rsort()

　　B. sort()

　　C. implode()

　　D. array_push()

二、编程题

1. 编写函数，创建一个长度为 10 的数组，数组中的元素为递增的奇数，第一个元素为 1。

2. 求数组中最大数的下标，数组为：$arr = array(0,-1,-2,5,"b"=>15,3)。

第6章　PHP函数

在本书中，已经使用了几十个函数(如 date()、setcookie()和 number_format())，它们都提供了非常有用的功能。尽管这些函数都已经被 PHP 定义过，但是在这里我们将创建自己的函数。需要注意的是，函数创建之后，可以像使用 PHP 内置的函数那样使用它们。

创建函数能够为编程节省大量的时间。事实上，它们是创建 Web 应用程序和生成可靠PHP 代码库(它们要在将来的项目中使用)的过程中重要的一步。

本章将介绍如何编写自己的函数以执行特定的任务。随后，将讲述如何向函数传递信息，在函数中使用默认值，以及让函数返回值。此外，还将介绍函数和变量是如何共同工作的。

本章的主要学习目标：

- 创建和使用简单函数
- 创建和调用接受参数的函数
- 设置默认参数值
- 创建和使用带有返回值的函数
- 理解变量的作用域

6.1　创建和使用简单函数

在编程时，你将会发现无论是在一段单独的脚本内，还是在几段脚本的执行过程中，都会频繁地使用某些特定的代码段。将这些代码段作为自定义函数将节省大量时间，并且可以让编程过程更加简便，尤其是当 Web 站点变得越来越复杂时。如果创建一个函数，该函数就可以在每次被调用时发生相应的行为，类似于 print()函数在每次使用时都会向浏览器发送文本。

创建用户自定义函数的语法如下：

```
function function_name()
{
        statement(s);
}
```

例如：

```
function firstname()
{
        print 'firstname';
}
```

　　首先，可以采取与为变量命名大致相同的规则来为函数命名，只是不需要以美元符号作为开头。其次，建议创建的函数名称是有意义的，就像应当编写有代表性意义的变量名称那样(将 create_ header 作为函数名要比 function1 好得多)。请记住，不要使用空格(即不能使用两个分隔的词作为函数名称)，这将会导致产生错误消息(可以使用下画线替代空格)。不同于变量的是，PHP 中的函数名不区分大小写，但是仍然需要坚持命名方法的一致性。

　　任何有效的 PHP 代码都能够在函数的 statement(s)区域运行，包括对其他函数的调用。对于函数所包含的语句数量并没有限制，但是请确定每条语句的结尾都使用分号，就像在 PHP 脚本的其他部分那样。函数也可以包含任意控制结构的组合：条件或循环。

　　只要必需的要素都齐全，函数的格式就不是那么重要。这些要素包括 function 这个词、函数名称、打开和关闭的圆括号、打开和关闭的大括号以及语句。按照惯例，函数的语句通常都会相对于 function 关键字那行进行缩进，以便看起来更加清晰，就像在循环和条件中所做的那样。在任何情况下，都要选择一种喜欢的样式(语法正确且合乎逻辑)并且坚持使用。

　　可以通过引用的方式对函数进行调用，就像调用内置函数那样。下面这行代码：

```
firstname();
```

　　将会执行前面定义的函数语句部分的 print 语句。首先创建一个函数，用来生成表单中的省、市和县的下拉菜单(参见图 6-1)。

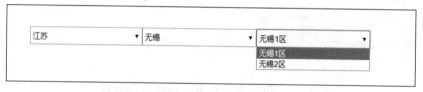

图 6-1　这些下拉菜单是使用用户自定义函数创建的

　　例 6-1 在文本编辑器或 IDE 中创建一个新的 PHP 文档，命名为 index.php。脚本中定义的函数为表单创建了实现三级联动的 3 个下拉菜单。

　　(1) 定义脚本并调用函数。

```
<!DOCTYPE html>
<html>
<head>
 <meta charset="utf-8">
 <meta http-equiv="X-UA-Compatible" content="IE=edge">
 <title></title>
<script src="http://code.jquery.com/jquery-2.2.4.js"></script>
</head>
<body>
 <div class="main">
     <div class="pro">
          <select></select>
     </div>
     <div class="shi">
          <select></select>
```

```
        </div>
        <div class="xian">
            <select></select>
        </div>
    </div>
</body>
</html>

<style type="text/css">
html,body{
    margin:0;padding:0;
}
.main{
    display:flex;width:600px;height:50px;
    background:#efefef;
}
.main div{
    display:flex;float:left;width:200px;height:100%;
}
</style>
<script type="text/javascript">
    $(".pro select").on('change',function(){
        var pro_select = $(this).find('option:selected').val();
        shi(pro_select);
    });
    $(".shi select").on('change',function(){
        var pro_select = $(this).find('option:selected').val();
        xian(pro_select);
    });
    //jQuery实现简单的三级联动
    pro();
    function pro(){
        //发送 Ajax 请求
        $.ajax({
            //指定 PHP 路径
            url: 'phpinfo.php',
            //请求类型
            type: 'POST',
            //入参
            data: {'type':'pro'},
        })
        .done(function(res) {
            //获取返回值
            $(".pro select").empty().append(res);
            //展示到对应位置
            var pro_select = $(".pro select").find('option:selected').val();
            shi(pro_select);
        })
```

```
            .fail(function() {
                    console.log("error");
            })
            .always(function() {
                    console.log("complete");
            });
    }
    function shi(pro_select){
        $.ajax({
                url: 'phpinfo.php',
                type: 'POST',
                data: {'type':'shi','pro_select':pro_select},
        })
        .done(function(res) {
                $(".shi select").empty().append(res);
                var pro_select = $(".shi select").find('option:selected').val();
                xian(pro_select);
        })
        .fail(function() {
                console.log("error");
        })
        .always(function() {
                console.log("complete");
        });
    }
    function xian(pro_select){
        $.ajax({
                url: 'phpinfo.php',
                type: 'POST',
                data: {'type':'xian','pro_select':pro_select},
        })
        .done(function(res) {
                $(".xian select").empty().append(res);
        })
        .fail(function() {
                console.log("error");
        })
        .always(function() {
                console.log("complete");
        });
    }
</script>
```

(2) 开始 PHP 代码部分。Ajax 请求的同级目录下的 **phpinfo.php** 文件的内容如下：

```php
<?php
$pro = array(
 'jiangsu'=>'江苏',
```

```php
    'hunan'=>'湖南',
  );
$shi = array(
  'jiangsu'=>array(
        'nanjing'=>'南京',
        'wuxi'=>'无锡',
  ),
  'hunan'=>array(
        'changsha'=>'长沙',
        'yuhua'=>'雨花',
  ),
);
$xian = array(
  'nanjing'=>array(
        'xuanwu'=>'玄武区',
        'qinhuai'=>'秦淮区',
  ),
  'wuxi'=>array(
        'wuxi1'=>'无锡 1 区',
        'wuxi2'=>'无锡 2 区',
  ),
  'changsha'=>array(
        'changsha1'=>'长沙 1 区',
        'changsha2'=>'长沙 2 区',
  ),
  'yuhua'=>array(
        'yuhua1'=>'雨花 1 区',
        'yuhua2'=>'雨花 2 区',
  ),
);
$type = '';
$type = $_POST['type'];
if(empty($type)) exit('没有收到省份');
switch($type){
  case 'pro':
        foreach($pro as $key=>$val){
                echo "<option value='".$key."'>".$val."</option>";
        }
        break;
  case 'shi':
        $pro_select = $_POST['pro_select'];
        foreach($shi[$pro_select] as $key=>$val){
                echo "<option value='".$key."'>".$val."</option>";
        }
        break;
  case 'xian':
    $pro_select = $_POST['pro_select'];
        foreach($xian[$pro_select] as $key=>$val){
```

```
            echo "<option value="'.$key.'">".$val."</option>";
        }
        break;
    default:
        echo "xxxx";break;
}
?>
```

(3) 开始定义函数：

```
function pro() {
```

这个函数名为 pro，它在描述函数作用的同时还非常易于记忆。

(4) 创建省份下拉菜单：

```
//PHP 部分
$pro = array(
  'jiangsu'=>'江苏',
  'hunan'=>'湖南',
  );

case 'pro':
        foreach($pro as $key=>$val){
                echo "<option value="'.$key.'">".$val."</option>";
        }
        break;
//Ajax 请求

function pro(){
        //发送 Ajax 请求
        $.ajax({
                //指定 PHP 路径
                url: 'phpinfo.php',
                //请求类型
                type: 'POST',
                //入参
                data: {'type':'pro'},
        })
        .done(function(res) {
                //获取返回值
                $(".pro select").empty().append(res);
                //展示到对应位置
                var pro_select = $(".pro select").find('option:selected').val();
                shi(pro_select);
        })
        .fail(function() {
                console.log("error");
        })
        .always(function() {
```

```
                console.log("complete");
        });
    }
```

　　为了生成省份的列表，首先要创建省份名称的数组，数值类型的索引为省份的名称。在创建数组之后，将打印出初始 select 标签。然后，在数组上运行 foreach 循环。对于数组中的每一个元素，打印 HTML option 标签，并且以数组的键(城市名拼音)作为 option 的值，同时以数组的值(中文城市名)作为显示文本。每行都以一个换行符(\n)开头，以便 HTML 源代码中的每个 option 都单独成行。

(5) 创建城市下拉菜单：

```
//PHP 部分
$shi = array(
  'jiangsu'=>array(
        'nanjing'=>'南京',
        'wuxi'=>'无锡',
 ),
  'hunan'=>array(
        'changsha'=>'长沙',
        'yuhua'=>'雨花',
 ),
case 'shi':
        $pro_select = $_POST['pro_select'];
        foreach($shi[$pro_select] as $key=>$val){
                echo "<option value='".$key."'>".$val."</option>";
        }
        break;
//Ajax 请求

function shi(pro_select){
        $.ajax({
                url: 'phpinfo.php',
                type: 'POST',
                data: {'type':'shi','pro_select':pro_select},
        })
        .done(function(res) {
                $(".shi select").empty().append(res);
                var pro_select = $(".shi select").find('option:selected').val();
                xian(pro_select);
        })
        .fail(function() {
                console.log("error");
        })
        .always(function() {
                console.log("complete");
        });
    }
```

创建城市下拉菜单是非常容易的，方式与创建省份下拉菜单类似。

(6) 创建县区下拉菜单：

```php
//PHP 部分
$xian = array(
  'nanjing'=>array(
        'xuanwu'=>'玄武区',
        'qinhuai'=>'秦淮区',
  ),
  'wuxi'=>array(
        'wuxi1'=>'无锡 1 区',
        'wuxi2'=>'无锡 2 区',
  ),
  'changsha'=>array(
        'changsha1'=>'长沙 1 区',
        'changsha2'=>'长沙 2 区',
  ),
  'yuhua'=>array(
        'yuhua1'=>'雨花 1 区',
        'yuhua2'=>'雨花 2 区',
  ),

  case 'xian':
  $pro_select = $_POST['pro_select'];
        foreach($xian[$pro_select] as $key=>$val){
              echo "<option value='".$key."'>".$val."</option>";
        }
        break;
//Ajax 请求
function xian(pro_select){
        $.ajax({
              url: 'phpinfo.php',
              type: 'POST',
              data: {'type':'xian','pro_select':pro_select},
        })
        .done(function(res) {
              $(".xian select").empty().append(res);
        })
        .fail(function() {
              console.log("error");
        })
        .always(function() {
              console.log("complete");
        });
}
```

(7) 结束函数：

```
} // 结束函数。
```

当创建函数时，很容易因为遗忘闭花括号而产生解析错误。可以通过添加注释来帮助记住最后一步。

(8) 在每个 Ajax 请求的最后会调用函数以实现三级联动：

```
pro();
shi(pro_select);
xian(pro_select);
```

函数创建完毕之后，就可以通过函数名(不要把名字拼写错了)调用它，注意在后面加上圆括号。

(9) 完成 PHP 和 HTML 代码：

```
?>
</body>
</html>
```

(10) 将文件保存，放置在启用了 PHP 服务器的适当目录中，并且在 Web 浏览器中运行(参见图 6-1)。

(11) 可以查看该页面的 HTML 源代码，看看哪些东西是动态生成的(参见图 6-2)。

```
▼<select>
    <option value="jiangsu">江苏</option>
    <option value="hunan">湖南</option>
  </select>
▼<select>
    <option value="nanjing">南京</option>
    <option value="wuxi">无锡</option>
  </select> == $0
▼<select>
    <option value="xuanwu">玄武区</option>
    <option value="qinhuai">秦淮区</option>
  </select>
```

图 6-2　显示出 pro()函数生成的 HTML 标记

如果出现"some_function..."错误消息，那么意味着你正在调用一个不存在的函数(参见图 6-3)。这可能是由于函数名称拼写错误，也可能是由于 PHP 版本不支持该函数，请重新查看 PHP 手册。如果在调用用户自定义函数时看到这个错误，可能是函数没有定义或拼写错误导致的。重新检查函数的定义和调用部分的拼写，查看是否有错误发生。

```
Fatal error: Uncaught Error: Call to undefined function show_pros() in C:\xampp\htdocs\f
C:\xampp\htdocs\first.php on line 54
```

图 6-3　错误提示

这个错误的意思是，PHP 脚本没有找到指定名称的函数定义。在这个例子中，出错的原因是在函数调用时多写了"s"。

6.2　创建和调用接受参数的函数

尽管创建简单的函数是有用的，但更好的做法是编写能够接受输入并且能够依照输入进行某些操作的函数。这些函数输入被称为参数(argument 或 parameter)。这个概念你在之前已经看到过：sort()函数接受一个数组作为参数，而 sort()函数正是对这个数组进行排序操作的。

编写接受参数的函数的语法如下所示：

```
function function_name($arg1, $arg2, ...){
    statement(s);
}
```

函数的参数以变量的形式存在，而这些变量被赋予调用函数时向函数发送的值。这些变量使用同 PHP 中其他变量相同的命名规则进行定义：

```
function show_name($first, $last) { print $first . ' ' . $last;
}
```

调用接受输入(参数)的函数和调用不接受参数的函数非常类似——只需要记住传递所需的值即可。这可以通过传递变量来实现，例如：

```
show_name($fn, $ln);
```

或者通过发送字符串来实现，例如：

```
show_name('zhangsan', 'lisi');
```

或者结合上述两种方法，例如：

```
show_name('zhangsan', $ln);
```

需要注意的是：参数是被逐字传送的，函数定义中的第一个变量将被赋予调用行中的第一个调用值，第二个函数变量被赋予第二个调用值，依此类推(参见图 6-4)。函数并没有智能到能够直观地理解我们对于值之间关联的认识。如果值传递失败，函数将假定其值为空(值为空并不等于数值 0，它是真实存在的值，更接近于词语"无")。同样，如果一个函数有 4 个参数，但只传递了 3 个参数——第 4 个参数将为空，这也会产生错误(参见图 6-5)。

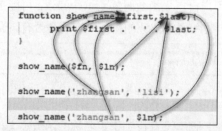

图 6-4　函数调用中的值是如何被赋给函数参数的

> **Fatal error**: Uncaught ArgumentCountError: Too few arguments to function show_name(), 3 passed in C:\xampp\htdocs\first.php on line 4 and exactly 4 expected in C:\xampp\htdocs\first.php:2 Stack trace: #0 C:\xampp\htdocs\first.php(4): show_name('zhangsan', 'lisi', 'wangwu') #1 {main} thrown in **C:\xampp\htdocs\first.php** on line **2**

图 6-5　在调用(用户自定义或 PHP 内置的)函数时，传递的参数个数不对将导致出现错误消息

接下来创建一个更有意思的示例来诠释接受参数的函数。示例文本框的代码如下：

```
username: <input type="text" name="username" size="20"
value="<?php if (isset($_POST ['username'])) { print htmlspecialchars($_POST["username"]); } ?>" />
```

函数 isset()的一个参数用于接受文本框的名字，另一个参数用于接受文本框的标签(文本提示)。这个函数会被脚本多次调用，以生成各种文本框(参见图 6-6)。表单提交后，表单会记住之前输入的值。

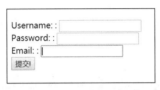

图 6-6　这三个表单元素是由用户自定义函数创建的

例 6-2 在文本编辑器或 IDE 中创建一个新的 PHP 文档，命名为 login.php。show_name() 函数接受两个参数，用于指明文本框的名字和标签。

完整代码如下：

```
<!DOCTYPE html PUBLIC "-//W3C//DTD XHTML 1.0 Transitional//EN"
"http://www.w3.org/TR/xhtml1/DTD/xhtml1-transitional.dtd">
<html>
<head>
<meta http-equiv="content-type" content="text/html; charset=utf-8" />
<title>Login</title>
</head>
<body>
<?php // 脚本 6-2: login.php
 /* 定义脚本并调用函数，该函数创建粘性文本框。*/
 // 该函数接受两个参数。
function show_name($first,$last){
 // 打印 first:
 print $first. ': ';
 // 打印文本框:
 print ': <input type="text" name="'. $last ." size="20"';
 // 加入文本框预设值:
 if(isset($_POST[$last])) {
        print ' value="' . htmlspecialchars($_POST[$last]) . '"';
 }
 // 完成文本框，关闭标签:
```

```
    print '/><br/>';
    } // 结束 show_name()函数。
    // 创建表单:
    print '<form action="" method="post">';
    // 创建文本框:
show_name('Username', 'username');
show_name('Password', 'password');
show_name('Email', 'email');
print '<input type="submit" name="submit" value="提交!" /></form>';
?>
</body>
</html>
```

示例说明

(1) 开始 PHP 代码部分:

```
<?php // 脚本 6-2: login.php
```

(2) 开始定义函数:

```
function show_name($first,$last){
```

show_name()函数有两个参数,将两个参数分别赋值给$first 和$last 变量。

(3) 打印 first:

```
    print $first. ': ';
```

这里将代码包括在标签中。调用函数时,会将标签的值(如 Username)传递到函数中。

(4) 打印文本框:

```
    print ': <input type="text" name="'. $last ."' size="20"';
```

PHP 的 print 语句用来创建 HTML input 标签,但标签的 name 属性值来自变量$last(调用
函数时赋值,例如 username)。

(5) 如果需要,加入文本框预设值:

```
    if (isset($_POST[$last])) {
        print ' value="'. htmlspecialchars ($_POST[$last]) . '"';
    }
```

第(4)步中的代码并没有结束文本框的创建(没有使用/>关闭),因此还可以加入类似 value=
"username"的语句,但这条语句只能在设置了$_POST[$last]的情况下才可加入,所以这里加入
了条件语句。元素的 value 属性值只能在运行完毕 htmlspecialchars()函数时才可以打印。

(6) 完成文本框,关闭标签,结束函数:

```
    print '/><br/>';
    } // 结束 show_name()函数。
```

(7) 创建 form 标签，调用函数：

```
print '<form action="" method="post">';
show_name('Username', 'username');
```

表单使用 POST 方法。如果表单能自动提交到相同的页面，可以忽略 action 值。

(8) 创建另外两个文本框：

```
show_name('Password', 'password');
show_name('Email', 'email');
```

注意，脚本以三种不同的方式使用同一个函数三次，生成三个完全不同的文本框。

(9) 完成表单：

```
print '<input type="submit" name="submit" value="提交!" /></form>';
```

表单需要一个提交按钮，以测试表单的粘性功能。

(10) 结束 PHP 和 HTML：

```
?>
</body>
</html>
```

(11) 将文件保存为 login.php，放置于 PHP 服务器上适当的目录中，并且在 Web 浏览器中测试(参见图 6-6 和图 6-7)。

图 6-7　表单元素显示用户之前输入的值

可以定义任何数量的函数，而不用像本章示例中描述的那样，即每个脚本中只有一个函数。函数能够接受的参数没有数量限制。一旦已经像这样定义自己的函数，就可以将它们放置在外部文件中，并且可以在需要访问这个函数时请求该文件。

6.3　设置参数默认值

PHP 允许函数拥有默认的参数值。要做到这些，只需要在函数定义中为参数赋值即可：

```
function show_first($first= 'world') {
    print "<p>Hello, $first!</p>";
}
```

图 6-8 用默认值调用没有任何参数的函数(第一个问候语)，调用带有一个参数的函数意味着参数值将会被使用(第二个问候语)。

这个函数将使用默认值，除非获取到一个覆盖默认值的值。换句话说，通过为一个参数设定默认值，可以在调用函数时呈现特定的可选参数。如果希望为参数假定一个特定的值，那么需要为其设定默认值，但仍然允许传递其他值(参见图 6-8)：

```
show_first();
show_first('php');
```

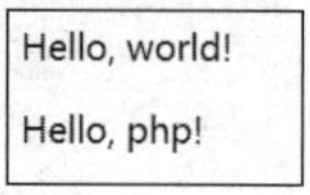

```
Hello, world!
Hello, php!
```

图 6-8　参数赋值

注意，这不是用户自定义函数(或默认参数值)的优秀示例，在示例中使用它只是为了方便理解。

应当总是在其他标准参数(它们没有默认值)之后编写默认参数。这是因为 PHP 按照从调用行获取的顺序直接为参数赋值。因此，不可能出现省略第一个参数却包含第二个参数的情况。例如，假设此时：

```
function price_count($count, $price = 10.00, $tx = 0.02) {...
```

如果用如下代码行调用函数：

```
price_count(5, 0.05);
```

原本期望将$count 设置为 3，将$price 保持为 10.00，并且将$tx 更改为 0.05，但这是有问题的。

最终的结果将是$count 为 5，$price 为 0.05，而$tx 则保持为 0.02(参见图 6-9)，这并不是希望的输出结果。为了达到期望的结果，正确的方法是使用下面的代码：

```
price_count(5, 10.00,0.05);
```

重新运行 show_name()函数以获取对设定参数默认值的完整认识。

图 6-9　根据函数参数的赋值方式，在调用函数时不能"跳过"某个参数

例6-3 如果 login.php 不处在开启状态的话，在文本编辑器或 IDE 中打开它。为函数 show_name()加入第三个参数及其默认值：

```
function show_name($first, $last, $size = 20) {
```

Username 和 Email 通常比名字要长，因此最好可以调整文本框的大小。将文本框的大小作为参数，可以解决这个问题。文本框的大小要有默认值，并使其成为一个可选参数。如果传入第三个参数，$size 的默认值就会被这个参数的值取代。

　　函数将接受两个参数，但其中只有一个是必需的。如果$size的值没有发送给函数，那么它的值将是 20。

　　完整代码如下：

```
<!DOCTYPE html PUBLIC "-//W3C//DTD XHTML 1.0 Transitional//EN"
"http://www.w3.org/TR/xhtml1/DTD/xhtml1-transitional.dtd">
<html>
<head>
<meta http-equiv="content-type" content="text/html; charset=utf-8" />
<title>Login</title>
</head>
<body>
<?php // 脚本 6-3：login.php
 /* 定义脚本并调用函数，该函数创建粘性文本框。*/
 // 该函数接受两个参数。
 // 第三个参数是可选的(包含默认值)。

function show_name($first,$last,$size = 20){
  // 打印 first:
  print $first. ': ';
  // 打印文本框:
  print ': <input type="text" name="'. $last ." size="" . $size . "" ';
  // 加入文本框预设值:
  if (isset($_POST[$last])) {
      print ' value="'. htmlspecialchars ($_POST[$last]) . '"';
  }
  // 完成文本框，关闭标签:
  print '/><br/>';   }
  // 结束 show_name()函数。


  // 创建表单:
  print '<form action="" method="post">';
  // 创建文本框:
  show_name('Username', 'username');
  show_name('Password', 'password',30);
  show_name('Email', 'email',40);
  print '<input type="submit" name="submit" value="提交!" /></form>';
  ?>

</body>
</html>
```

示例说明

(1) 开始 PHP 代码部分：

```
<?php // 脚本 6-3：login.php
```

(2) 改变文本框创建语句，加入 $size 变量：

```
print ': <input type="text" name="'. $last ."' size="'. $size . '" ';
```

(3) 修改函数调用语句，改变文本框的大小：

```
show_name('Username', 'username');
show_name('Password', 'password',30);
show_name('Email', 'email',40);
```

现在，第一个文本框会使用默认大小，而其他的文本框会更长一些。

(4) 将脚本保存为 login.php，放置于 PHP 服务器上适当的目录中，并且在 Web 浏览器中测试(参见图 6-10)。

图 6-10 函数可以根据传入的参数改变大小，如果不传入参数，将使用默认大小

可以使用空字符串(")或 NULL(不带有引号)作为函数的特殊参数传递空值。用其中任何一种方式都将覆盖原有的默认值。

PHP 手册用方括号来标记函数的参数。例如，当使用 number_format()函数时，舍入到小数的位数是可选的：

```
string number_format(float number [, int decimals])
```

6.4 创建和使用带有返回值的函数

函数不仅可以接受参数，还能够返回值，这只需要两个步骤即可。首先，在函数中使用返回语句。其次，在调用函数时以某种方式使用输出。通常情况下，将会把返回的值赋给一个变量，但是还可以做更多操作，如直接打印出输出结果。下面是接受两个参数并返回一个值的函数的基本格式：

```
function show_name($first, $last) {

$name = $first . ' ' . $last;
return $name;
}
```

可以这样使用该函数：

```
$name = show_name($fn, $ln);
```

这里该函数返回的值被赋给一个变量，它被立即打印出来：

```
print show_name($fn, $ln)
```

为了更好地诠释这个概念，我们创建一个函数，它将执行简单的计算并且对结果进行格式化。例 6-4 将显示用于填写数量、单价和利率的 HTML 表单(参见图 6-11)。当表单被提交时(回到这个相同的页面)，将打印出总值(参见图 6-12)。

图 6-11　这个简单的表单带有两个需要计算的值　　图 6-12　使用自定义函数计算的结果

例 6-4 在文本编辑器或 IDE 中创建一个新的 PHP 文档，命名为 sum.php。该脚本显示并处理一个 HTML 表单以便执行一些基本的计算。在此过程中，使用了一个接受两个参数和一个返回值的函数。

完整代码如下：

```
<!DOCTYPE html PUBLIC "-//W3C//DTD XHTML 1.0 Transitional//EN"
"http://www.w3.org/TR/xhtml1/DTD/xhtml1-transitional.dtd">
<html>
<head>
<meta http-equiv="Content-Type" content="text/html; charset=utf-8"/>
<title>Sum</title>
</head>
<body>
<?php // 脚本 6-4: sum.php
 /* 显示脚本并处理 HTML 表单。
 函数将数量乘以单价，再乘以利率，以计算总值。*/
 // 函数执行计算功能。
 function show_sum($count, $price) {
      $sum = $count * $price *0.15;      // 计算，默认利率为 0.15。
      $sum = number_format($sum, 2);     // 格式化数字，保留两位小数。
      return $sum;                        // 返回值。
 } // 结束函数。
 // 检查表单是否提交:
 if ($_SERVER['REQUEST_METHOD'] == 'POST') {
      if( is_numeric($_POST['count']) AND is_numeric($_POST['price'])){
      $sum=show_sum($_POST['count'],$_POST['price']);
      print "<p>您的净利润是: $<span style=\"font-weight: bold;\">$sum</span>.</p>";
      }else{                              // 输入的数值不适宜。
      print '<p style="color: red;">您输入的数值不适宜!</p>';
      }
 }
 ?>
```

```html
<form action="sum.php" method="post">
    <p>Count: <input type="text" name="count" size="3" /></p>
    <p>Price: <input type="text" name="price" size="5" /></p>
    <input type="submit" name="submit" value="计算!" />
</form>
</body>
</html>
```

示例说明

(1) 开始 PHP 代码部分:

```php
<?php // 脚本 6-4: sum.php
```

(2) 定义函数:

```php
function show_sum($count, $price) {
    $sum = $count * $price * 0.15;        // 计算,默认利率为 0.15。
    $sum = number_format($sum, 2);        // 格式化数字,保留两位小数。
    return $sum;                          // 返回值。
}
```

该函数接受两个参数: 数量和单价,并且对它们进行乘法运算,计算出总价后乘以利率,得到净利润。净利润在被函数返回之前会被格式化。

尽管这样使用函数看上去显得有点笨拙,但是这里将单步运算放在函数中具有双重好处: 首先,在脚本的开头放置这个计算而不是将它隐藏在代码的其他地方,会使日后在函数中查找和修改这个计算时变得更加容易; 其次,可以不用复制代码就在脚本中重复这个操作。

(3) 开始条件部分以查看是否有表单被提交:

```php
if ($_SERVER['REQUEST_METHOD'] == 'POST') {
```

因为该页面显示并处理 HTML 表单,所以它用一个条件来检验页面的请求方式。如果是 POST 请求,就表明表单已经被提交。

(4) 验证表单数据并使用函数:

```php
if( is_numeric($_POST['count']) AND is_numeric($_POST['price'])){
    $sum=show_sum($_POST['count'],$_POST['price']);
    print "<p>您的净利润是: $<span style=\"font-weight: bold;\">$sum</span>.</p>";
```

这部分 PHP 代码(处理被提交的表单)首先检验是否已经填写数量和单价。如果是,总价将通过调用 show_sum()函数来计算,并将结果赋给$sum 变量。然后会打印出结果。

(5) 完成条件语句:

```php
}
else{                    // 输入的数值不适宜。
    print '<p style="color: red;">您输入的数值不适宜!</p>';
}
```

如果某个表单变量没有被正确地提交，将会打印出一条消息以指明这个问题。最后的大括号结束表单的提交条件语句。

应用一小段 CSS 代码来打印消息(在这里和第(4)步中)。

(6) 显示 HTML 表单：

```
?>
<form action="sum.php" method="post">
        <p>Count: <input type="text" name="count" size="3" /></p>
        <p>Price: <input type="text" name="price" size="5" /></p>
        <input type="submit" name="submit" value="计算!" />
</form>
```

表单本身很简单，它向用户请求两个不同的值(参见图 6-8)。隐藏的表单输入作为处理代码的触发器，表明表单已提交。因为这个表单是在主提交条件之外创建的，因此它总是显示在页面上。

(7) 完成 HTML 页面：

```
</body>
</html>
```

(8) 保存页面为 sum.php，放置于 PHP 服务器上适当的目录中，并且在 Web 浏览器中进行测试(参见图 6-12)。

用户自定义函数常常只返回一个单独的值，但是通过使用数组，也可以返回多个值。以下是这样操作的示例：

```
function show_some($s1, $s2) {
    // 做你想做的事情。
    return array($s1, $s2);
}
```

然后，调用这个函数，用 list()函数将数组元素赋值给单独的变量：

```
list($str1, $str2) = show_some($s1,$s2);
```

最终结果是：函数中的$s1 被赋值给 PHP 脚本中的$str1，函数中的$s2 被赋值给$str2。

可以在一个函数中只执行一条 return 语句，但是相同的函数能够有多条 return 语句。作为示例，可以编写一个函数来检验条件并用以指明条件是否被满足。在这种情况下，可以在函数中编写这样的代码：

```
if (condition) { return TRUE;
} else {
return FALSE;
}
```

函数返回的结果不是 TRUE 就是 FALSE，用以指示是否满足声明的条件。

6.5　理解变量的作用域

在没有学习函数之前介绍变量，作用域没有任何意义。因此，之前并没有介绍变量的作用域。现在，你已经对函数有所了解，本节将再次回顾关于变量的话题，并且讨论变量和函数协同工作的一些细节。

正如你在 6.2 节中看到的那样，可以使用将变量作为参数的方式向函数发送变量。然而，也可以引用在全局声明函数中定义的外部变量。正因为有变量的作用域，才使这种应用成为可能。变量的作用域是其存在的领域。默认情况下，在脚本中编写的变量存在于脚本的生命周期中。相反，诸如$_SERVER['PHP_SELF']的环境变量将会一直在服务器中存在。

尽管函数可以创建出新级别的作用域，但函数中的变量(函数的参数如同在函数中定义的任何变量一样)只在那个函数中存在，并且不能从函数外部访问(这就是说，它们是局部变量，拥有局部作用域)。同样，默认情况下，函数外的变量不能在函数内使用。即使某个变量是函数调用的参数，也只是将这个变量的值传递给函数，而不是传递变量本身。

全局声明大致的意思是：希望这个函数内的变量能够指向函数外具有相同名称的变量。换句话说，全局声明将拥有局部作用域的局部变量转变为拥有全局作用域的全局变量。当变量在函数之外时(也就是说，假设函数被调用)，在函数中对这个变量所做的任何变更都会被传递给变量，而不必使用返回命令。

全局声明的语法如下：

```
function function_name($args) {
    global $variable;
    statement(s);
}
```

这将导致另外一个关于函数和变量的问题：因为有作用域存在，函数中的局部变量与函数之外的变量是不同的实体(也许有不同的值)，即使这两个变量使用完全相同的名称。让我们进一步明确这一点。

假设有：

```
function test($args) {
    // 代码块
}
$num= 1;
test($num);
```

当 test()函数被调用时，$num 的值将被赋给$args，因此它们的值是一样的。但是它们的名称不同，并且是不同的变量。如果 test()函数中的参数名称也是$num:

```
function test($num) {
// 代码块
}
```

```
$num= 1;
 test($num);
```

这样 test()函数中的$num 变量会被赋予与 test()函数外原始$num 相同的值，但它们仍然是两个单独的变量。一个在函数内拥有作用域，而另一个的作用域是在函数外。这意味着在函数内和函数外使用名称完全相同的变量不会产生冲突。只是需要记住，它们是不同的变量即可。在函数内，变量的值只对函数内的变量产生作用，示例如下(参见图 6-13)：

```
<?php
function show_add($num) {
    $num++;
    print '调用 show_add 方法!<br/>';
}
$num = 1;
print "<br/>";
print "\$num 调用函数前对比  $num<br/>";
show_add($num);
print "\$num 调用函数后对比  $num<br/>";
?>
```

这些都是正确的，除非使用全局声明。当然，这将使这两个变量变得相同(参见图 6-14)：

```
<?php
function show_add($num) {
    global $num;
    $num++;
    print '调用 Show_add 方法!<br/>';
}
$num = 1;
print "<br/>";
print "\$num 调用函数前对比$num<br/>";
show_add($num);
print "\$num 调用函数后对比$num<br/>";
?>
```

注意，在这个例子中，不再需要将变量的值传递给 show-add()函数。

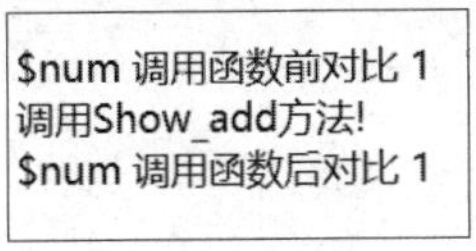

```
$num 调用函数前对比 1
调用Show_add方法!
$num 调用函数后对比 1
```

```
$num 调用函数前对比 1
调用Show_add方法!
$num 调用函数后对比 2
```

图 6-13　改变函数内局部变量的值
　　　　　不会影响同名的全局变量

图 6-14　改变函数内的全局变量
　　　　　将会影响函数外的变量

为了诠释变量的作用域，我们用全局声明重写 sum.php 脚本。

例 6-5 如果 sum.php 不处在开启状态的话，在文本编辑器或 IDE 中打开它(参看例 6-4)。在函数定义之前，添加下面的代码：

```
$profit= 0.15;
```

为了使函数能够使用$profit变量(即便它并没有被传递给函数),需要在函数定义中为该变量添加全局声明,完全代码如下:

```
<!DOCTYPE html PUBLIC "-//W3C//DTD XHTML 1.0 Transitional//EN"
"http://www.w3.org/TR/xhtml1/DTD/xhtml1-transitional.dtd">
<html>
<head>
<meta http-equiv="Content-Type" content="text/html; charset=utf-8"/>
<title>Sum</title>
</head>
<body>
<?php // 脚本 6-5: sum.php #2
/* 显示脚本并处理 HTML 表单。
   函数将计算包含利率在内的总值。*/
// 定义利率:
$profit= 0.15;
// 函数执行计算功能。
function show_sum($count, $price) {
        global $profit;
        $sum = $count * $price * $profit;      // 计算,默认利率为 0.15。
        $sum = number_format($sum, 2);         // 格式化数字,保留两位小数。
        return $sum;                           // 返回值。
   } // 结束函数。
   // 检查表单是否提交:
if ($_SERVER['REQUEST_METHOD'] == 'POST') {
        if( is_numeric($_POST['count']) AND is_numeric($_POST['price'])){
                $sum=show_sum($_POST['count'],$_POST['price']);
                print "<p>您的净利润是: $<span style=\"font-weight: bold;\">$sum</span>., 您的利率
                为: $profit </p>";
                }else{ // 输入的数值不适宜。
                print '<p style="color: red;">您输入的数值不适宜!</p>';
        }
   }
   ?>
<form action="indexs.php" method="post">
<p>Count: <input type="text" name="count" size="3" /></p>
<p>Price: <input type="text" name="price" size="5" /></p>
<input type="submit" name="submit" value="计算!" />
</form>
</body>
</html>
```

创建$profit 变量,使它拥有将在费用计算中用到的一系列值。它被赋予函数之外的一个值,这是因为在这之后它将会在脚本的主体部分被用到。

示例说明

(1) 开始 PHP 代码部分:

```
<?php // 脚本 6-4: sum.php
```

(2) 在函数定义部分，添加全局声明：

```
global $profit;
```

全局声明告诉函数要将相同的$profit 变量作为存在于函数之外的变量。

(3) 在函数中的$sum 被格式化之前：

```
$sum = $count * $price * $profit;
```

获得最后的总值。

请注意，这里是用$sum 变量(基于$profit)来执行这个计算。这是因为在这之后将打印出$profit 的值，并且在这里对其所做的任何更改都能反映出来(因为它是一个全局变量)。

(4) 在主 print 代码行(在函数调用之后)添加下面的代码以便打印出利率：

```
print "<p>您的净利润是: $<span style=\"font-weight: bold;\">$sum</span>., 您的利率为: $profit </p>";
```

在脚本开头部分定义的变量$profit 最终在结尾处被打印。如果还没有使用函数内的$sum 变量，并且替换为$profit 这个全局变量，对计算结果的影响将通过打印值的方式表现。

(5) 保存脚本，放置于 PHP 服务器上适当的目录中，并在 Web 浏览器中进行测试(参见图 6-15 和图 6-16)。

图 6-15　再次运行表单

图 6-16　计算过程现在使用$profit 这个全局变量

常量和超全局数组($_GET、$_POST、$_COOKIE 和$_SESSION)能带来额外的好处，它们通常不需要作全局声明就能在函数内使用(正因如此，它们被称为超全局)。

每个函数都有自己的、独立的局部作用域。

函数在设计时也不能建立在假设的基础之上，例如，show_input()假设表单的提交方式是POST，这是不可取的。

在设计函数时，既不要依赖全局变量，也不要假设任何函数的外部条件为真，这样函数才能更为独立且移植性更好——简言之，更棒。

6.6　本章小结

本章介绍了现代编程语言的一个基本组成部分：通过函数编程实现重用性。在这一章中，学习了如何创建和调用简单函数，创建和调用接受参数的函数，还学习了如何设置参数的默认值，创建和使用带有返回值的函数以及变量的作用域。

6.7　思考和练习

一、写出如下 PHP 代码的输出结果

1.

```php
function m($val){
        ++$val;
}
$val = 10;
m($val);
 echo $val;
```

2.

```php
function get_arr($arr){
        unset($arr[0]);    }
$arr1 = array(1, 2);
get_arr($arr1);
echo count($arr1);         //count 个数
```

3.

```php
function sum(...$numbers) {
    $acc = 0;
    foreach($numbers as $n) {
                $acc += $n;
    }
 return $acc;
}
echo sum(1, 2, 3, 4, 5);
```

二、写代码、编程序

编写用户自定义函数 is_leap()，用于测试参数($year)指定的年份是否是闰年，并返回一个布尔值。参数($year)的默认值是 2000。

三、简答题

在 PHP 中，函数传递参数的方式有哪两种？两者有什么区别？

第7章 面向对象基础知识

这里所说的面向对象包括 3 部分内容：面向对象分析(Object-Oriented Analysis，OOA)、面向对象设计(Object-Oriented Design，OOD)以及面向对象编程(Object-Oriented Programming，OOP)。面向对象编程的两个重要概念是类和对象。

本章的主要学习目标：

- 了解 PHP 中的面向对象
- 了解和掌握类的定义及实例化
- 了解 PHP 对象的高级应用
- 掌握接口的使用
- 熟悉面向对象的基本应用

7.1 面向对象的基本概念

7.1.1 类

世间万物都有自身的属性和方法，通过这些属性和方法可以将不同物质区分开来。例如，人具有身高、体重和肤色等属性，还可以进行吃饭、学习、走路等活动，这些活动可以说是人具有的功能。可以把人看作程序中的一个类，那么人的身高可以看作类的属性，走路可以看作类的方法。也就是说，类是属性和方法的集合，是面向对象编程的核心和基础，通过类可以对零散的用于实现某项功能的代码进行有效管理。例如，创建一个员工类，包括 4 个属性——姓名、身高、年龄和性别，定义 4 个方法——上班、工作、下班和开会。

7.1.2 对象

类只是具备某项功能的抽象模型，在实际应用中还需要对类进行实例化，这样就引入了对象的概念。对象是对类进行实例化后的产物，是一个实体。仍然以人为例，"黄种人是人"这句话没有错误，但反过来说"人是黄种人"这句话肯定是错误的，因为除了有黄种人，还有黑人、白人等，那么"黄种人"就是"人"这个类的一个实例对象。可以这样理解对象和类的关系：对象实际上就是"有血有肉的、能摸得到且看得见的"一个类。

7.1.3 面向对象编程的三大特点

面向对象编程的三大特点就是封装性、继承性和多态性。

1. 封装性

封装性，也可以称为信息隐藏。就是将一个类的使用和实现分开，只保留有限的接口(方法)与外部联系。对于用到该类的开发人员，只要知道这个类如何使用即可，而不用去关心这个类是如何实现的。这样做可以让开发人员把精力更多地集中起来专注别的事情，同时也避免了因程序之间的相互依赖而带来不便。

2. 继承性

继承性就是派生类(子类)自动继承一个或多个基类(父类)中的属性与方法，并可以重写或添加新的属性或方法。继承这个特性简化了对象和类的创建，提高了代码的可重用性。继承分单继承和多继承，PHP 支持的是单继承，也就是说，一个子类有且只有一个父类。

3. 多态性

多态性是指同一个类的不同对象，调用同一个方法可以获得不同的结果。这种技术称为多态性。多态性增强了软件的灵活性和可重用性。

7.2　PHP 与对象

7.2.1　类的定义

和很多面向对象语言一样，PHP 也是通过 class 关键字加类名来定义类的。类定义的格式如下：

```php
<?php
//定义一个类
class First{
    //.....
}
?>
```

上述两个大括号之间的部分是类的全部内容。First 是一个最简单的类，仅有类的骨架，什么功能都没有实现，但这并不影响它的存在。

一个类，即一对大括号之间的全部内容，都要放在一个代码段中，即一个<?php …>不能分割成多块，例如下面的方式是不允许的：

```php
<?php
//定义一个类
class First{
?>
<?php
//.....
```

```
}
?>
```

7.2.2　成员方法

类中的函数被称为成员方法。函数和成员方法间的唯一区别就是：函数实现的是某个独立的功能；而成员方法实现的是类的一个行为，是类的一部分。

下面就创建一个员工类，并添加成员方法。将员工类命名为 Employee，并添加成员方法 work()。代码如下：

```
<?php
//定义员工类
class Employee{
//声明成员方法
function work($name,$height,$age,$sex){
//方法功能的实现
echo "姓名："." .$name;
echo "身高："." .$height;
echo "年龄："." .$age;
echo "性别："." .$sex;
}
}
?>
```

work()该成员方法的作用是输出员工的基本信息，包括姓名、身高、年龄和性别。这些信息是通过 work()成员方法的参数传递的。

7.2.3　类的实例化

类的成员方法已经添加，接下来就使用成员方法，但使用成员方法不像使用函数那么简单。首先要对类进行实例化，实例化是通过关键字 new 来声明一个对象。其次是使用如下格式调用要使用的成员方法：

> 对象名->成员方法

在 7.1 节中已经讲过，类是一种抽象描述，是功能相似的一组对象的集合。如果想使用类中的方法或变量，首先要把它具体落实到一个实体上，也就是对象上。

例 7-1　以 Employee 类为例，实例化一个对象并调用成员方法 work()。

```
<?php
//定义一个类
class Employee{
    //声明成员方法
    function work($name,$height,$age,$sex){
        //方法功能的实现
        echo "姓名："." .$name;
        echo "身高："." .$height;
        echo "年龄："." .$age;
```

```
        echo "性别: ".$sex;
    }
}
$emp = new Employee();
$emp ->work("张三","185",21,"男");
?>
```

运行结果为:

```
姓名: 张三
身高: 185
年龄: 21
性别: 男
```

例 7-1 不仅创建了员工类, 同时也完成了对员工类的实例化操作, 最终输出一名员工的信息。

7.2.4　成员变量

类中的变量, 也称为成员变量(有时也称属性或字段)。成员变量用来保存数据信息, 或通过与成员方法进行交互来实现某项功能。

定义成员变量的格式为:

```
关键字 成员变量名
```

关键字可以使用 public、private、protected、static 和 final 中的任意一个, 在 7.2.9 节之前, 所有的示例都使用 public 关键字来修饰。至于关键字的使用, 将在 7.2.9 节和 7.2.10 节中进行介绍。

访问成员变量和访问成员方法是一样的。只要把成员方法换成成员变量即可, 格式为:

```
对象名->成员变量
```

例 7-2　以前面描述的类和类的实例化为例,通过代码来实现。首先定义员工类 Employee, 声明 4 个成员变量$name、$height、$age 和$sex。其次定义成员方法 work()用于查看员工信息。最后实例化员工类, 通过实例化返回对象调用指定的方法。根据调用方法的参数来查看员工信息。

```
<?php
//定义员工类
class Employee{
    //定义成员变量
    public $name;
    public $height;
    public $age;
    public $sex;
    function work($name,$height,$age,$sex){
    $this->name=$name;
    $this->height=$height;
```

```
        $this->age=$age;
        $this->sex=$sex;
        //方法功能的实现
        echo "姓名：".$this->name;
        echo "身高：".$this->height;
        echo "年龄："$this->age;
        echo "性别：".$this->sex;
    }
}
//实例化对象，并传递参数
$emp = new Employee();
//调用方法
$emp -> work("张三","185",21,"男");

?>
```

运行结果为：

```
姓名：张三
身高：185
年龄：21
性别：男
```

$this->的作用是调用员工类中的成员变量或成员方法，这里只需要知道含义即可。在7.2.8节中将介绍相关的知识。无论是使用$this->还是使用"对象名->"的格式，后面的变量是没有$符号的，如$this->work、$sport->work，这是一个出错概率很高的错误。

7.2.5 类常量

既然类中有变量，当然也会有常量。常量就是不会改变的量，是恒值，圆周率是众所周知的一个常量。使用关键字 const 定义常量，例如：

```
const P=3.1415;
```

例 7-3 先声明一个常量，再声明一个变量，实例化对象后分别输出它们的值。

```
<?php
//定义员工类
class Employee{
    //定义常量
    const NAME = "PHP 语言！";
    //定义成员变量
    public $str;
    //声明 set 方法
    function setStr($name){
    this->str = $name;
    }
    //声明 get 方法
    function getStr(){
```

```
            return this->str;
        }
    }
    //实例化
    $emp = new Employee();
    //调用 set 方法
    $emp ->setStr("这是门好语言！");
    //输出常量 NAME
    echo Employee::NAME."->";
    echo $emp -> getStr();
    ?>
```

运行结果为：

PHP 语言！->这是门好语言！

通过例 7-3 可以发现，常量和变量的输出是不一样的。常量不需要实例化对象，直接由
"类名：：常量名"调用即可。常量的输出格式为：

类名：：常量名

类名和常量名之间的两个冒号"：："称为作用域操作符，使用这个操作符可以在不创建
对象的情况下调用类中的常量、变量和方法。关于作用域操作符，将在 7.2.8 节中进行介绍。

7.2.6　构造方法和析构方法

1. 构造方法

当类被实例化为对象时，可能会随着对象的初始化而初始化一些成员变量。下面在
Employee 类的基础上添加一些成员变量，形式如下：

```php
<?php
//定义员工类
class Employee{
    //定义成员变量
    public $name;
    public $height;
    public $age;
    public $sex;
    public $city;
}
//实例化对象
$emp = new Employee();
//为成员变量赋值
$emp ->name = "张三";
$emp ->height= "185";
$emp ->age= 21;
$emp ->sex="男";
$emp ->city= "北京";
?>
```

可以看到，如果要赋予的初值比较多，写起来就会比较麻烦。为此，PHP 引入了构造方法。构造方法是生成对象时自动执行的成员方法，作用就是初始化对象。构造方法可以没有参数，也可以有多个参数。构造方法的定义格式如下：

```
void __construct([mixed args [,…]])
```

上述定义中的"__"是两条下画线。

例 7-4 本例重写 Employee 类，下面通过具体示例查看重写后的对象在使用上有哪些不一样。

```php
<?php

//定义员工类
class Employee{
//定义成员变量
    public $name;
    public $height;
    public $age;
    public $sex;
    public $city;

    //声明构造方法
    public function __construct($name,$height,$age,$sex,$city){
        $this->name=$name;
        $this->height=$height;
        $this->age=$age;
        $this->sex=$sex;
        $this->city=$city;
    }

    //声明成员方法
    function work(){
        //方法功能的实现
        echo "姓名：".$this->name;
        echo "身高：".$this->height;
        echo "年龄：".$this->age;
        echo "性别：".$this->sex;
        echo "所在城市：".$this->city;
    }
}

//实例化对象，并传递参数
$emp = new Employee("张三","185",21,"男","北京");
//调用方法
$emp -> work();

?>
```

运行结果为：

姍名：张三
身高：185
年龄：21
性别：男
所在城市：北京

可以看到，重写后的类，在实例化对象时只需要一条语句即可完成对成员变量的赋值。

构造方法是在初始化对象时使用的。如果类中没有构造方法，那么 PHP 会自动生成一个。自动生成的构造方法没有任何参数，没有任何操作。

2. 析构方法

析构方法的作用和构造方法正好相反，在对象被销毁时调用，作用是释放内存。定义析构方法的格式为：

```
void __destruct(void)
```

例 7-5 本例首先声明一个对象 emp，然后销毁该对象。可以看出，使用析构方法十分简单。

```php
<?php
//定义员工类
class Employee{
    //定义成员变量
    public $name;
    public $height;
    public $age;
    public $sex;
    public $city;
    //声明构造方法
    public function __construct($name,$height,$age,$sex,$city){
        $this->name=$name;
        $this->height=$height;
        $this->age=$age;
        $this->sex=$sex;
        $this->city=$city;
        }
    //声明成员方法
    function work(){
        //方法功能的实现
        echo "姓名： ".$this->name;
        echo "身高： ".$this->height;
        echo "年龄： ".$this->age;
        echo "性别： ".$this->sex;
        echo "所在城市： ".$this->city;
        }
    //析构方法
    function __destruct(){
        echo   "<p><b>对象被销毁</b></p>";
```

```
        }
    }
    //实例化对象，并传递参数
    $emp = new Employee("张三","185",21,"男","北京");

?>
```

运行结果为：

> 对象被销毁。

PHP 使用的是一种"垃圾回收"机制，能自动清除不再使用的对象，释放内存。也就是说，即使不使用 unset()函数，析构方法也会自动被调用，这里只是明确一下析构方法在何时被调用。一般情况下是不需要手动创建析构方法的。

7.2.7　继承和多态的实现

继承和多态最根本的作用就是完成代码的重用。下面就来介绍 PHP 的继承和多态。

1. 继承

子类继承父类的所有成员变量和方法，包括构造方法。当子类被实例化时，PHP 会先在子类中查找构造方法，如果子类有自己的构造方法，会先调用子类中的构造方法；当子类中没有时，PHP 则去调用父类中的构造方法，这就是继承。

例如 7.1 节中的员工类包含很多个方法，代表不同的动作，各个方法中有公共的属性，例如姓名、性别、年龄……但还会有许多不同之处，除那些公共属性外，其他属性和方法则需要自己手动来写，工作效率得不到提高时，可以使用面向对象中的继承来解决这个难题。

下面来看如何通过 PHP 中的继承解决上述问题。继承是通过关键字 extends 来声明的，格式如下：

```
class subClass extends superClass{
    ...
}
```

subClass 为子类名称，superclass 为父类名称。

例 7-6 用 Employee 类生成两个子类——EmployeeName 和 EmployeeCity,这两个子类使用不同的构造方法实例化两个对象，并输出信息。

```
<?php
//父类
class Employee{
    //定义成员变量
    public $name;
    public $height;
    public $age;
    public $sex;
    public $city;
```

```php
        //声明构造方法
        public function __construct($name,$height,$age,$sex,$city){
        $this->name=$name;
        $this->height=$height;
        $this->age=$age;
        $this->sex=$sex;
        $this->city=$city;
        }
        //声明成员方法
        function work(){
        //方法功能的实现
        echo "这句话不显示";
        }
    }
//子类继承父类
class EmployeeName extends Employee{
        function __construct($name,$age,$sex){
                $this->name=$name;
                $this->age=$age;
                $this->sex=$sex;
        }
        //定义方法
        function work(){
                if($this->age > 50){
                        return $this->name.",此员工已达到退休年龄";
                }else{
                        return $this->name.",此员工年龄符合要求";
                }
        }
    }
    //子类 EmployeeCity
    class EmployeeCity extends Employee{
        function work(){
                if($this->age > 50){
                        return $this->name.",此员工已达到退休年龄";
                }else{
                        return $this->name.",此员工年龄符合要求";
                }
        }
    }


    //实例化子类对象
    $empname = new EmployeeName("张三",21,"男");
    $empcity = new EmployeeCity("李四","185",52,"男","北京");
    echo $empname->work()."<br>";
    echo $empcity->work();

?>
```

运行结果如图 7-1 所示。

图 7-1　程序运行结果

2. 多态

多态好比有一个成员方法，让人家去游泳，这时有人带游泳圈，有人拿浮板，还有人什么也不带。虽是同一个方法，却产生了不同的形态，这就是多态。

多态存在两种形式：覆盖和重载。

1) 覆盖，就是在子类中重写父类的方法，而在子类的对象中虽然调用的是父类中相同的方法，但返回的结果是不同的。例如，在例 7-6 中，在两个子类中都调用了父类中的方法 work()，但是返回的结果却不同。

2) 重载，这是多态的另一种实现。函数的重载是指一个标识符被用作多个函数名，且能够通过函数的参数个数或参数类型将这些同名函数区分开来，以使调用不发生混淆。好处是可实现代码重用，即不用为了不同的参数类型或参数个数而写多个函数。

多个函数使用同一个名字，虽然名称相同，但根据参数个数或各参数数据类型的不同，调用对应的函数。

例 7-7 根据传递的参数个数不同，调用不同的方法，返回不同的值。

```php
<?php
class Employee{
    function __call($name,$num){
        if(count($num == 1)){
            Echo $this -> work1($name);
        }
        if(count($num == 2)){
            Echo $this -> work2($name,21);
        }
        //一个参数
        public function work1($name){
        echo "调用一个参数方法".$name;
        }
        //两个参数
        public function work1($name,$age){
            echo "调用两个参数方法".$name;
        }
    }
}
//类的实例化
$emp = new Employee();
$emp -> listshow(1,2);
?>
```

7.2.8 "$this->"和"：："的使用

通过例 7-6 可以发现，子类不仅可以调用自己的变量和方法，也可以调用父类中的变量和方法，而对于其他不相关的类成员同样可以调用。

PHP 是通过伪变量 "$this->" 和作用域操作符 "：："来实现这些功能的，这两个符号在前面都有过简单介绍。本节将详细讲解它们的使用。

1. $this->

在 7.2.3 节中，你对如何调用成员方法有了基本的了解，那就是用对象名加方法名，格式为"对象名->方法名"。但在定义类(如 Employee 类)时，根本无法得知对象的名称是什么，这时如果想调用类中的方法，就要用伪变量$this->。$this 的意思就是本身，所以$this->只可以在类的内部使用。

例 7-8 当类被实例化后，$this 同时被实例化为类的对象，这时对$this 使用 get_class()函数，将返回类的类名。

```php
<?php
//创建类
class Employee{
    //创建方法
    function className(){
        //判断 this 是否存在
        if(isset($this)){
            //输出 this 所在类的类名
            echo "\$this 的值是: ".get_class($this);
        }else{
            echo "$this 为空";
        }
    }
}
$emp = new Employee();
//调用 className 方法
$emp ->className();
?>
```

运行结果为：

$this 的值为: Employee。

示例说明：
get_class()函数返回对象所属类的类名，如果不是对象，返回 false。

2. 操作符"：："

相比伪变量 "$this" 只能在类的内部使用，操作符 "：："更为强大，它可以在没有声明任何实例的情况下访问类中的成员方法或成员变量。使用操作符 "：："的通用格式为：

关键字：： 变量名/常用名/方法名

这里的关键字分为以下 3 种情况：

- parent：可以调用父类中的成员变量、成员方法和常量。
- self：可以调用当前类中的静态成员和常量。
- 类名：可以调用该类中的变量、常量和方法。

例 7-9 依次使用类名、parent 关键字和 self 关键字调用变量和方法，读者可以观察输出结果。

```php
<?php
//创建类
class Employee{
    const NAME = "PHP 语言";
    function __construct(){
        echo "您使用的语言是:".Employee::NAME ;
    }
}
class TwoEmployee extend Employee{
    const NAME = "这是一门好语言！ ";
    function __construct(){
        parent::__construct();
        echo "您使用的语言是:".self::NAME ;
    }
}

//类的实例化
$twoemp = new TwoEmployee();
?>
```

运行结果为：

```
您使用的语言是：PHP 语言
您使用的语言是：这是一门好语言！
```

7.2.9 数据隐藏

细心的读者看到这里，一定会有一个疑问：面向对象编程的特点之一是封装性，即数据隐藏。可是在前面的学习中并没有突出这一点。对象中的所有变量和方法可以随意调用，不用实例化也可以使用类中的方法和变量。这就是面向对象吗？

这当然不算是真正的面向对象。你一定还记得在 7.2.4 节介绍成员变量时提到的那几个关键字：public、private、protected、static 和 final。它们用来限定类成员(包括变量和方法)的访问权限。本节先来学习前 3 个。

对成员变量和成员方法进行限定时，在关键字的使用上都是一样的。这里只以成员变量为例说明这几个关键字的不同用法。对于成员方法同样适用。

1. public(公共成员)

顾名思义，就是可以公开的、没有必要隐藏的数据信息。可以在程序中的任何位置(类内、类外)被其他的类和对象调用。子类可以继承和使用父类中所有的公共成员。

在本章的前半部分，所有的变量都被默认声明为 public，而所有的方法在默认状态下也是 public，所以对变量和方法的使用显得十分混乱。为了解决这个问题，就需要使用第二个关键字 private。

2. private(私有成员)

被 private 关键字修饰的变量和方法，只能在所属类的内部被调用和修改，不可以在类外被访问，在子类中也不可以。

例 7-10　在本例中，对私有变量$name 的修改与访问，只能通过调用成员方法来实现。如果直接调用私有变量，将会发生错误。

```php
<?php
//创建类
class Employee{
    private $name = "张三";
    //设置私有变量和方法
    public function setName($name){
        $this -> name = $name;
    }
    //get
    public function getName(){
        return $this -> name;
    }
}
//Employee 的子类
class EmployeeC extends Employee{

}

$empc = new EmployeeC();
//正确操作私有变量
$empc->setName("PHP");
echo $empc->getName();
echo "<br>";
//错误操作私有变量
echo Employee::$name;
?>
```

对于成员方法，如果没有指定关键字，那么默认就是 public。从本节开始，会为方法及变量都带上关键字，这是一种良好的编程习惯。

3. protected(受保护成员和变量)

private 关键字可以将数据完全隐藏起来，除在类的内部外，在其他地方都不可以调用，子类也不可以。对于有些变量，希望子类能够调用，但对于另外的类来说，还要做到封装。这时，就可以使用 protected 关键字。

被 protected 修饰的类成员，可以在类的内部和子类中被调用，在其他地方都不可以被调用。

例 7-11 首先声明一个 protected 变量，然后在子类的方法中调用一次，最后在类外直接调用一次，观察一下运行结果。

```php
<?php
//创建类
class Employee{
    //声明变量
    protected $name = "张三";
}
//Employee 的子类
class EmployeeC extends Employee{
    public function name(){
        echo "对于 protected 修饰的变量，在子类中可以直接调用";
    }
}
//实例化
$empc = new EmployeeC();
$empc->name();
//直接对受保护变量进行操作
$empc->name = "李四";
?>
```

运行结果如图 7-2 所示。

图 7-2　程序运行结果

7.2.10　静态变量(方法)

不是所有的变量(方法)都要通过创建对象来调用，还可以通过给变量(方法)加上 static 关键字来直接调用。调用静态成员的格式为：

关键字：静态成员

关键字可以是：

● self，在类的内部调用静态成员时使用。

● 静态成员所在类的类名，在类外调用类内部的静态成员时使用。

在静态方法中，只能调用静态变量，而不能调用普通变量；而普通方法则可以调用静态变量。

　　使用静态成员，除不需要实例化对象外，另一个作用就是在对象被销毁后，仍然能够保存被修改的静态数据，以便下次继续使用。这个概念比较抽象，下面结合示例加以说明。

　　例 7-12 首先声明静态变量$num，再声明一个方法，在该方法的内部调用静态变量$num，然后给$num 变量加 1。依次实例化 Numbers 这个类，生成两个对象，并调用类中的方法。可以发现两个对象中的方法所返回的结果有了一些联系。最后直接使用类名输出静态变量，看看有什么效果。

```php
<?php
//创建类
class Numbers{
    static $number = 0;
    //声明方法
    public function count(){
        //输出静态变量
        echo "当前点击量:".self::$number."次";
        //将静态变量加 1
        self::$number++;
    }
}
$num1 = new Numbers();
//调用 count 方法
$num1 ->count();
echo "<br>";
$num2 = new Numbers();
$num2 ->count();
echo "<br>";
//直接使用类名加方法名调用静态方法
echo "当前点击量:".Numbers::$number."次";
?>
```

运行结果为：

```
当前点击量: 0 次
当前点击量: 1 次
当前点击量: 2 次
```

　　如果将上述代码中的静态变量改为普通变量，如 "private $num = 0;"，结果就不一样了。读者可以动手试一试。

　　静态成员不用实例化对象，当类第一次被加载时就已经分配了内存空间，所以直接调用静态成员的速度要快一些。但如果静态成员声明过多，空间一直被占用，反而会影响系统的功能。这个尺度只能通过实践积累，才能真正掌握静态成员。

7.3　PHP 对象的高级应用

经过 7.2 节的学习，相信读者对 PHP 的面向对象已经有了一定的了解。下面来学习面向对象的一些高级应用。

7.3.1　final 关键字

final 的中文含义是"最终的""最后的"。被 final 修饰过的类和方法就是"最终的版本"。如果有一个类的格式为：

```
final class class name{
//…
}
```

就说明该类不可以再被继承，也不能再有子类。

如果有一个方法的格式为：

```
final function method name()
```

就说明该方法在子类中不可以进行重写，也不可以被覆盖。

例 7-13　为 Employee 类设置关键字 final，并生成子类 MyEmployee，可以看到程序报错，无法执行。

```php
<?php
//创建 final 修饰的 Employee 类
final class Employee{
    //构造方法
    function __construct(){
        echo "Employee 类";
    }
}
//创建 Employee 的子类
class MyEmployee extends Employee{
    static function work(){
        echo "MyEmployee 子类";
    }
}
MyEmployee::work();
?>
```

运行结果为：

```
Fatal error: Class 'Employee' not found in C:\xampp\htdocs\object.php on line 10
```

7.3.2　抽象类

抽象类是一种不能被实例化的类，只能作为其他类的父类使用。抽象类使用 abstract 关键字来声明，格式为：

```
abstract class AbstractName{
    //...
}
```

抽象类和普通类相似，包含成员变量和成员方法。两者的区别在于：抽象类至少要包含一个抽象方法。抽象方法没有方法体，其功能的实现只能在子类中完成，抽象方法也是使用 abstract 关键字来修饰的，格式为：

```
abstract function abstractName();
```

抽象类和抽象方法主要用于复杂的层次关系，这种层次关系要求每一个子类都包含并重写某些特定的方法。举个例子，动物界有多种动物，比如猫、狗、猪、鸭……不同的动物，其行为也是不一致的，例如吃、行、睡、玩耍……如果把动物当作一个大类 Animal，下面各种具体的动物就是 Animal 的子类，而吃、行、睡、玩耍则是每个类中都有的方法。每个方法在子类中的实现都是不同的，在父类中无法规定。为了统一规范，不同子类的方法要有相同的方法名：run(行)、eat(吃)、sleep(睡)、play(玩耍)。

例 7-14　实现动物抽象类 Animal，其中包含抽象方法 eat()。

为抽象类 Animal 生成两个子类 Cat 和 Dog，分别在这两个子类中实现抽象方法 eat()。最后实例化两个对象，调用实现后的抽象方法 eat()，输出结果。

```php
<?php
//创建抽象类 Animal
  abstract class Animal{
       //定义抽象方法
       abstract function eat();
  }
  //定义 Dog 类，继承抽象类 Animal
  class Dog extends Animal{
       //实现父类方法
       function eat(){
           echo "小狗喜欢吃骨头";
       }
  }
  //定义 Cat 类，继承抽象类 Animal
  class Cat extends Animal{
       function eat(){
           echo "小猫喜欢吃鱼！";
       }
  }
  //实例化
  $dog = new Dog();
```

```
$cat = new Cat();
//调用方法
$dog -> eat();
echo "<br>";
$cat -> eat();
?>
```

运行结果为:

```
小狗喜欢吃骨头!
小猫喜欢吃鱼!
```

7.3.3　接口的使用

继承特性简化了对象、类的创建,增加了代码的可重用性。但 PHP 只支持单继承,如果想实现多重继承,就要使用接口。PHP 可以实现多个接口。

接口通过 interface 关键字来声明,并且接口中只能包含未实现的方法和一些成员变量,格式如下:

```
interface InterfaceName{
    function interfaceName1();
    function interfaceName2();
    ...
}
```

不要用 public 以外的关键字来修饰接口中的类成员,对于方法,不写关键字也可以。这是由接口自身的属性决定的。

子类是通过 implements 关键字来实现接口的,如果要实现多个接口,那么每个接口之间应使用逗号隔开。而且接口中所有未实现的方法都需要在子类中全部实现,否则 PHP 将会出现错误。格式如下:

```
<?php
class itfClass implements InterfaceName1,InterfaceName2{
    function InterfaceName1(){
        ...
    }
    function InterfaceName2(){
        ...
    }
}
...
?>
```

例 7-15 首先声明两个接口 Dogs 和 Animal，接着声明两个子类 Dog 和 Huskie，其中 Dog 类继承了 Dogs 接口，Huskie 类继承了 Dogs 和 Animal 接口。分别实现各自的成员方法后，实例化两个对象$dog 和$huskie。最后调用实现后的方法。

```php
<?php
//声明接口 Animal
interface Animal{
    function eat();
}
//声明接口 Dogs
interface Dogs{
    function play();
}

//定义子类 Dog，它实现了 Dogs 接口
class Dog implements Dogs{
    function play(){
        echo "一只普通的小狗与人类玩耍！ ";
    }
}
//定义子类 Huskie，它实现了 Dogs 接口与 Animal 接口
class Huskie implements Dogs,Animal{
    function play(){
        echo "一只哈士奇狗不与人类玩耍！ ";
    }
    function eat(){
        echo "哈士奇什么都吃！ ";
    }
}
//实例化
$dog = new Dog();
$huskie = new Huskie();
//调用 Dog 类的 play()方法
$dog -> play();
echo "<br>";
//调用 Huskie 类的 play()和 eat()方法
$huskie->play();
$huskie->eat();
?>
```

运行结果为：

```
一只普通的小狗与人类玩耍！
一只哈士奇狗不与人类玩耍！ 哈士奇什么都吃！
```

通过上面的示例可以发现，抽象类和接口实现的功能十分相似。抽象类的优点是可以在抽象类中实现公共方法，而接口则可以实现多重继承。至于何时使用抽象类和接口，就要看具体情况了。

7.3.4　克隆对象

1. 克隆对象

在 PHP 中，对象被当作普通的数据类型使用。如果想引用对象，需要使用"&"来声明，否则会按照 PHP 的默认方式来按值传递对象。下面结合示例加以说明。

例 7-16　首先实例化 Employee 类的对象$emp1，$emp1 的默认值为张三，然后将对象$emp1，使用普通数据类型的赋值方式赋值给对象$emp2。改变$emp2 的值为李四，再输出对象$emp1 的值。

```php
<?php
//类 Employee
class Employee{
    //私有变量
    private $name='张三';
    //声明 get/set 方法
    public function setName($name){
        $this -> name = $name;
    }
    public function getName(){
        return $this -> name;
    }
}

//实例化
$emp1 = new Employee();
//使用普通数据类型的方式给对象$emp2 赋值
$emp2 = $emp1;
//改变$emp2 的值
$emp2->setName("李四");
echo "对象\$emp1 的值为:".$emp1->getName();
?>
```

上述示例在 PHP 5 中的返回值为"对象$emp1 的值为李四"，因为$emp2 只是$emp1 的一个引用；而在 PHP 4 中的返回值是"对象$emp1 的值为张三"，因为对象$emp2 是$emp1 的一个备份。

在 PHP 5 中，如果需要将对象复制，也就是克隆一个对象，需要使用关键字 clone 来实现。克隆对象的格式为：

```php
$object1 = new ClassName();
$object2 = clone $object1;
```

将上述示例中的$emp2=$emp1 修改为$emp2=clone $emp1，其他不变，即可返回与 PHP 4 中相同的结果。

2. __clone()方法

有时除单纯地克隆对象外，还需要克隆出来的对象拥有自己的属性和方法。这时就可以使用__clone()方法来实现。__clone()方法的作用是：在克隆对象的过程中，调用__clone()方法，可以使克隆出来的对象保持自己的一些方法及属性。

例 7-17 对例 7-16 中的代码进行修改。在类 Employee 中创建__clone()方法，该方法实现的功能是将变量$name 的默认值从张三修改为李四。使用对象$emp1 克隆出对象$emp2，输出$emp1 和$emp2 的$name 值，查看最终的结果。

```php
<?php
//类 Employee
class Employee{
    //私有变量
    private $name='张三';
    //声明 get/set 方法
    public function setName($name){
        $this -> name = $name;
    }
    public function getName(){
        return $this -> name;
    }
    //声明__clone()方法
    public function __clone(){
        //将变量$name 的值修改为李四
        $this -> name = '李四';
    }
}

//实例化
$emp1 = new Employee();
//使用克隆的方法给对象$emp2 赋值
$emp2 = clone $emp1;
//输出$emp1 值
echo "对象\$emp1 的值为:".$emp1->getName();
echo "<br>";
//输出$emp2 值
echo "对象\$emp2 的值为:".$emp2->getName();
?>
```

运行结果为：

```
对象$emp1 的值为: 张三
对象$emp2 的值为: 李四
```

7.3.5　比较对象

通过克隆对象，相信读者已经理解表达式$Object2 = $Object1 和$Object2 = clone $Object1
所表示的不同含义。但在实际开发中，还需要判断两个对象之间的关系是克隆还是引用，这
时可以使用比较运算符"=="和"==="。两个等号是比较两个对象的内容，三个等号是比
较对象的引用地址。

例 7-18　首先实例化对象$emp，然后分别创建克隆对象和引用，使用"=="和"==="
判断它们之间的关系，最后输出结果。

```php
<?php
    //创建 Employee 类
    class Employee{
        private $name;
        function __construct($name){
            $this->name = $name;
        }
    }
    //实例化对象
    $emp = new Employee("张三");
    //克隆对象$cloneemp
    $cloneemp = clone $emp;
    //引用对象$emp1
    $emp1 = $emp;
    //==比较克隆对象与原对象
    if($cloneemp == $emp){
        echo "两个对象的内容相同<br>";
    }
    //===比较引用对象和原对象
    if($emp1 === $emp){
        echo "两个对象的引用地址相同";
    }
?>
```

运行结果为：

```
两个对象的内容相同
两个对象的引用地址相同
```

7.3.6　检测对象类型

instanceof 操作符可以检测当前对象属于哪个类。一般格式为：

```
ObjectName instanceof ClassName
```

例 7-19　首先创建两个类——基类 Employee 与子类 Animal。实例化一个子类对象，判断
该对象是否属于这个子类，再判断该对象是否属于这个基类。

```php
<?php
//创建 Employee 类
class Employee{}
//创建 Animal 类
class Animal extends Employee{
    private $type;
}
//实例化对象
$animal = new Animal();
//判断是否属于 Animal 类
if($animal instanceof Animal){
    echo "对象\$animal 属于 Animal 类";
}
//判断是否属于 Employee 类
if($animal instanceof Employee){
    echo "对象\$animal 属于 Employee 类";
}
?>
```

运行结果为：

```
对象$animal 属于 Animal 类
对象$animal 属于 Employee 类
```

7.3.7　魔术方法(___)

PHP 中有很多以两个下画线开头的方法，如前面已经介绍过的__construct()、__destruct( )和__clone()，这些方法被称为魔术方法。本节将会学习其他一些魔术方法。

PHP 中保留了所有以"___"开头的方法，所以只能使用 PHP 中已有的这些方法，不要自己创建。

1. __set()和__get()方法

这两个魔术方法的作用分别为：

- 当程序试图写入不存在或不可见的成员变量时，PHP 就会执行__set()方法。__set()方法包含两个参数，分别表示变量名和变量值。两个参数不可省略。
- 当程序调用未定义或不可见的成员变量时，可以通过__get()方法来读取变量值，__get()方法有一个参数，表示要调用的变量名。

如果希望 PHP 调用这些魔术方法，那么首先必须在类中进行定义，否则 PHP 不会执行未定义的魔术方法。

例 7-20 首先声明类 Employee，在该类中创建一个私有变量$type 和两个魔术方法——__set()和__get()；接着实例化一个对象$emp，先对已存在的私有变量进行赋值和调用，再对未声明的变量$name 进行调用，查看最终输出结果。

```php
<?php
//类 Employee
class Employee{
    //私有变量
    private $type='';
    //__get()魔术方法
    private function __get($name){
        //判断是否被声明
        if(isset($this->$name)){
            echo "\$name 值为: ".$this->$name."<br>";
        }else{
            //未声明, 则初始化
            echo "变量\$name 未定义, 初始值为 0 <br>";
            $this->$name = 0;
        }
    }
    //__set()魔术方法
    private function __set($name,$value){
        //判断是否被定义
        if(isset($this->$name)){
            $this->$name = $value;
            echo "\$name 赋值为: ".$value."<br>";
        }else{
            //未定义, 继续赋值
            $this->$name = $value;
            echo "变量\$name 被初始化为, ".$value."<br>";
        }
    }
}
$emp = new Employee();
$emp->type="Emp";
//调用变量
$emp->type;
$emp->name;


//创建 Employee 类
class Employee{
    public function work(){
        echo "work 方法存在! <br>";
    }
    //call()方法
    public function __call($method,$parameter){
        echo "方法不存在, 执行__call()<br>";
        echo "方法名: ".$method."<br>";
        echo "参数为: ";            //参数是参数数组
        var_dump($parameter);
    }
}
//实例化对象
$emp=new Employee();
```

```
    //调用存在的方法
    $emp->work();
    //调用不存在的方法
    $emp->wor('张三',21,'北京');
    ?>
```

运行结果为：

```
$name 赋值为：Emp
$name 值为：Emp
变量$name 未定义，初始值为 0
变量$name 被初始化为，0
```

2. __call()方法

__call()方法的作用是：当程序试图调用不存在或不可见的成员方法时，PHP 会先调用方法来存储方法名及其参数。__call()方法包含两个参数，即方法名和方法参数。其中，方法参数是以数组形式存在的。

例 7-21 声明类 Employee，该类包含两个方法——work()和 play()。实例化对象$emp 需要调用两个方法：一个是类中存在的 work()方法，另一个是不存在的 wor()方法。

```php
<?php
//定义类 Employee
class Employee{
    public function work(){
        echo "work()方法存在！<br>";
    }
    //call 方法
    public function __call($method,$parameter){
        echo "方法不存在，执行__call()<br>";
        echo "方法名："."$method."<br>";
        echo "参数为："; //参数是参数数组
        var_dump($parameter);
    }
}
//实例化对象
$emp = new Employee();
//调用存在的方法
$emp ->work();
//调用不存在的方法
$emp -> wor("张三",21,"北京");
?>
```

运行结果为：

```
work()方法存在！
方法不存在，执行_call( )
方法名：wor
参数为：array(3) { [0] => string(6) "张三"  [1] => int(21)  [2] => string(6) "北京" }
```

3. __sleep()和__wakeup()方法

PHP 使用 serialize()函数可以实现序列化对象。就是将对象中的变量全部保存下来，对象中的类则只保存类名。在使用 serialize()函数时，如果实例化对象包含__sleep()方法，那么先执行__sleep()方法。该方法可以清除对象并返回一个包含该对象中所有变量的数组。使用__sleep()方法的目的是关闭对象可能具有的类似数据库连接等善后工作。

unserialize()函数可以重新还原被 serialize()函数序列化的对象，__wakeup()方法则恢复在序列化中可能丢失的数据库连接及相关工作。

例 7-22 首先声明类 Employee，该类中有两个方法——__sleep()和__wakeup()。实例化对象$emp，使用 serialize()函数将对象序列化为一个子串$i，最后使用 unserialize()函数将子串$i 还原为一个新对象。

```php
<?php
//定义类 Employee
class Employee{
    //声明私有变量
    private $name="张三";
    //声明 get 方法
    public function getName(){
        return $this->name;
    }
    //声明魔术方法__sleep()
    public function __sleep(){
        echo "使用 serialize()函数，将对象保存起来，可以存放在本地或数据库中<br>";
        return $this;
    }
    //声明魔术方法__wakeup()
    public function __sleep(){
        echo "使用该数据时，用 unserialize()函数对已经序列化的字符串进行操作，转换回对象<br>";
    }
}
//实例化对象
$emp = new Employee();
//序列化对象
$i = serialize($emp)
//输出字符串 i
echo "序列化之后的字符串".$i."<br>";
//重新转换回对象
$emp1 = unserialize($i);
//使用 getName()方法
echo "还原后的成员变量为: ".$emp1 -> getName();
?>
```

运行结果为：

使用 serialize()函数，将对象保存起来，可以存放在本地或数据库中
使用该数据时，用 unserialize()函数对已经序列化的字符串进行操作，转换回对象
序列化之后的字符串：0:8;"MyObject";1;[s:3;'张三';N]
还原后的成员变量为：张三

4. __toString()方法

魔术方法__toString()的作用是：当使用 echo 或 print 输出对象时，将对象转换为字符串。

例 7-23 输出类 Employee 的对象$emp，输出的内容为__toString()方法返回的内容。

```php
<?php
//定义类 Enmployee
class Employee{
    //声明私有变量
    private $type="Emp";
    //声明__toString()方法
    public function __toString(){
        return $this->type;
    }
}
//实例化对象
$emp = new Employee();
//输出对象
echo "对象\$emp 的值为：".$emp;
?>
```

运行结果为：

对象$emp 的值为：Emp

注意：

1) 如果没有__to String()方法，直接输出对象将会发生致命错误(fatal error)。

2) 输出对象时应注意，echo 或 print 后面直接跟要输出的对象，中间不要加多余的字符，否则__toString()方法不会被执行。

5. __autoload()方法

将一个独立、完整的类保存到 PHP 页面文件中，并且文件名和类名保持一致，这是每个开发人员都需要养成的良好习惯。这样，在下次重复使用某个类时，就能很轻易地找到它。但还有一个问题让开发人员头疼不已，如果要在一个页面中引进很多个类，需要使用 include_once()或 require_once()函数逐个引入。

PHP 5 通过__autoload()方法解决了这个问题，__autoload()方法可以自动实例化需要使用的类。当程序要用到一个类，但该类还没有被实例化时，PHP 5 将调用__autoload()方法，在指定的路径下自动查找和该类的名称相同的文件。如果找到，程序则继续执行，否则，报告错误。

例 7-24 首先创建类文件 Employee.class.php。该文件包含类 Employee。再创建 index.php 文件，在文件中先创建__autoload()方法，手动实现查找功能。如果查找成功，使用 include_once()函数将文件动态引入。index.php 文件的最后实例化对象参见输出结果。

类文件 Employee.class.php 中的代码如下：

```php
<?php
//声明类 Employee
class Employee{
    //私有变量
    private $name;
    //创建构造方法
    public function __construct($name){
        $this->name = $name;
    }
    //创建__toString()方法
    public function __toString(){
        return $this->name;
    }
}
?>
```

index.php 文件中的代码如下：

```php
<?php
//创建__autoload()方法
function __autoload($class_name){
    //类文件路径
    $class_path = $class_name.'.class.php';
    //判断类文件是否存在
    if(file_exists($class_path)){
        //动态引入类文件
        include_once($class_path);
    }else{
        echo "类路径错误";
    }
}
//实例化对象
$emp = new Employee("张三");
//输出类的内容
echo $emp;
?>
```

运行结果为：

```
张三
```

7.4　面向对象的应用——中文字符串的截取类

本节实现理论与实践的结合，下面将面向对象技术应用到实际的程序开发中。

为了确保程序页面整洁美观，经常需要对输出的字符串进行截取。在截取英文字符串时，可以使用 substr()函数来完成。但是当遇到中文字符串时，如果仍然使用 substr()函数，就有可能出现乱码的情况。因为汉字是由两个字节组成的，所以当截取的字符数出现奇数时，就有可能将一个汉字拆分，从而导致输出不完整的汉字，也就是乱码。

例 7-25 编写 MysubStr 类，定义 mysubstr()方法，实现对中文字符串的截取，避免在截取中文字符串时出现乱码的问题。

```php
<?php
class MsubStr{
        //$str 指定字符串，$start 指定字符串的起始位置，$len 指定长度
        function csubstr($str,$start,$len){
                //$strlen 指定字符串的总长度
                $strlen = $start + $len;
                //for 循环读取字符串
                for($i = 0;$i < $strlen;$i++){
                        //如果字符串中首个字节的 ASCII 值大于 0xa0，则表示为汉字
                        if(ord(substr($str,$i,1))> 0xa0){
                                //取两位字符，赋给变量$sstr，等于一个汉字
                                $tmpstr = substr($str,$i,2);
                                //变量加 1
                                $i++;
                        }else{
                                //不是字符串，每次取出一位字符，赋给变量
                                $tmpstr = substr($str,$i,1);
                        }
                }
                //返回字符串
                return $tmpstr;
        }
}
//实例化类
$mc = new MsubStr();
?>
<table>
  <tr>
      <td><?php
          $strs = "PHP 是一门通用、开源的脚本语言!";
          //判断字符串长度
          if(strlen($strs) > 10){
              //应用 substr()函数截取字符串中的 9 个字符
              echo substr($strs,0,9)."...";
          }else{
              echo $strs;
          }
      ?>
      </td>
  </tr>
  <tr>
      <td><?php
          $strs = "语法吸收了 C、Java 和 Perl 语言的特点";
```

```
                        //判断字符串长度
                        if(strlen($strs) > 10){
                                //应用 substr()函数截取字符串中的 9 个字符
                                echo substr($strs,0,9)."...";
                        }else{
                                echo $strs;
                        }
                ?>
                </td>
        </tr>
</table>
```

本例不但应用类中的方法对字符串进行了截取,而且还使用 substr()函数对字符串进行了截取,与使用类中的方法进行了对比。

运行结果为:

```
PHP 是一...
语法吸...
```

7.5　本章小结

木章主要介绍面向对象的概念、特点和 PHP 的新特性,如抽象类、接口、克隆等。虽然本章对面向对象编程的概念介绍十分全面、详细,但是要想真正明白面向对象思想,就必须多动手实践、多动脑思考、注意平时积累等。

7.6　思考和练习

一、选择题

1. 在下列选项中,不属于面向对象三大特征的是(　　)。

　　A. 封装性　　　　　　　　　　　B. 多态性

　　C. 抽象性　　　　　　　　　　　D. 继承性

2. 以下关于面向对象的说法中错误的是(　　)。

　　A. 是一种符合人类思维习惯的编程思想

　　B. 把要解决的问题按照一定规则划分为多个独立对象,通过调用对象的方法来解决问题

　　C. 面向对象的三大特征为封装性、继承性和多态性

　　D. 在代码维护上没有面向过程方便

3. 以下关于面向对象三大特征的说法中错误的是(　　)。

A. 封装性就是将对象的属性和行为封装起来，不让外界知道具体实现细节

B. 继承性主要描述的是类与类之间的关系，通过继承可以在无须重新编写原有类的情况下对原有类的功能进行扩展

C. 多态性是指同一操作作用于不同的对象，会产生不同的执行结果

D. 多态性是面向对象的核心思想

4. 以下关于面向对象的说法中错误的是(　　)。

A. 面向对象编程具有开发时间短、效率高、可靠性强等特点

B. 面向对象编程使代码更易于维护、更新和升级

C. 抽象性是面向对象的三大特征之一

D. 封装性是把客观事物封装成抽象的类，并且类中的数据和方法只允许可信的类或对象操作

5. 以下关于面向对象的说法中错误的是(　　)。

A. 面向对象就是把要处理的问题抽象为对象，通过对象的属性和行为来解决对象的实际问题

B. 抽象就是忽略事物中与当前目标无关的非本质特征，更充分地注意与当前目标有关的本质特征，从而找出事物的共性

C. 封装性的信息隐蔽作用反映了事物的相对独立性，可以只关心它对外提供的接口

D. 面向对象编程要将所有属性都封装起来不允许外部直接存取

二、简答题

构造方法和析构方法是在什么情况下调用的，作用是什么？

第8章　字符串

在编程中最常遇到的数据是字符序列或字符串(string)。字符串可用于存放人名、密码、地址、信用卡号、相片、消费记录等。因此，PHP 提供了大量的函数来处理字符串。

本章展示了在程序中处理字符串的多种方法，包括一些替换技巧(将一个变量的值插入到字符串中)，然后介绍一些更改、引用和查找字符串的函数。

本章的主要学习目标：

- 字符串的连接符
- 字符串操作

8.1　字符串简介

字符串是指由零个或多个字符构成的一个集合，这里所说的字符主要包含以下几种类型：

- 数字类型，如 1、2、3 等。
- 字母类型，如 a、b、c、d 等。
- 特殊字符，如#、$、%、^、&等。
- 不可见字符，如\n (换行符)、\r (回车符)、\t(Tab 字符)等。

其中，不可见字符是比较特殊的一组字符，用来控制字符串的格式化输出，在浏览器中不可见，只能看到字符串的输出结果。

例 8-1

```php
<?php
//输出字符串
echo "first\nString\tApache";
?>
```

运行结果为：

```
first
string Apache
```

本例的运行结果在 IE 浏览器中不可见，需要在 IE 浏览器中选择"查看"/"源文件"命令来查看字符串的输出结果。

8.2 引用字符串常量

在程序中有三种方法来引用字符串常量：使用单引号或双引号，以及使用从 Unix shell 衍生出来的 heredoc 技术。这些方法的不同之处在于它们是否识别特殊的转义序列(escape sequences，用于对字符进行编码)和是否进行变量解析。

一般的规则是，在必要时才使用强大的引用机制。在实际应用中，这意味着除非需要包含转义序列或替换变量，才使用双引号，否则应该使用单引号。如果要让一个字符串跨越多行，则使用 heredoc 技术。

8.3 单引号和双引号的区别

字符串通常以整体作为操作对象，一般用单引号或双引号标识一个字符串。单引号和双引号在使用上有一定区别。

下面分别使用单引号和双引号定义一个字符串。

例 8-2

```php
<?php

//使用双引号定义字符串
$str1 = "PHP is best!";

//使用单引号定义字符串
$str2 = "PHP is best!";

//分别输出单引号和双引号中的字符串
echo "$str2";
echo "<br>";
echo "$str1";
?>
```

运行结果为：

```
PHP is best!
PHP is best!
```

由以上结果可以看出，在定义普通的字符串时，看不出用单引号或双引号标识字符串有什么区别。下面使用另一种方法，通过对变量的处理来展示两者之间的不同。

例 8-3

```php
<?php
$str = "PHP";
//使用双引号定义字符串
```

```
$str1 = "$str is best!";

//使用单引号定义字符串
$str2 = "$str is best!";

//分别输出单引号和双引号中的字符串
echo "$str2";
echo "<br>";
echo "$str1";
?>
```

运行结果为：

```
$str is best!
PHP is best!
```

由运行结果可以得知，输入的是什么，单引号中的内容就是什么，无论有无变量，都会被当作普通字符串原样输出。而双引号中的内容，要经过 PHP 语法分析器的解析。任何变量在双引号中都会被转换为值进行输出。

注意：

单引号字符串和双引号字符串在 PHP 中的处理是不同的。单引号字符串中的内容会被作为普通字符进行处理，而双引号字符串中的内容可以被解释并替换。

8.4　输出字符串

有四种方法可以向浏览器发送输出内容。echo 让你一次输出许多值，而 print() 只能输出一个值。printf() 函数通过把值插入到模板中来建立格式化的字符串。print_r() 函数利于调试——以更容易读懂的方式打印数组、对象和其他东西的内容。

要把字符串放到 PHP 生成的 HTML 页面中，可以使用 echo。echo 的大部分行为看起来像函数，但其实 echo 是语言结构(language construct)。这意味着可以省略圆括号，所以下面两条语句是等价的：

```
echo "printy";
//下面也是合法的
echo("printy");
```

可以将逗号作为分隔符来指定打印多项：

```
echo "One","Two",Three";
```

输出结果为：

```
OneTwoThree
```

在尝试用 echo 输出多个值时，使用圆括号会产生语法错误，例如：

```
//如下会产生语法错误
echo("Hello","world");
```

因为 echo 并不是真正的函数，所以不可以把它作为表达式的一部分使用：

```
//如下会产生语法错误
if(echo ("test")){
    echo ("it worked! ");
}
```

通过使用函数 print()或 printf()，很容易补救这种错误。

函数 print()发送一个值(它的参数)给浏览器，如果字符串成功显示，返回 true，否则返回 false(例如，用户在提交页面之前单击 Stop 按钮)：

```
if( ! print("Hello,world")){
Die ("you are not listening to me! ");
}
Hello,world
printf()
```

函数 printf()通过把值传入到模板中(即定义好的字符串格式)来输出一个字符串。它源自标准 C 库中的同名函数。

printf()的第一个参数是格式字符串，剩下的参数是要替换进来的值。模板中的每一个替换标记由一个百分号(%)组成，后面可能跟着如下列表中的一个修饰符，并以类型说明符结尾(在输出中使用'%%'以得到一个百分号)。修饰符必须按下面列出的次序出现：

- 填充说明符指明该字符用于填充结果，使结果为适当大小的字符串，规定填充 0、空白符或其他任意以单引号作为前缀的字符。默认用空白符填充。
- 一个符号。符号在字符串和数字上的作用是不同的。对于字符串，负号(-)强制字符串向左对齐(默认是向右对齐)。对于数字，正号(+)强制正数和开始的加号一起打印。
- 这个元素所包含字符的最小数目。如果结果小于这个数目，正负号和填充说明符将决定如何填充到这个长度。
- 浮点数的精确度说明符由一个小数点和数字组成，这个说明符规定了小数点后多少位可以显示。对于其他非双精度类型，这个说明符将被忽略。

8.5 字符串的连接符

有这样一种需求，想将两个不同的字符串拼接到一起，该怎么做呢？

在 PHP 中，半角句号 "."是字符串连接符，可以把两个或两个以上的字符串连接成一个字符串。

例 8-4

```
<?php
$str1 ="PHP";
```

```
$str2 = "is";
echo $str1. $str2."best!";?>
```

运行结果为：

```
PHP is best!
```

使用字符串连接符无法实现大量字符串的连接，所以 PHP 也允许程序员在双引号中直接包含字符串变量，当 echo 语句后面使用的是双引号(")时，可以使用例 8-5 中的格式达到同样的效果。

例 8-5

```
<?php

$str1 ="明月几时有，";
$str2 = "把酒问青天。";

//双引号中的变量同一般字符串自动区分
echo "$str1.$str2";
?>
```

运行结果为：

```
明月几时有，把酒问青天
```

8.6 字符串操作

字符串操作在 PHP 编程中占有重要的地位，几乎所有 PHP 脚本的输入与输出都要用到字符串，尤其是在 PHP 项目开发过程中，为了实现某项功能，经常要对某些字符串进行特殊处理，如获取字符串的长度、截取字符串、替换字符串等。在本节中将对 PHP 常用的字符串操作技术进行详细讲解，并通过具体示例加深对字符串操作函数的理解。

8.6.1 去除字符串的首尾空格和特殊字符

用户在输入数据时，经常会在无意中输入多余的空格。在有些情况下，字符串中不允许出现空格和特殊字符，此时就需要去除字符串中的空格和特殊字符。为此，PHP 提供了如下函数：trim()函数用于去除字符串的首尾空格和特殊字符，ltrim()函数用于去除字符串左边的空格和特殊字符，rtrim()函数用于去除字符串右边的空格和特殊字符。

1 .trim()函数

trim()函数用于去除字符串的首尾空格和特殊字符，并返回去掉空格和特殊字符后的字符串。

语法格式如下：

```
string trim(string str [,string charlist]);
```

参数 str 是要操作的字符串对象；参数 charlist 为可选参数，指定需要从字符串中删除哪些字符，如果不设置该参数，所有的可选字符都将被删除。参数 chariist 的可选值如表 8-1 所示。

表 8-1   trim()函数的参数 charlist 的可选值

可选值	说明
\0	null，空值
\t	Tab，制表符
\n	换行符
\x0B	垂直制表符
\r	回车符
" "	空格

例 8-6 使用 trim()函数去除字符串左右两边的空格及特殊字符。

```php
<?php

$str = "\r\r(?弱水三千，只取一瓢饮！?)          ";
//去除字符串左右两边的空格
echo trim($str);

//换行
echo "<br>";
//去除字符串左右两边的特殊字符
echo trim($str,"\r\r(? ?)");

?>
```

运行结果为：

```
(?弱水三千，只取一瓢饮！？)
弱水三千，只取一瓢饮！
```

2. ltrim()函数

ltrim()函数用于去除字符串左边的空格和特殊字符，语法格式如下：

```
string ltrim (string str [,string charlist]);
```

例 8-7 使用 ltrim()函数去除字符串左边的空格及特殊字符。

```php
<?php
$str = "\r\r(?弱水三千，只取一瓢饮！?)          ";
//去除字符串左边的空格
echo ltrim($str);
```

```
//换行
echo "<br>";
//去除字符串左边的特殊字符
echo ltrim($str,"\r\r(? ");

?>
```

运行结果为：

```
(?弱水三千，只取一瓢饮！? )
弱水三千，只取一瓢饮！? )
```

3. rtrim()函数

rtrim()函数用于去除字符串右边的空格和特殊字符，语法格式如下：

```
string rtrim(string str [,string charlist]);
```

例 8-8　使用 rtrim()函数去除字符串右边的空格及特殊字符。

```
<?php

$str = "\r\r(?弱水三千，只取一瓢饮！?)          ";
//去除字符串右边的空格
echo rtrim($str);

//换行
echo "<br>";
//去除字符串右边的特殊字符
echo rtrim($str," ?)");

?>
```

运行结果为：

```
(?弱水三千，只取一瓢饮！? )
(?弱水三千，只取一瓢饮！
```

4. wordwrap()函数

wordwrap()函数按照指定长度对字符串进行折行处理，但可能会在行的开头留下空白字符。

语法格式如下：

```
wordwrap(string,width,break,cut)
```

例 8-9 按照指定长度对字符串进行折行处理。

```php
<?php
$str = "长单词的一个例子：Supercalifragulistic";
echo wordwrap($str,15,"<br>\n");
?>
```

运行结果为：

长单词的一个例子：Supercalifragulistic

8.6.2 转义、还原字符串数据

转义、还原字符串的方法有两种：一种是手动转义、还原字符串数据：另一种是自动转义、还原字符串数据。下面分别对这两种方法进行详细讲解。

1. 手动转义、还原字符串数据

字符串可以用单引号(")、双引号(")、界定符(<<<) 3 种方法定义，而指定一个字符串的最简单方法是用单引号(")括起来。当使用字符串时，很可能在字符串中存在这几种易于与 PHP 脚本混淆的字符，因此必须对这几种字符作转义处理，方法是在这些字符的前面使用转义符。

"\" 是一个转义符，紧跟在 "/" 后面的第一个字符将变得没有意义或存在特殊含义。例如，"'" 是字符串的定界符，写为 "\'" 时就失去了定界符的意义，变成普通的单引号 "'"。读者可以通过：echo '\'';输出一个单引号，但转义符不会显示。

如果要在字符串中表示单引号，需要用反斜线(\)进行转义。例如，要表示字符串"Name's"，需要写成"Name\'s"。

例 8-10 通过使用转义符"\"对字符串进行转义。

```php
<?php
echo "delete from t_user where name = \"张三\"; ";
?>
```

运行结果为：

delete from t_user where name = "张三";

对于简单的字符串，建议采用手动方法进行字符串转义；而对于数据量较大的字符串，建议采用自动转义函数实现字符串的转义。

要手动转义字符串，可应用 addcslashes()函数进行字符串还原，具体的实现方法将在下面进行介绍。

2. 自动转义、还原字符串数据

要自动转义、还原字符串数据，可以应用 PHP 提供的 addslashes()和 stripslashes()函数来实现。

语法格式如下：

addslashes()函数用来为字符串加入反斜线"\"。

```
string addslashes(string str)
```

语法格式如下：

stripslashes()函数用来将使用 addslashes()函数转义后的字符串返回原样。

```
string stripslashes(string str);
```

例 8-11 使用自动转义字符函数 addslashes()对字符串进行转义，然后使用 stripslashes()函数进行还原。

```php
<?php
$str = "delete from t_user where name = '张三'; ";
//输出 str
echo $str. "<br>";

//对 str 中的特殊字符进行转义
$str1 = addslashes($str);
//输出转义后的字符串

echo $str1. "<br>";
//还原转义后的字符串
$str2 = stripslashes($str1);

//输出还原后的字符串
echo $str2. "<br>";

?>
```

运行结果为：

```
delete from t_user where name = '张三';
delete from t_user where name = \'张三\';
delete from t_user where name = '张三';
```

在所有数据被插入数据库之前，有必要应用 addslashes()函数进行字符串转义，以避免特殊字符未经转义在插入数据库时出现错误。

注意：

对于用 addslashes()函数实现的自动转义字符串，可以使用 stripslashes()函数进行还原，但数据在插入数据库之前必须再次进行转义。

以上两个函数实现了指定字符串的自动转义和还原。除上面介绍的方法外，还可以对要转义、还原的字符串进行一定范围的限制。PHP 通过使用 addcslashes()和 stripcslashes()函数来实现对指定范围内的字符串进行自动转义和还原。下面分别对这两个函数进行详细介绍。

3. addcslashes()函数

addcslashes()转义字符串中的字符，即在指定字符的前面加上反斜线"/"。

语法格式如下：

```
string addcslashes(string str, string charlist)
```

参数 str 为将要操作的字符串；参数 charlist 指定要在字符串中的哪些字符前加上反斜线。如果参数 charlist 中包含\n.\r 等字符，将以 C 语言风格转换，而其他非字母数字且 ASCII 码低于 32 或高于 126 的字符均转换成八进制表示形式。

在设置参数 charlist 的范围时，需要明确开始和结束范围内的字符串。

4. stripcslashes()函数

语法格式如下：

stripcslashes()函数用来对 addcslashes()函数转义后的字符串进行还原。

```
string stripcslashes(string str)
```

例 8-12 使用 addcslashes()函数对字符串"PHP 编程"进行转义后，使用 stripcslashes()函数对转义后的字符串进行还原.

```php
<?php

$str = "PHP 编程";
//输出 str
echo $str."<br>";
//对 str 进行转义
$str1 = addcslashes($str,"PHP 编程");
//输出转义后字符串
echo $str1."<br>";

//还原转义后的字符串
$str2 = stripcslashes($str1);
//输出还原后的字符串
echo $str2."<br>";

?>
```

运行结果为：

```
PHP 编程
\P\H\P\347\274\226\347\250\213
PHP 编程
```

8.6.3 获取字符串的长度

1. strlen()函数

在获取字符串的长度时，使用的是 strlen()函数，下面重点讲解 strlen()函数的语法及应用。

语法格式如下：

```
int strlen(string str)
```

例 8-13　使用 strlen()函数获得字符串的长度。

```php
<?php

$str = "PHP 编程语言";
//输出长度
echo strlen($str);

?>
```

运行结果为：

```
15
```

示例说明：

汉字占两个字符，数字、英文、小数点、下画线和空格占一个字符。strlen()函数在获取字符串长度的同时，也可以用来检测字符串的长度。

可以使用 strlen()函数对用户密码的长度进行检测，如果长度不符合，弹出错误提示框。

具体步骤如下：

(1) 利用开发工具新建一个 PHP 动态页面，保存为 login.php。

(2) 添加一个表单，将表单的 action 属性设置为 login_ok.php。

(3) 应用 HTML 标记设计页面，添加一个 user 文本框和一个 pwd 文本框。

(4) 新建一个 PHP 动态页面，保存为 login_ok.php。

例 8-14　使用 strlen()函数对用户密码的长度进行检测。

```php
<?php

//判断密码格式是否输入正确(<6)
if(strlen($_POST['pwd']) < 6){
    echo "<script>alert('用户名密码格式不正确(小于 6，请重新输入密码); history.back();</script>";

}else{
    //pwd 格式输入正确
    echo "密码正确，欢迎登录！";
}

?>
```

在上面的代码中，通过 POST 方式(关于 POST 方法将在后面的章节中进行详细讲解)接收用户输入的用户密码字符串，通过 strlen()函数获取用户密码的长度，并使用 if 条件控制语句对用户密码长度进行判断，如果用户输入的密码没有达到这个长度，就会弹出提示信息。

在 IE 浏览器中输入网址，按 Enter 键，运行结果如图 8-1 所示。

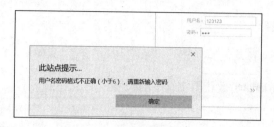

图 8-1　程序运行结果

2. strpos()函数

strpos()函数用于检索字符串中指定的字符或文本。

如果找到匹配，则会返回首个匹配的字符位置；如果未找到匹配，则返回 FALSE。

例 8-15　检索字符串"Hello world!"中的文本"world"。

```php
<?php
echo strpos("Hello world!","world");
?>
```

运行结果为：

```
6
```

提示：

例 8-15 中字符串"world"的位置是 6，是 6(而不是 7)的理由是字符串中首字符的位置是 0 而不是 1。

8.6.4　截取字符串

substr()函数

在 PHP 中有一项非常重要的技术，就是截取指定字符串中指定长度的字符。对字符串截取时，可以采用 PHP 的预定义函数 substr()来实现。下面重点介绍 substr()函数的语法及应用。

格式如下：

```
string substr{string str，int start [, int length])
```

substr()函数的参数说明如表 8-2 所示。

表 8-2　substr()函数的参数说明

参数	说明
str	指定字符串对象
start	指定开始截取字符串的位置，如果参数 start 为负数，就从字符串的末尾开始截取
length	可选参数，指定截取字符的个数，如果 length 为负数，就表示取到倒数第 length 个字符

例 8-16 使用 substr()函数截取字符串中指定长度的字符。

```php
<?php

//从下标为 0 的字符开始截取
echo substr("php is beats! ",0);
echo "<br>";

//从下标为 2 的字符开始截取，连续截取 5 个字符
echo substr("php is beats! ",2,5);
echo "<br>";

//从倒数第 6 个开始截取 4 个字符
echo substr("php is beats! ",-6,4);
echo "<br>";

//从下标为 0 的字符开始截取，截取到倒数第 3 个字符
echo substr("php is beats! ",0,-3);
echo "<br>";

?>
```

运行结果为：

```
php is bests!
p is
best
php is bes
```

在开发 Web 程序时，为了保持整个页面布局的合理，经常需要对一些超长文本进行部分显示。下面通过具体的示例讲解实现方法。

例 8-17 使用 substr()函数截取超长文本的部分字符串，剩余的部分用"…"代替。

```php
<?php

$text = "我们一直在用 PHP 做出的动态页面，与其他的编程语言相比，PHP 是将程序嵌入到 HTML(标准通用标记语言下的一个应用)文档中去执行，执行效率比完全生成 HTML 标记的 CGI 要高许多；PHP 还可以执行编译后代码，编译可以实现加密和优化代码运行，使代码运行更快";

//如果文本字符串的长度大于 30
if(strlen($text) > 30){
//输出前 15 个字符
echo substr($text,0,15)."...";
}else{
//如果没有，全部输出
echo $text;
}
```

```
    ?>
```

运行结果为：

> 我们一直在...

上述示例从指定的字符串中按照指定的位置截取一定长度的字符。通过 substr()函数可以获取某个固定格式字符串中的一部分。

使用 substr()函数截取中文字符串时，如果截取的字符个数是奇数，就会导致截取的中文字符串中出现乱码，因为一个中文字符由两个字节组成。所以，substr()函数适用于英文字符串的截取，如果想要对中文字符串进行截取，而且要避免出现乱码，最好的方法就是使用 substr()编写一个自定义函数。

8.6.5　比较字符串

在 PHP 中，对字符串之间进行比较的方法有很多种，第一种是使用 strcmp()和 strcasecmp()函数按字节进行比较，第二种是使用 strnatcmp()函数按自然排序法进行比较，第三种是使用 strncmp()函数从源字符串的指定位置开始比较。下面分别对这三种方法进行详细讲解。

1. 按字节进行字符串的比较

按字节进行字符串比较的方法有两种，分别是利用 strcmp()和 strcasecmp()函数。这两个函数的区别是：strcmp()函数区分字符的大小写，而 strcasecmp()函数不区分字符的大小写。由于这两个函数的实现方法基本相同，这里只介绍 strcmp()函数。

strcmp()函数用来对两个字符串按字节进行比较，语法格式如下：

```
    int strcmp(string str1,string str2)
```

参数 str1 和 str2 指定要比较的两个字符串。如果相等，函数返回值为 0；如果参数 str1 大于参数 str2，函数返回值大于 0；如果参数 str1 小于参数 str2，函数返回值小于 0。

注意：

strcmp()函数区分字符的大小写。

例 8-18 使用 strcmp()和 strcasecmp()函数分别对两个字符串按字节进行比较。

```php
<?php
//定义字符串常量
$str1 = "编程语言！";
$str2= "编程语言！";
$str3 = "BOOK";
$str4 = "book";

//进行比较
echo strcmp($str1,$str2);

//strcmp()函数区分大小写
echo strcmp($str3,$str4);
```

```
//strcasecmp()函数不区分大小写
echo strcasecmp($str3,$str4);

?>
```

运行结果为：

```
0  -1  0
```

在 PHP 中，对字符串之间进行比较的应用也是非常广泛的。例如，使用 strcmp()函数比较用户登录系统中输入的用户名和密码是否正确，如果在验证用户名和密码时不使用此函数，那么输入的用户名和密码无论是大写还是小写，只要正确即可登录。使用 strcmp()函数之后就可避免这种情况，即使输入正确，也必须大小写匹配才可以登录，从而提高网站的安全性。

2. 按自然排序法进行字符串的比较

在 PHP 中，按照自然排序法进行字符串的比较是通过 strnatcmp()函数来实现的。自然排序法比较的是字符串中的数字部分，将字符串中的数字按照大小进行比较。

语法格式如下：

```
int strnatcmp(string str1,string str2)
```

如果字符串相等，返回 0；如果参数 str1 大于参数 str2，返回值大于 0；如果参数 str1 小于参数 str2，返回值小于 0。该函数也区分字符的大小写。

在自然运算法则中，2 比 10 小，而在计算机序列中，10 比 2 小，因为"10"中的第一个数字是"1"，它小于 2。

例 8-19 使用 strnatcmp()函数按自然排序法进行字符串的比较。

```php
<?php
//定义字符串常量
$str1 = "PHP2!";
$str2= "PHP10！";
$str3 = "book1";
$str4 = "BOOK4";

//按字节进行比较
echo strcmp($str1,$str2);
echo strcmp($str3,$str4);

//按自然排序法进行比较
echo strnatcmp($str1,$str2);
echo strnatcmp($str3,$str4);

?>
```

运行结果为：

```
1  1  -1  1
```

按照自然排序法进行比较时，还可以使用另一个与 strnatcmp()函数作用相同，但不区分大小写的 strnatcasecmp()函数。

3. 从源字符串的指定位置开始比较

语法格式如下：

strncmp()函数用来比较字符串中的前 n 个字符。

```
int strncmp(string str1,string str2,int len)
```

如果字符串相等，函数返回 0；如果参数 str1 大于参数 str2，返回值大于 0；如果参数 str1 小于参数 str2，返回值小于 0。该函数区分字符的大小写。

strncmp()函数的参数说明如表 8-3 所示。

表 8-3　strncmp()函数的参数说明

参数	说明
str1	指定参与比较的第一个字符串对象
str2	指定参与比较的第二个字符串对象
len	必要参数，指定每个字符串中参与比较的字符数量

例 8-20　使用 strncmp()函数比较字符串的前两个字符是否与源字符串相等。

```php
<?php
//定义字符串常量
$str1 = "Are you OK?";
$str2 = "are you read!";

//比较前两个字符
echo strncmp($str1,$str2,2);

?>
```

运行结果为：

```
-1
```

从上面的代码可以看出，由于变量$str2 中字符串的首字母为小写，与变量$str1 中的字符串不匹配，因此比较后的函数返回值为-1。

8.6.6　检索字符串

在 PHP 中，提供了很多用于检索字符串的函数，PHP 也可以像 Word 那样实现对字符串的查找功能。下面讲解常用的字符串检索函数。

1. strstr()函数：使用 strstr()函数查找指定的关键字

可使用 strstr()函数获取指定字符串在另一个字符串中首次出现的位置直到后者末尾的子字符串。如果执行成功，返回获取的子字符串(存在相匹配的字符)；如果失败，返回 false。

语法格式如下：

```
string strstr(string haystack, string needle)
```

strstr()函数的参数说明如表 8-4 所示：

表 8-4　strstr()函数的参数说明

参数	说明
haystack	必要参数，指定从哪个字符串中进行搜索
needle	必要参数，指定搜索对象。如果该参数是一个数值，那么将搜索与这个数值的 ASCII 码值相匹配的字符

例 8-21　使用 strstr()函数获取图片全名的后缀，判断图片格式。

```php
<?php
//定义图片全名
$str = 'image.jpg';

//截取图片全名的后缀
$str1 = strstr($str,".");

//根据后缀判断图片格式
if($str1 != ".jpg"){
    echo "图片格式不是 jpg！";
}else{
    echo "图片格式是 jpg！";
}
?>
```

运行结果为：

```
图片格式是 JPG！
```

2. substr_count()函数：使用 substr_count()函数检索字符出现的次数

可使用 substr_count()函数获取指定字符在字符串中出现的次数。

语法格式如下：

```
int substr_count(string haystack,string needle)
```

参数 haystack 为指定的字符串。

参数 needle 为指定的字符。

例 8-22 使用 substr_count()函数获取字符在字符串中出现的次数。

```php
<?php

//定义字符串常量
$str = "PHP 是编程语言！";

//输出出现次数
echo substr_count($str,"P");

?>
```

运行结果为：

```
2
```

8.6.7 替换字符串

通过字符串的替换技术可以实现对指定字符串中的指定字符进行替换。字符串的替换技术可以通过以下两个函数实现：str_ireplace()函数和 substr_replace()函数。

1. str_ireplace()函数

使用新的字符串(子串)替换原始字符串中指定要替换的字符串。
语法格式如下：

```
mixed str_ireplace(mixed search,mixed replace,mixed subject [,int &count])
```

将所有在参数 subject 中出现的参数 search 以参数 replace 取代，参数 count 表示替换字符串执行的次数。该函数不区分大小写。

str_ireplace()函数的参数说明如表 8-5 所示：

表 8-5　str_ireplace()函数的参数说明

参数	说明
search	必要参数，指定需要查找的字符串
replace	必要参数，指定替换的值
subject	必要参数，指定查找的范围
count	可选参数，获取执行替换的次数

例 8-23 将文本中的指定字符串"Java"替换为"PHP"，并且输出替换后的结果。

```php
<?php
//定义字符串常量
$str1 = "java";
$str2 = "PHP";

$str = "PHP 是一门面向对象编程语言，不仅吸收了 C++语言的各种优点，还摒弃了 C++里难以理解
的多继承、指针等概念，因此 Java 语言具有功能强大和简单易用两个特征。Java 语言作为静态面向对
```

象编程语言的代表，极好地实现了面向对象理论，允许程序员以优雅的思维方式进行复杂的编程。";
```
    //输出替换后的字符串
    echo str_ireplace($str1,$str2,$str);
    ?>
```

运行结果为：

> 　　PHP 是一门面向对象编程语言，不仅吸收了 C++语言的各种优点，还摒弃了 C++里难以理解的多
> 继承、指针等概念，　因此 PHP 语言具有功能强大和简单易用两个特征。PHP 语言作为静态面向对象编
> 程语言的代表，极好地实现了面向对象理论，允许程序员以优雅的思维方式进行复杂的编程。

　　str_ireplace()函数在执行替换操作时不区分大小写，如果需要对大小写加以区分，可以使
用 str_replace()函数。

　　字符串替换技术最常用在搜索引擎的关键字处理中，可以使用字符串替换技术为搜索到
的字符串中的关键字替换颜色，如查询关键字描红功能，使搜索到的结果更便于用户查看。

　　查询关键字描红是指将查询关键字以特殊的颜色、字号或字体进行标识，这样可以使浏
览者快速检索到所需的关键字，方便浏览者从搜索结果中查找所需内容，查询关键字描红适
用于模糊查询。

　　下面通过具体示例介绍如何实现查询关键字描红功能。

　　例 8-24 使用 str_ireplace()函数替换查询关键字，当显示查询的相关信息时，将输出的关
键字变红。

```
    <?php
    //定义查询的字符串常量
    $str = "在搜索结果中查找所需内容，查询关键字描红适用于模糊查询";
    $str1 = "模糊查询";

    //替换的字符串变红
    echo str_ireplace($str1,"<font color='red'>".$str1."</font>",$str);
    ?>
```

运行结果为：

> 　　在搜索结果中查找所需内容，查询关键字描红适用于模糊查询

　　查询关键字描红功能在搜索引擎中被广泛应用，希望读者通过本例的学习，能够举一反
三，从而开发出更加灵活、便捷的程序。

2. substr_replace()函数

substr_replace()函数用于对指定字符串中的部分字符串进行替换。
语法格式如下：

> string substr_replace(string str,string repl,int start,[int length])

substr_replace()函数的参数说明如表 8-6 所示：

表 8-6　substr_replace()函数的参数说明

参数	说明
str	指定要操作的原始字符串
repl	指定替换后的新字符串
start	指定替换字符串开始的位置，正数表示起始位置从字符串开头开始；负数表示起始位置从字符串的结尾开始；0 表示起始位置是字符串中的第一个字符
length	可选参数，指定替换的字符串长度。默认值是整个字符串。正数表示起始位置从字符串开头开始；负数表示起始位置从字符串的结尾开始；0 表示插入而非替代

如果参数 start 设置为负数，而参数 length 小于或等于 start，那么 length 的值自动为 0。

例 8-25　使用 substr_replace()函数对指定字符串进行替换。

```php
<?php
//定义查询的字符串常量
$str = "明日复明日，明日何其多！";
$str1 = "其多";

//替换字符串
echo substr_replace($str,$str1,27,6);
?>
```

运行结果为：

明日复明日，明日何其多！

8.6.8　格式化字符串

在 PHP 中，字符串的格式化方式有多种，按照格式化的类型可以分为字符串的格式化和数字字符串的格式化，数字字符串的格式化最为常用。本节将重点讲解数字字符串的格式化函数 number_format()。

number_format()函数

number_format()函数用来将数字字符串格式化。

语法格式如下：

```
string number_format(float number[,int num_decimal_places] , [string dec_seperator,string thousands_separator])
```

number_format()函数可以有一个、两个或四个参数，但不能是三个参数。如果只有参数 number，将 number 格式化后会舍去小数点后的值，且第三位数字会以逗号(,)隔开；如果有两个参数，将 number 格式化后会得到小数点后第 num_decimal_places 位，且每三位数字会以逗号隔开；如果有四个参数，将 number 格式化后会得到小数点后第 num_decimal_places 位，dec_seperator 用来替代小数点(.)，thousands_seperator 用来替代隔开第 3 位数字的逗号(,)。

例 8-26　使用 number_format() 函数对指定的数字字符串进行格式化处理。

```php
<?php
//定义数字字符串常量
$num = "1315.13";
//输出格式化后的数字字符串
echo number_format($num);
echo "<br>";

//输出格式化后的数字字符串
echo number_format($num, 2);
echo "<br>";

//定义数字字符串常量
$num = "131513.6468";
echo number_format($num, 2,'.',',');
?>
```

运行结果为:

```
1,315
1,315.13
131.513.65
```

8.6.9　分割字符串

字符串的分割是通过 explode() 函数实现的。explode() 函数按照指定的规则对字符串进行分割，返回值为数组。

1. explode() 函数

语法格式如下:

```
array explode(string separator,string str[,int limit])
```

explode() 函数的参数说明如表 8-7 所示:

表 8-7　explode() 函数的参数说明

参数	说明
separator	必要参数，指定分割标识符。如果 separator 为空字符串("")，explode() 将返回 false；如果 separator 所包含的值在 str 中找不到，那么 explode() 函数将返回包含 str 单个元素的数组
str	必要参数，指定将要被进行分割的字符串
limit	可选参数，如果设置了 limit 参数，那么返回的数组包含最多 limit 个元素，而最后那个元素将包含 str 的剩余部分；如果 limit 参数是负数，那么返回除最后 limit 个元素外的所有元素

例 8-27　使用 explode() 函数实现字符串的分割。

```php
<?php
//定义字符串常量
$str = "PHP 编程@PHP 语言@Java 语言@HTML";
$str1 = explode("@",$str);

//输出字符串分割后的结果
print_r($str1);
?>
```

运行结果为：

Array([0] => PHP 编程　[1] => PHP 语言　[2] => Java 语言　[3] => HTML)

从上面的代码中可以看出，在分割字符串$str 时，以"@"作为分割标识符进行拆分，分割为 4 个数组元素，最后使用 print_r()输出数组中的元素。

默认情况下，数组中第一个元素的索引为 0。关于数组的相关知识已在前面章节中作过详细介绍。

输出数组元素时，除使用 print_r()函数外，还可以使用 echo 语句进行输出，两者的区别是：print_r()函数输出的是数组列；而使用 echo 语句输出的是数组中的元素。将"print_r($str1)"；使用如下代码替换即可输出数组中的元素。

```php
//输出字符串分割后的结果
echo $str1[0];
echo $str1[1];
echo $str1[2];
echo $str1[3];
```

运行结果为：

PHP 编程 PHP 语言 Java 语言 HTML

以上两种输出分割字符串的方法在运行结果的表现形式上稍有不同。

8.6.10　合成字符串

implode()函数

implode()函数可以将数组的内容组合成一个新的字符串。
语法格式如下：

string implode(string glue,array pieces)

参数 glue 是字符串类型，用于指定分隔符；参数 pieces 是数组类型，用于指定要被合并的数组。

例 8-28 应用 implode()函数将数组中的内容以@为分隔符进行连接，从而组合成一个新的字符串。

```php
<?php

//定义字符串常量
$str = "PHP 编程@PHP 语言@Java 语言@HTML";

//应用@分割字符串
$str1 = explode("@",$str);

//将数组合并成字符串
$str2 = implode("@",$str1);

//输出字符串
echo $str2;

?>
```

运行结果为:

PHP 编程@PHP 语言@Java 语言@HTML

8.7　本章小结

　　本章主要对常用的字符串操作技术进行了详细的讲解,其中去除字符串首尾空格、获取字符串的长度、连接和分割字符串、转义字符串、截取字符串以及字符串的查找与替换等都是需要重点掌握的技术。同时,这些内容也是作为 PHP 程序员必须熟悉和掌握的知识。相信通过本章的学习,读者能够举一反三,对所学知识灵活运用,从而开发出实用的 PHP 程序。

8.8　思考和练习

1. 写出如下 PHP 代码的输出结果,假设代码使用 UTF-8 编码:

```php
$str = "您好 hello"; //汉字在 UTF-8 编码占三个字节
echo strlen($str);
$arr1 = $arr2 = array("img12.png", "img10.png", "img2.png", "img1.png");
usort($arr1, "strcmp");
print_r($arr1);

$str = "Java 语言 Java 语言";
$str1 = "av";
echo strpos($str, $str1, 2);
$str = "Java 语言 Java 语言";
$str1 = "av";
echo strrpos($str, $str1, -10);
```

```
$s = '12345';
$s[$s[1]] = '2';
echo $s;
$search = array('A', 'B', 'C', 'D', 'E');
$replace = array('B', 'C', 'D', 'E', 'F');
$subject = 'A';
echo str_replace($search, $replace, $subject);
```

2. 如何给变量$a、$b 和$c 赋值才能使以下脚本显示字符串 "Hello, World!" ？

```
<?php
$string = "Hello, World!";
$a = ?;
$b = ?;
$c = ?;
if($a) {
if($b && !$c) {
        echo "Goodbye Cruel World!";
    } else if(!$b && !$c) {
        echo "Nothing here"; }
}else {
if(!$b) {
    if(!$a && (!$b && $c)) {
        echo "Hello, World!";
    } else {
        echo "Goodbye World!";
            }
    } else {
        echo "Not quite.";
            }
}
?>
```

3. 以下脚本输出什么？

```
<?php
$array = '0123456789ABCDEFG';
$s = '';
for($i = 1; $i < 50; $i++) {
    $s .= $array[rand(0,strlen ($array) - 1)];
}
echo $s;
?>
```

第9章 PHP与Web页面交互

PHP 是开发 Web 应用程序的首选语言之一，也是最理想的工具。通过 PHP，使得编写动态 Web 程序易如反掌，因此，PHP 与 Web 页面交互是学习 PHP 语言编程的基础。在 PHP 中提供了两种与 Web 页面交互的方法：一种是通过 Web 表单提交数据，另一种是通过 URL 参数传递。

本章首先介绍使用 PHP 进行 Web 编程的一些特性及基本用法，接下来通过一系列示例来详细讲解 PHP 与 Web 页面交互的相关知识，以加深对使用 PHP 进行 Web 编程的理解和掌握。为后续学习 PHP 语言编程打好基础。

本章的主要学习目标：
- 熟悉 PHP Web 编程的基础知识
- 掌握 Web 表单的操作
- 掌握 PHP 与 Web 页面交互的基本方法
- 掌握超全局变量的使用

9.1 PHP Web 编程基础

本节将讲述最基本的 PHP Web 编程知识，比如浏览器访问服务器的数据通信过程、表单的概念、表单数据的获取及处理等。

PHP 与 Web 页面的交互过程

客户端的浏览器要和服务器进行通信，必须遵守一定的规则或协议，浏览 WWW 使用的是 HTTP 协议(HyperText Transfer Protocol，超文本传输协议)。浏览网页的过程其实就是一系列请求/响应的过程：用户使用浏览器浏览一个 Web 站点，首先通过网址向网络中的某台服务器发出请求，请求浏览某个页面；服务器在找到这个页面之后，在响应中返回相应页面的内容。

在浏览过程中，当用户需要与服务器进行交互时，可以通过客户端浏览器返回的 HTML 页面及嵌入 HTML 页面的 PHP 代码输入数据，输入的内容就会从客户端传送到服务器。PHP 是一种运行在服务器端的语言，经过服务器端的 PHP 程序进行处理后，再将用户请求的信息返回给客户端浏览器。

为了更好地理解 PHP 与 Web 页面的交互过程，下面通过一个简单的示例进行说明。

例 9-1　一个简单的交互示例。

```html
<html>
<head>
<title>示例 9-1</title>
</head>
<body>
<?php
 if($_SERVER['REQUEST_METHOD']=='POST')
    {
        echo "用户:".$_POST['name']."<br>";
        echo "密码:".$_POST['password']."<br>";
        exit;
    }
?>
<form action="9-1.php" method="post">
        <p>用户:<input type="text" name="name"/></p>
        <p>密码:<input type="text" name="password"/></p>
        <p><input type="submit"/></p>
</form>
</body>
</html>
```

运行结果如图 9-1 所示。

图 9-1　例 9-1 的运行结果(一)

在图 9-1 所示的运行窗口中,输入用户"张无忌"、密码"123456",然后单击"提交"按钮,客户端浏览器页面会将输入的数据信息发送至服务器端,服务器端经 PHP 程序处理后,返回客户端浏览器,此时浏览器页面的显示结果如图 9-2 所示。

图 9-2　例 9-1 的运行结果(二)

从图 9-2 可以看出,在客户端页面上提交的用户和密码信息获取成功。这个交互过程可以用图 9-3 来表示。

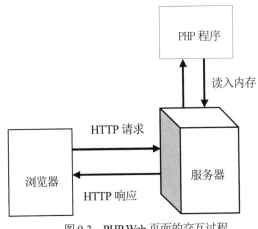

图 9-3　PHP Web 页面的交互过程

9.2　Web 表单

Web 表单是一个通过使用 HTML 表单收集用户输入的不同类型数据，并且发送数据到服务器的工具，是浏览者和服务器互动的平台。例如提交注册信息时需要使用表单，当用户填写完信息后执行提交(submit)操作时，就会将用户在表单中输入的信息从客户端浏览器传送到服务器端，经过运行在服务器端的 PHP 程序处理后，再将用户需要的信息传递回客户端浏览器，从而实现 PHP 与 Web 页面的交互。

9.2.1　创建表单

使用<form>标签，在 HTML 标记间插入<form>和</form>，即可创建一个表单。

表单的基本结构如下所示：

```
<form name ="name" method ="method" action="url" enctype="value" target="target" id="id">
    ......//省略插入的表单元素
</form>
```

<form>标签有几个常用的属性，如表 9-1 所示。

表 9-1　<form>标签的常用属性

属　　性	描　　　　述
name	表单的名称
method	提交表单时使用的方法——GET 或 POST 方法(默认为 GET 方法)
action	向何处提交表单，即处理表单的页面的 URL
enctype	设置被提交数据的编码方式(默认为 url-encoded)
target	设置返回信息的显示方式(默认为_self)，target 属性值如表 9-2 所示
id	表单的 ID 号

表 9-2　target 属性值

属性值	描　　述
_blank	将返回信息显示在新的空白页面上
_parent	将返回信息显示在父级页面上
_self	将返回信息显示在当前页面上
_top	将返回信息显示在顶级页面上
framename	在指定的页面中打开

例如，创建一个名为"register"的表单，以 POST 方法提交到数据处理页面 check_in.php，返回信息显示在新的空白页面上。代码如下：

```
<form name="register" action="check_in.php" method="post" target="_blank">
    …...　//省略插入的表单元素
</form>
```

在使用 Web 表单时，必须为其指定行为属性 action，以指定所提交数据的处理页面。

9.2.2　认识表单元素

表单(form)是由表单元素组成的，表单元素是指表单中的一些元素标签，常用的表单元素有以下几种：输入域标签<input>、文本域标签<textarea>、选择域标签<select>和<option>等，这些元素用于提供用户输入数据的可视化界面。

下面的代码是表单元素的一些应用：

```
<form>
    <input name="Username" type="text"></br>
    <input name="Passwd" type="password"></br>
    <input name="Sex" type="radio"></br>
    <input name="Hobby" type="checkbox">
    <input name="Upload" type="file">
    <input name="Login" type="submit">
    <input name="Girl" type="image">
    <input name="Clean" type="reset">
</form>
```

上述表单元素一般都有 name 和 type 属性，name 是指输入域的名称，type 是指输入域的类型，可以指定不同的表单元素。<input type="">标签共提供了十种类型的输入域，如表 9-3 所示。

表 9-3　type 属性的取值说明

属性值	描　　述
text	定义单行的文本输入域，默认宽度为 20 个字符

（续表）

属性值	描　　述
password	定义密码输入域。输入的字符会显示为*，起到保密作用
radio	定义单选按钮
checkbox	定义复选框
file	定义文件域，当上传文件时，可打开一个"浏览"窗口来选择要上传的文件
hidden	定义隐藏的输入域，在表单中以隐含方式提交变量值
image	定义图像形式的提交按钮
submit	定义提交按钮。提交按钮会把表单数据发送到服务器
reset	定义重置按钮。重置按钮会清除并重置表单中的所有数据
button	定义可单击按钮，在需要修改表单时将表单恢复到初始状态

当表单被提交时，表单元素的 value 属性所对应的值将会被传送至服务器，对于文本域的 value 属性，其值就是用户输入的数据。

这些丰富的表单元素也为 Web 页面的交互设计提供了大量的素材，使得 Web 页面的设计变得更加丰富多彩。

9.3　PHP 与 Web 页面交互的基本方法

9.3.1　访问和获取 Web 表单数据

提交表单数据有两种方法：POST 方法和 GET 方法。采用哪种方法提交数据由表单<form>的 method 属性值决定。

PHP 通过两个预定义的变量$_GET 和$_POST 获取用户提交的表单数据，$_GET 和$_POST 都是 PHP 的自动全局变量，可以直接在 PHP 程序中使用。

- 变量$_GET 是由表单数据组成的数组变量，数组$_GET[]中保存了由表单的 GET 方法提交的数据，数组的"键"就是表单元素的名称。这就意味着，通过表单元素的名称(name 属性的值)就可以获取表单元素的值。例如，表单中有一个文本框，名为 "User_name"，PHP 程序就可以通过数组$_GET['User_name']获取该文本框中用户输入的值。
- 变量$_POST 同样是数组变量，用于获取及保存表单以 POST 方法提交的数据，用法和变量$_GET 类似。

```
$username=$_GET['username']
$username=$_POST['username']
```

在上述代码中，$username 表示接收数据的变量名，$_GET['username']和$_POST['username']分别表示接收的以 GET 方法和 POST 方法提交的数据。username 表示输入域的名称，用于标识接收的是哪个输入域的数值。因此，在对表单元素命名时，注意不要重名，以避免在获取输入值时出错。

　　为了更好地掌握如何访问及获取 Web 表单数据，下面通过例 9-2 和例 9-3 来介绍如何利用变量$_POST 获取表单提交的数据，变量$_GET 的用法与之类似。

　　例 9-2　一个简单的表单示例，这个表单里包含几个常用的表单元素。

```html
<html>
<head>
<title>示例 9-2</title>
</head>
<body>
<form name="form1" action="9-3.php" method="POST" >
        <label for="">输入姓名： </label>
        <input type="text" name="username" /><br/><br/>
        <label for="">输入密码： </label>
        <input type="password"    name="password" /><br/><br/>
        <label for="">确认密码： </label>
        <input type="password" name="repassword" /><br/><br/>
        <label for="">选择性别： </label>
        <input type="radio" name="gender" value="男" checked="checked"/> 男
        <input type="radio" name="gender" value="女" /> 女<br/><br/>
        <label for="">兴趣爱好： </label>
        <input type="checkbox" name="interest[]" value="弹琴" /> 弹琴
        <input type="checkbox" name="interest[]" value="下棋" /> 下棋
        <input type="checkbox" name="interest[]" value="书法" /> 书法
        <input type="checkbox" name="interest[]" value="绘画" /> 绘画<br/><br/>
        <label for="">选择职业： </label>
        <select name="occup">
        <option value="剑客">剑客</option>
        <option value="书生">书生</option>
        <option value="和尚">和尚</option>
        <option value="尼姑">尼姑</option>
        </select><br/><br/>
        <input name="submit" type="submit" value="提交数据" " />
</form>
```

　　例 9-2 定义了一个名为"form1"的表单，代码中的 method="POST"表示用 POST 方法传送表单数据，action="9-3.php"表示将表单提交给 9-3.php 处理。在表单中定义的元素有文本框、密码框、单选按钮、复选框、下拉列表框及提交按钮。因为"兴趣爱好"是一个复选框，所以我们定义了一个数组变量 interest[]来保存用户输入的数据。当提交表单时，表单元素的值由 POST 方法交由同目录下的 PHP 程序 9-3.php 处理。

　　接下来创建例 9-3 所示的表单数据获取程序 9-3.php，该程序先获取表单 form1 提交的数据，然后将这些数据在浏览器中输出，代码如下：

例 9-3 表单数据获取程序 9-3.php。

```php
<?php
        $username=$_POST['username'];          //获取姓名
        $password=$_POST['password'];          //获取密码
        $repassword=$_POST['repassword'];
        $gender=$_POST['gender'];              //获取性别
        $interest=$_POST['interest'];          //获取兴趣爱好
        $occup=$_POST['occup'];                //获取职业

        echo "姓名：".$username."<br/>";
        echo "密码：".$password."<br/>";
        echo "性别：".$gender."<br/>";
        echo "爱好：".implode('、',$interest)."<br/>";
        echo "职业：".$occup."<br/>";
    ?>
```

在程序 9-3.php 中，通过全局变量$_POST 获取到的表单数据分别被保存在$username、$password 等变量中，程序最后调用这些变量，把存储在这些变量中的值在浏览器中输出。输出爱好时使用了 PHP 语言的 implode()函数，implode()函数的功能是将保存在数组元素中的兴趣爱好选择值组合成字符串，中间用给定的字符"、"隔开。

这是个简单的用于获取表单数据并且输出的 PHP 程序，打开浏览器，访问 9-2.php 页面，在页面上输入相应的姓名、密码等信息，如图 9-4 所示。

输入相应信息后，单击"提交数据"按钮，表单中的数据将提交到程序 9-3.php 处理，9-3.php 将输出如图 9-5 所示的结果。

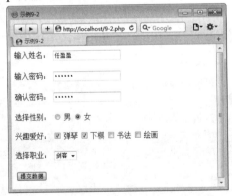

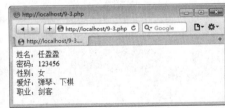

图 9-4　例 9-3 的运行结果(一)　　　　　　图 9-5　例 9-3 的运行结果(二)

从图 9-5 可以看出，PHP 输出的值就是为表单元素的 value 属性所赋的值，用户输入的这些信息都被 PHP 成功获取。

在具体应用中，也可以把表单程序和数据获取程序整合在一个程序中。例如，对例 9-2 的表单程序和例 9-3 的数据获取程序稍加改动，形成一个提交并获取数据的综合性程序，功能是一样的，如例 9-4 所示。

例 9-4 综合表单程序 9-4.php。

```html
<form name="form1" action="9-4.php" method="POST" target="_blank" >
    <label for="">输入姓名：</label>
    <input type="text" name="username" /><br/><br/>
    <label for="">输入密码：</label>
    <input type="password"  name="password" /><br/><br/>
    <label for="">确认密码：</label>
    <input type="password" name="repassword" /><br/><br/>
    <label for="">选择性别：</label>
    <input type="radio" name="gender" value="男" checked="checked"/> 男
    <input type="radio" name="gender" value="女" /> 女<br/><br/>
    <label for="">兴趣爱好：</label>
    <input type="checkbox" name="interest[]" value="弹琴" /> 弹琴
    <input type="checkbox" name="interest[]" value="下棋" /> 下棋
    <input type="checkbox" name="interest[]" value="书法" /> 书法
    <input type="checkbox" name="interest[]" value="绘画" /> 绘画<br/><br/>
    <label for="">选择职业：</label>
    <select name="occup">
    <option value="剑客">剑客</option>
    <option value="书生">书生</option>
    <option value="和尚">和尚</option>
    <option value="尼姑">尼姑</option>
    </select><br/><br/>
    <input name="submit" type="submit" value="提交数据" " />
</form>

<?php
    if($_SERVER['REQUEST_METHOD']=='POST')
    {
        $username=$_POST['username'];        //获取姓名
        $password=$_POST['password'];        //获取密码
        $repassword=$_POST['repassword'];
        $gender=$_POST['gender'];            //获取性别
        $interest=$_POST['interest'];        //获取兴趣爱好
        $occup=$_POST['occup'];              //获取职业

        echo "姓名：".$username."<br/>";
        echo "密码：".$password."<br/>";
        echo "性别：".$gender."<br/>";
        echo "爱好：".implode('、',$interest)."<br/>";
        echo "职业：".$occup."<br/>";
        exit;
    }
?>
```

9.3.2　Web 表单数据的有效性验证

在例 9-4 中，如果不输入数据而直接提交，将会导致程序出现运行错误。在实际开发应用中，PHP 程序往往要对用户输入和提交的数据作有效性验证，以保证程序执行的安全和数据的完整、有效。

例 9-5 在例 9-4 的基础上，加入了对提交数据的验证功能，只有在用户完全提交有效的数据后，程序才会向浏览器输出数据，否则将会向用户输出提示信息。

例 9-5 表单数据有效性验证程序 9-5.php。

```
<form name="form1" action="9-5.php" method="POST" target="_self" >
    <label for="">输入姓名：</label>
    <input type="text" name="username" /><br/><br/>
    <label for="">输入密码：</label>
    <input type="password"   name="password" /><br/><br/>
    <label for="">确认密码：</label>
    <input type="password" name="repassword" /><br/><br/>
    <label for="">选择性别：</label>
    <input type="radio" name="gender" value="男" checked="checked"/> 男
    <input type="radio" name="gender" value="女" /> 女<br/><br/>
    <label for="">兴趣爱好：</label>
    <input type="checkbox" name="interest[]" value="弹琴" /> 弹琴
    <input type="checkbox" name="interest[]" value="下棋" /> 下棋
    <input type="checkbox" name="interest[]" value="书法" /> 书法
    <input type="checkbox" name="interest[]" value="绘画" /> 绘画<br/><br/>
    <label for="">选择职业：</label>
    <select name="occup">
    <option value="剑客">剑客</option>
    <option value="书生">书生</option>
    <option value="和尚">和尚</option>
    <option value="尼姑">尼姑</option>
    </select><br/><br/>
    <input name="submit" type="submit" value="提交数据" " />
</form>
<?php
  if ($_SERVER['REQUEST_METHOD']=='POST')
  {
      $username=$_POST['username'];     //获取姓名
      //姓名为空，即没有输入姓名时，输出提示信息，并中断程序执行
      if ($username=="")                //判断姓名是否为空
      {
          echo "<script>alert('姓名不能为空，请输入姓名！')</script>";   //弹出消息框提示
          exit;                         //程序中断，不再向下执行
      }

      $password=$_POST['password'];     //获取密码
      if ($password=="")               //判断密码是否为空
      {
```

```
            echo "<script>alert('密码不能为空，请输入密码！')</script>";
                exit;
        }

        $repassword=$_POST['repassword'];
        if($username！=$repassword)                    //判断两次输入的密码是否相同
        {
            echo "<script>alert('两次输入的密码不同，请重新输入密码！')</script>";
                exit;
        }

        $gender=$_POST['gender'];          //获取性别，默认性别为男
        $interest=$_POST['interest'];      //获取兴趣爱好
        if($interest=="")                  //如果没有选择兴趣爱好
        {
            echo "<script>alert('兴趣爱好未选，请选择！')</script>";
                exit;
        }

        echo "姓名：".$username."<br/>";
        echo "密码：".$password."<br/>";
        echo "性别：".$gender."<br/>";
        echo "爱好：".implode('、',$interest)."<br/>";
        echo "职业：".$occup."<br/>";
        exit;
    }
?>
```

在程序 9-5.php 中，利用 PHP 语言的条件语句分别对姓名、密码、兴趣爱好等输入项进行了有效性验证。程序首先获取表单传送过来的数据，然后通过 if 语句来判断输入数据是否为空，如果为空，程序会弹出消息框提示输入相应条目，然后调用 exit 以中断继续向下执行。例如，忘记输入密码就直接提交数据，程序会弹出消息框，如图 9-6 所示。

图 9-6　程序 9-5.php 弹出的消息框

程序 9-5.php 只是利用条件语句对输入值是否为空做了简单判断。事实上，为了方便对常见的数据类型进行验证，PHP 语言提供了 empty()、is_numeric()、is_null()等函数，以进一步对表单提交的数据进行验证，关于这三个函数的相关说明如下：

- empty()函数：用于检测变量是否具有空值，空值包括空字符串、0、null 或 false。如果具有空值，返回 true；否则返回 false。
- is_numeric()函数：用于检测变量是否为数字或数字字符串，如果是，返回 true；否则返回 false。
- is_null()函数：用于检测变量是否为 null，只有在变量被定义且值为 null 时，才返回 true，否则返回 false。

接下来通过例 9-6 给出这三个函数的具体用法。

例 9-6 利用函数对表单数据的有效性进行验证。

```php
<form action="9-6.php" method="POST" >
      <label for="">输入姓名：</label>
      <input type="text" name="username" /><br/><br/>
      <label for="">输入年龄：</label>
      <input type="text"    name="age" /><br/><br/>
      <input name="submit" type="submit" value="提交" " />
</form>
<?php
  if($_SERVER['REQUEST_METHOD']=='POST')
  {
      $username=$_POST['username'];      //获取姓名
      if(empty($username))               //判断提交的姓名是否为空
      {
           echo "<script>alert('姓名不能为空，请输入姓名！')</script>";      //弹出消息框提示
           exit;                         //程序中断，不再向下执行
      }

      $age=$_POST['age'];                //获取年龄
      if(empty($age))                    //判断年龄是否为空或 0
      {
           echo "<script>alert('年龄不能为空或 0，请重新输入！')</script>";
           exit;
      }
      if(!is_numeric($age))              //判断输入的年龄是否为数字
      {
          echo "<script>alert('年龄只能为数字，请重新输入！')</script>";
          exit;
      }

      echo "姓名：".$username."<br/>";
      echo "年龄：".$age."<br/>";
      exit;
  }
?>
```

打开浏览器，访问页面 9-6.php，如图 9-7 所示。

在图 9-7 中，如果不输入姓名，直接单击"提交"按钮，会弹出如图 9-8 所示的消息框。

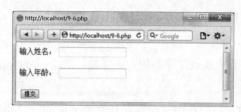

图 9-7 例 9-6 的运行结果(一)   图 9-8 例 9-6 的运行结果(二)

如果只输入姓名，不输入年龄，直接单击"提交"按钮，会弹出如图 9-9 所示的消息框。

图 9-9 例 9-6 的运行结果(三)

如果输入姓名，但在输入年龄时输入的不是数字，而是非法的字符，此时单击"提交"按钮，如图 9-10 所示，程序会弹出如图 9-11 所示的消息框。

图 9-10 例 9-6 的运行结果(四)   图 9-11 例 9-6 的运行结果(五)

只有当所有的输入数据全部合法有效时，才能正确提交，如图 9-12 所示。

图 9-12 例 9-6 的运行结果(六)

从图 9-7~图 9-12 可以看出，输入不同的数据会产生不同的错误提示。可见 empty()等验证函数对输入数据的有效性验证起到了审核的效果。在实际应用中，输入数据的验证情况往往更加复杂，需要我们更加深入地学习并掌握 PHP 编程知识。

9.3.3 Web 表单的安全性验证

众所周知，在互联网程序设计中，凡是用户提交的数据，默认它们是不安全的，需要进行验证或过滤，以保证已有的数据不会遭到破坏，或者服务器不被入侵。例如，通过 Web

表单提交一个段表单标签，或是浏览器可以执行的 JavaScript 代码，此时用户提交的数据可以改变网页的正常处理方式，甚至篡改服务器数据，这必然会给网站的安全带来风险。例 9-7 演示了这种风险。

例 9-7 表单安全漏洞演示程序 9-7.php。

```
<form action="9-7.php" method="POST" >
    <label for="">请输入留言：</label>
    <textarea name="content"></textarea></br>
    <input type="submit" value="提交" " />
</form>
<?php
    if ($_SERVER['REQUEST_METHOD']=='POST')
    {
        echo    "您输入的留言是："."$_POST['content']."<br/>";
        exit;
    }
?>
```

打开浏览器，访问页面 9-7.php。如果在页面上输入正确的数据，比如"我明天上午 9 点来贵公司面试"，单击"提交"按钮，程序的运行结果是正常的，如图 9-13 所示。

图 9-13　例 9-7 的运行结果(一)

如果页面访问者在留言框中输入以下内容：

```
<script> while(true) alert("嘿嘿嘿，我是恶作剧大王!") </script>
```

然后单击"提交"按钮，此时提交的数据却是一段可执行的代码，代码在服务器端执行，就会在页面中循环弹出对话框，导致页面无法正常浏览，如图 9-14 所示。

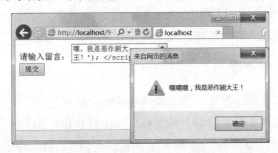

图 9-14　例 9-7 的运行结果(二)

这段代码只是加入了一段脚本和一个提示命令，页面加载后，就会执行 JavaScript 代码，会在页面上循环弹出对话框。这仅仅是一个简单无害示例，在<script>标签内能够添加任何

JavaScript 代码！黑客能够把用户重定向到另一台服务器上的某个文件，该文件中的恶意代码能够更改全局变量或者将表单提交到其他地址以保存用户数据，甚至可以植入危害性更大的木马，等等。这种情况会导致网站出现很多严重安全问题，为了解决网页的数据安全问题，PHP 提供了 strip_tags()和 htmlentities()函数，这两个函数都可以过滤表单数据。

- strip_tags()函数：用于去除字符串中的 HTML 标记和 PHP 标记。
- htmlentities()函数：用于将字符转换为 HTML 实体，即把 HTML 标记和 PHP 标记转换成字符，以文本的形式输出。

利用 htmlentities()函数对例 9-7 进行改进，改进后的代码如例 9-8 所示。

例 9-8 表单数据安全性校验演示程序 9-8.php。

```
<form action="9-8.php" method="POST" >
        <label for="">请输入留言：</label>
        <textarea name="content"></textarea></br>
        <input type="submit" value="提交" />
</form>
<?php
    if($_SERVER['REQUEST_METHOD']=='POST')
    {
        echo "您输入的留言是：".htmlentities($_POST['content'],ENT_NOQUOTES,'UTF-8')."<br/>";
        exit;
    }
?>
```

打开浏览器，访问页面 9-8.php，在留言框中输入同样的代码，单击"提交"按钮，程序的运行结果如图 9-15 所示。

图 9-15　例 9-8 的运行结果

从图 9-15 可以看出，使用函数 htmlentities()过滤后，输入的 JavaScript 代码都按照文本形式被正常输出了。对输入的数据进行安全性校验，可以使网页的安全性得到有效保障。

9.3.4　PHP 文件上传处理

在 PHP 与 Web 页面的交互中，经常会遇到从客户端浏览器上传文件到服务器端以及文件后续处理的问题。文件上传和数据上传类似，常使用 POST 方法。

在文件上传程序中，要将表单的 enctype 属性设置为"multipart/form-data"，代码如下：

```
<form name ="name" enctype="multipart/form-data" method ="method" action="url" target="target" >
    ......    //省略插入的表单元素
</form>
```

在 PHP 程序中使用全局变量$_FILES 处理文件上传。$_FILES 是一个数组，包含了要上传文件的信息，类似于早期版本的$HTTP_POST_FILES 数组(依然有效，但不建议使用)。

- $_FILES['myFile']['name'] 表示客户端文件的原始名称，即要上传文件的文件名。其中，myFile 是表单中文件域表单元素的 name 属性值，如下所示：

  ```
  <input name= "myFile" type="file" />
  ```

- $_FILES['myFile']['type']表示上传文件的类型，例如"image/jpeg"，需要浏览器提供支持。
- $_FILES['myFile']['size']表示已上传文件的大小，单位为字节。
- $_FILES['myFile']['tmp_name']表示文件被上传后在服务器端存储的临时文件名，一般由系统默认。可以在 php.ini 的 upload_tmp_dir 选项中指定。
- $_FILES['myFile']['error']表示和文件上传相关的错误代码。下面是代码信息的详细说明：

  UPLOAD_ERR_OK 值：0——没有错误发生，文件上传成功。

  UPLOAD_ERR_INI_SIZE 值：1——上传文件的大小超出 php.ini 中 upload_max_filesize 选项限制的值。

  UPLOAD_ERR_FORM_SIZE 值：2——上传文件的大小超出 HTML 表单中 MAX_FILE_SIZE 选项指定的值(可以在表单中指定 input type='hidden' name='MAX_FILE_SIZE' value='附件的最大字节数') 。

  UPLOAD_ERR_PARTIAL 值：3——文件只有部分被上传。

  UPLOAD_ERR_NO_FILE 值：4——没有文件被上传。

文件上传结束后，一般会被存储到服务器的默认临时目录中，可以在配置文件 php.ini 的 upload_tmp_dir 选项中设置文件上传默认临时保存目录。上传后必须将文件从临时目录中删除或移动到其他地方，如果不这么做，则会被自动删除。也就是不管是否上传成功，脚本执行完毕后，临时目录里的文件肯定会被删除。所以在上传文件后，要用 PHP 的 move_uploaded_file() 或 copy()函数将上传文件复制或移动到其他位置，此时才算完成上传文件的全过程。move_uploaded_file()函数的参数如下：

```
move_upload_file($_FILES['myfile']['tmp_name'],dest_name)
```

第一个参数$_FILES['myfile']['tmp_name']是上传文件时在服务器上存储的临时文件名，第二个参数 dest_name 是移动后的目标文件名，目标文件名必须包含路径信息。如果上传的文件不合法，或是由于某种原因无法移动文件，函数会返回 FALSE。

例 9-9 是上传图片文件并简单处理的 PHP 程序。

例 9-9　上传图片文件并预览的演示程序 9-9.php。

```
<form action="9-9.php"   method="post"   enctype="multipart/form-data">
    <p><input type="file" name="myfile" value="选择上传文件"/></p>
    <input type="submit" value="上传"/>
</form>


<?php
```

```
if ($_SERVER['REQUEST_METHOD'] == 'POST')
{
    $name = $_FILES['myfile']['name'];
    $type = strtolower(substr($name,strrpos($name,'.')+1)); //得到文件类型，并转换成小写
    $allow_type = array('jpg','jpeg','gif','png');               //定义允许上传的类型
    //判断文件类型是否被允许上传
    if(!in_array($type, $allow_type))
    {
        //如果不被允许，则提示类型不对并停止程序运行
        echo "<script>alert('文件类型不对！请重新选择！')</script>";
        exit;
    }
    $upload_path = "img";                               //上传文件的存放路径
    if(!file_exists($upload_path))                      //如果路径不存在
    {
        mkdir("$upload_path",0700);                     //创建路径，0700 为最高权限
    }
    //开始移动文件到相应的文件夹中
    $img_name="img/".$name;
    if(move_uploaded_file($_FILES['myfile']['tmp_name'],$img_name))
    {
        echo "图片预览";
        echo "<center><img style='width:200px;' src='$img_name'></center>";
    }
    else
    {
        echo "<script>alert('文件上传失败！请重新上传！')</script>";
        exit;
    }
}
?>
```

打开浏览器，访问页面 9-9.php，程序的运行结果如图 9-16 所示。

图 9-16　例 9-9 的运行结果(一)

在图 9-16 所示的运行页面上单击"选择文件"按钮，假设选取了名为"12.jpg"的图片文件，然后单击"上传"按钮，图片文件顺利上传至服务器，并且在页面下方的图片预览处显示图片文件"12.jpg"的预览图像，如图 9-17 所示。

图 9-17　例 9-9 的运行结果(二)

打开服务器根目录下的 img 目录，可以看到刚刚上传成功的图片文件"12.jpg"，如图 9-18 所示。

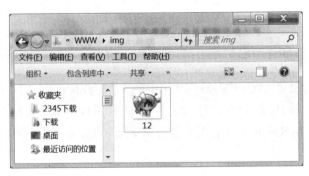

图 9-18　例 9-9 的运行结果(三)

例 9-9 首先定义了一个上传文件的表单，并将表单的 enctype 属性设置为"multipart/form-data"，文件使用 POST 方法上传。接下来使用$_FILES 数组获取文件信息，并在服务器上创建了接收上传文件的目录"img"，使用 move_uploaded_file()函数将上传文件"12.jpg"从临时存储目录移到"img"目录中，最后使用 img 标签将其显示出来，实现简单的文件上传并处理功能。

9.4　PHP 全局变量

全局变量也叫超全局变量，是指在全部作用域内始终可用的内置变量。全局变量从 PHP 4.1.0 中开始引入，目前 PHP 中的许多预定义变量都是全局变量，这些变量在脚本的全部作用域内都可用，在函数或方法中无须执行 global $variable;语句就可以访问它们。PHP 全局变量如表 9-4 所示。

表 9-4　PHP 全局变量

变量名	描述
$_GET	包含使用 GET 方法传递的参数的有关信息
$_POST	包含使用 POST 方法传递的参数的有关信息
$_REQUEST	包含使用 POST、GET、COOKIE 方法传递的参数的有关信息
$_SERVER	包含由 Web 服务器创建的信息，提供了服务器和客户配置以及当前请求环境的有关信息
$_FILES	包含通过 POST 方法向服务器上传的文件的有关信息
$_GLOBALS	包含全局作用域内的所有变量，是超级全局变量的超集
$_SESSION	包含与所有会话有关的信息
$_COOKIE	存储了通过 HTTP cookie 传递到脚本的信息
$_ENV	提供 PHP 解析所在服务器环境的有关信息

表 9-4 中列举的全局变量在 Web 开发中经常使用，掌握这些全局变量的用法在实际开发应用中非常重要。本节将有针对性地对全局变量进行详细讲解。

9.4.1　全局变量$_SERVER

在 PHP Web 页面交互程序中，经常使用全局变量$_SERVER，它是由 Web 服务器创建的信息数组，用于存放 HTTP 报头信息、路径信息以及和 Web 服务器相关的信息。对于不同的 Web 服务器，$_SERVER 中包含的变量值和变量个数也会有所不同，其中常用的变量如表 9-5 所示。

表 9-5　$_SERVER 常用变量

变量名	描述
$_SERVER['HTTP_HOST']	Web 服务器的地址
$_SERVER['HTTP_USER_AGENT']	客户端操作系统和浏览器类型信息，例如 Mozilla/4.5 [en]
$_SERVER['HTTP_ACCEPT']	当前 HTTP 请求的 Accept 头部信息
$_SERVER['HTTP_ACCEPT_LANGUAGE']	返回客户端浏览器语言，例如 en
$_SERVER['HTTP_ACCEPT_ENCODING']	当前 HTTP 请求的 Accept_Encoding 头部信息,例如"gzip"
$_SERVER['HTTP_ACCEPT_CHARSET']	当前 HTTP 请求的 Accept_Charset 头部信息，例如 utf-8、ISO-8859-1
$_SERVER['HTTP_REFERER']	链接到当前页面的前一页面的 URL 地址
$_SERVER['HTTPS']	查询是否使用安全 HTTPS 协议，如果使用，就设置为一个非空的值(on)，否则返回 off
$_SERVER['SERVER_NAME']	Web 服务器的名称
$_SERVER['SERVER_ADDR']	Web 服务器的 IP 地址

(续表)

变量名	描述
$_SERVER['SERVER_PORT']	Web 服务器的端口号
$_SERVER['SERVER_ADMIN']	Web 服务器的管理员账号
$_SERVER['SERVER_PROTOCOL']	Web 服务器使用的协议信息
$_SERVER['REMOTE_ADDR']	客户端 IP 地址
$_SERVER['REMOTE_HOST']	客户端主机名称
$_SERVER['REMOTE_PORT']	客户端使用的端口号
$_SERVER['REQUEST_METHOD']	客户端交互中使用的方法
$_SERVER['REQUEST_TIME']	客户端发出请求的时间
$_SERVER['REQUEST_URI']	页面 URL 的路径部分,如果 URL 是 http://www.baidu.com /blog//index.html,那么 URI 就是/blog/index. html
$_SERVER['DOCUMENT_ROOT']	Web 服务器中应用程序的存放位置
$_SERVER['SCRIPT_FILENAME']	当前访问的程序文件的绝对路径
$_SERVER['SCRIPT_NAME']	当前访问的程序文件的相对路径
$_SERVER['QUERY_STRING']	客户端发出的请求的参数串
$_SERVER['PHP_SELF']	当前访问的 PHP 程序文件的相对路径
$_SERVER['PHP_AUTH_USER']	当 PHP 运行在 Apache 方式且使用 HTTP 认证时,返回用户输入的用户名
$_SERVER['PHP_AUTH_PW']	当 PHP 运行在 Apache 方式且使用 HTTP 认证时,返回用户输入的密码
$_SERVER['AUTH_TYPE']	当 PHP 运行在 Apache 方式且使用 HTTP 认证时,返回认证类型

表 9-5 列举了在 PHP Web 页面交互程序中经常用到的全局变量$_SERVER 中的部分变量,为了更好地掌握这些变量的用法,下面给出一个具体的示例。

例 9-10 全局变量$_SERVER 的用法演示程序 9-10.php。

```php
<?php
    echo "Web 服务器的地址: ".$_SERVER['HTTP_HOST']."<br>";
    echo "客户端浏览器语言: ".$_SERVER['HTTP_ACCEPT_LANGUAGE']."<br>";
    echo "客户端的浏览器信息:".$_SERVER['HTTP_USER_AGENT']."<br><br>";
    echo "Web 服务器的名字:".$_SERVER['SERVER_NAME']."<br>";
    echo "正在访问的程序绝对文件名:".$_SERVER['SCRIPT_FILENAME']."<br>";
    echo "正在访问的程序相对路径:".$_SERVER['SCRIPT_NAME']."<br>";
    echo "服务器文件存放位置:".$_SERVER['DOCUMENT_ROOT']."<br>";
    echo "服务器使用的端口号:".$_SERVER['SERVER_PORT']."<br>";
    echo "表单的提交方法:".$_SERVER['REQUEST_METHOD']."<br>";
?>
```

打开浏览器，访问页面 9-10.php，程序的运行结果如图 9-19 所示。从运行结果中可以看出，通过$_SERVER 变量，在浏览器中输出了客户端的浏览器信息以及服务器端的相关信息。

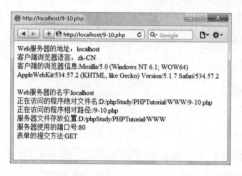

图 9-19　例 9-10 的运行结果

9.4.2　全局变量$_GET

在 PHP Web 页面交互程序中，Web 表单通常使用 POST 或 GET 方法提交表单数据。对于通过 GET 方法提交的数据，使用$_GET 变量来获取。在 PHP 中，预定义的 $_GET 变量是一个数组，用于收集来自 method="GET" 的表单中的值。从带有 GET 方法的表单发送的信息，对任何人都是可见的(会显示在浏览器的地址栏中)，并且对发送信息的量也有限制。接下来通过一个示例来演示$_GET 变量的用法。

例 9-11 $_GET 变量用法演示程序 9-11.php。

```
<form action="9-11.php" method="GET">
    名字: <input type="text" name="name">
    年龄: <input type="text" name="age">
    <input type="submit" value="提交">
</form>
<?php
//如果使用 GET 方法传送数据并且提交了数据
    if($_SERVER['REQUEST_METHOD'] == 'GET'&&isset($_GET['name']))
    {
        echo "欢迎".$_GET['name']."!<br>";              //输出提交的姓名
        echo "你的年龄是".$_GET['age']."岁。";            //输出提交的年龄
    }
?>
```

打开浏览器，访问页面 9-11.php，程序的运行结果如图 9-20 所示。注意：此时浏览器的 URL 地址中显示的是http://localhost/9-11.php。

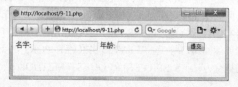

图 9-20　例 9-11 的运行结果(一)

在图 9-20 所示的运行界面上，在"名字"和"年龄"输入框中分别输入"小明"和"12"，然后单击"提交"按钮，程序 9-11.php 的运行结果如图 9-21 所示。

图 9-21 例 9-11 的运行结果(二)

从图 9-21 可以看出，使用$_GET 变量成功地获取到在表单中输入并提交的数据"小明"和"12"，并显示在浏览器中。此时，仔细观察图 9-21 可以发现：浏览器的 URL 地址从原来的 http://localhost/9-11.php 变成了 http://localhost/9-11.php?name=小明&age=12。在表单中输入的数据"小明"和"12"显示在 URL 地址中，这说明 GET 方法是通过 URL 地址来传送参数。

通过例 9-11 可以看出：在 Web 表单中使用 method="GET" 传送数据时，所有的变量名和值都会显示在 URL 地址中。所以在发送密码或其他敏感信息时，不应该使用这种方法，否则会造成信息的泄露。然而，也正是因为变量显示在 URL 中，在收藏夹中收藏页面时会比较方便，在某些情况下，这是很有用的。另外，GET 方法不适合传送大量的数据，由于传送的数据不能超过 2000 个字符，因而对 GET 方法的使用也造成了一定的影响。

9.4.3 全局变量$_POST

在 PHP 中，全局变量 $_POST 用于收集使用表单方法 method="POST"传送的数据。$_POST 变量是一个数组，内容是 POST 方法发送的变量名称和值，表单域的 name 值会自动成为 $_POST 数组中的 ID 键。例如，假设表单中包含一个 name 为"username"的文本输入框，在使用 POST 方法提交数据后，可以使用$_POST['username']获取用户在这个文本输入框中输入的数据。使用 POST 方法发送的数据，对任何人都是不可见的(不会显示在浏览器的地址栏中)，并且对发送信息的量也没有限制。默认情况下，POST 方法所发送数据量的最大值为 8 MB，如果需要更大的数据传送量，可以通过设置 PHP 默认配置文件 php.ini 中的 post_max_size 选项进行更改。接下来通过一个示例来演示$_POST 变量的用法。

例 9-12 $_POST 变量用法演示程序 9-12.php。

```
<form action="9-12.php" method="POST">
    名字: <input type="text" name="name">
    年龄: <input type="text" name="age">
    <input type="submit" value="提交">
</form>
<?php
//如果使用 POST 方法传送数据并且提交了数据
    if($_SERVER['REQUEST_METHOD'] == 'POST'&&isset($_POST['name']))
      {
            echo "欢迎".$_POST['name']."!<br>";         //输出提交的姓名
            echo "你的年龄是".$_POST['age']."岁。";      //输出提交的年龄
```

```
        }
    ?>
```

打开浏览器，访问页面 9-12.php，程序的运行结果如图 9-22 所示。注意浏览器中的 URL
地址是http://localhost/9-12.php。

图 9-22　例 9-12 的运行结果(一)

在图 9-22 所示的运行界面上，在"名字"和"年龄"输入框中分别输入"小明"和"12"，
然后单击"提交"按钮，程序 9-12.php 的运行结果如图 9-23 所示。

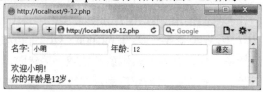

图 9-23　例 9-12 的运行结果(二)

从图 9-23 可以看出，使用$_POST 数组变量成功地获取到在表单中输入并提交的数据"小
明"和"12"，并显示在浏览器中。但此时浏览器的 URL 地址在数据提交过程中却没有任
何变化。这说明，POST 方法和通过 URL 地址传送参数的 GET 方法不同，POST 方法在传送
过程中数据是不可见的。

使用 POST 方法传送的数据也可以通过全局变量$_REQUEST 接收，变量$_REQUEST 可
以接收通过 GET 方法、POST 方法及 COOKIE 方法传送的数据。如果把例 9-12 中的$_POST
变量全部换成全局变量$_REQUEST，程序的结果不会发生任何改变，如例 9-13 所示。

例 9-13　$_REQUEST 变量用法演示程序 9-13.php。

```
<form action="9-12.php" method="POST">
    名字: <input type="text" name="name">
    年龄: <input type="text" name="age">
    <input type="submit" value="提交">
</form>

<?php
//如果使用 POST 方法传送数据并且提交了数据
    if($_SERVER['REQUEST_METHOD'] == 'POST'&&isset($_REQUEST['name']))
    {
        echo "欢迎".$_REQUEST['name']."!"<br>";            //输出提交的姓名
        echo "你的年龄是".$_REQUEST['age']."岁。";           //输出提交的年龄
    }
?>
```

9.4.4　全局变量$_SESSION

在 PHP Web 页面交互程序中，会经常用到 session 技术。session 是一种服务器端技术，所谓 session，就是"会话"，是指从用户访问页面开始，到断开与网站的连接、结束访问的中间过程。在这个过程中，Web 服务器会为访问者创建一个私有的 session 文件，用来记录访问者的各种信息，这些用户信息就保存在全局变量$_SESSION 中，应用程序中的所有页面都可以使用它。例如，在网上购物时，可以随时把选购的商品加入到购物车中，在整个过程中，购物车一直扮演着临时存放被选商品的角色，无论页面怎么跳转，用户的登录信息以及所购买的商品都不会丢失，这就是 session 技术的应用。

session 技术弥补了 HTTP 协议的局限：HTTP 协议被认为是无状态协议，无法获得用户的浏览状态，在服务器端完成响应之后，服务器就失去了与浏览器的联系，所以服务器无法全程感知客户端的用户状态；而通过全局变量$_SESSION 记录用户的相关信息，使得服务器可以随时获取用户访问信息，保持了用户身份的连续性。

session 的工作机制是：为每个访问者创建唯一的 id (UID)，并基于 UID 来存储变量。其工作过程由相应的 session 函数完成，常用的 session 函数如表 9-6 所示。

表 9-6　常用 session 函数

函数名	描　　述
session_start()	初始化启动 session，成功时返回 true，否则返回 false
session_destroy()	结束 session，清除 session 中的所有记录
unset()	删除或释放指定的 session 变量
session_name()	存取当前 session 名称
session_module_name()	存取当前 session 模块
session_save_path()	存取当前 session 路径
session_id()	存取当前 session 代号
session_register()	注册新的变量
session_unregister()	删除已注册变量
session_is_registered()	检查变量是否注册

在使用 session 之前，首先必须使用 session_start()函数启动 session。启动成功后，Web 服务器会声明一个全局变量$_SESSION，该全局变量也是一个全局变量数组$_SESSION[]，将用户的各种数据保存在数组$_SESSION[]中。需要读取 session 中存储的数据时，也就是从数组$_SESSION[]中读取。接下来通过对比两个示例来学习全局变量$_SESSION 的使用。

例 9-14　不使用全局变量$_SESSION 在不同页面间传递变量，这个示例包含程序 9-14-1.php 和 9-14-2.php。

程序 9-14-1.php 的代码如下：

```
<form action="9-14-1.php" method="POST">
    用户名: <input type="text" name="name">
    密码: <input type="password" name="pswd">
```

```
        <input type="submit" value="登录">
    </form>

    <?php
        if($_SERVER['REQUEST_METHOD'] == 'POST'&&isset($_POST['name']))
        {
            $username=$_POST['name'];              //提交的用户名保存在 username 里
            $passwd=$_POST['pswd'];                //提交的密码保存在 pswd 里
            echo "您输入的用户名: ".$username."<br>";          //输出用户名
            echo "你输入的密码是: ".$passwd."<br><br>";         //输出密码
            echo "<a href='9-14-2.php'>进入下一个页面 9-14-2.php</a>查看这些提交的值";
        }
    ?>
```

在程序 9-14-1.php 中，定义了一个表单，通过这个表单输入用户名和密码，使用 POST 方法提交数据，用全局变量$_POST 获取数据，将提交的用户名保存在变量 username 里，将提交的密码保存在变量 passwd 里。在当前页面输出用户名和密码,并打开新的页面 9-14-2.php 来输出在本页面上用户提交的用户名及密码信息。

程序 9-14-2.php 的代码如下：

```
    <?php
        echo "您输入的用户名: ".$_POST['name']."<br>";    //获取 POST 提交的用户名
        echo "你输入的密码是: ".$_POST['pswd']."<br>";    //获取 POST 提交的密码

        echo "您输入的用户名: ".$username."<br>";          //输出变量保存的用户名
        echo "你输入的密码是: ".$passwd."<br>";           //输出变量保存的密码

    ?>
```

在程序 9-14-2.php 中，使用两种方式输出在前一个页面上用户输入的数据。一种是继续用全局变量$_POST 输出；另一种是使用前一个页面定义并保存有用户输入数据的变量 username 和 passwd。

打开浏览器，访问页面 9-14-1.php，在"用户名"和"密码"输入框中分别输入"令狐冲"和"123456"，然后单击"登录"按钮，程序的运行结果如图 9-24 所示。从运行结果可以看出，在当前页面上输出保存在变量里的用户输入数据是毫无问题的。

图 9-24　例 9-14 的运行结果(一)

继续单击页面 9-14-1.php 中的链接"进入下一个页面 9-14-2.php"，此时浏览器切换到页面 9-14-2.php，程序的运行结果如图 9-25 所示。从运行结果可以看出，在新打开的页面上，无论是使用全局变量$_POST 还是使用前一个页面定义并保存有用户数据的变量来输出用户数据，都是不成功的。页面显示全局变量数组键值或变量没有定义。

图 9-25　例 9-14 的运行结果(二)

例 9-14 说明，不使用 session，用户输入的数据难以在不同页面之间保持值。在例 9-14 中使用 session 技术，将程序改造成例 9-15，继续观察程序的运行结果。

例 9-15　使用全局变量$_SESSION 在不同页面间传递变量，这个示例同样包含两个程序 9-15-1.php 和 9-15-2.php。

程序 9-15-1.php 中的代码如下：

```php
<form action="9-15-1.php" method="POST">
    用户名: <input type="text" name="name">
    密码: <input type="password" name="pswd">
    <input type="submit" value="登录">
</form>

<?php
    session_start();                  //启动 session
    //如果使用 POST 方法传送数据并且提交了数据
    if ($_SERVER['REQUEST_METHOD'] == 'POST'&&isset($_POST['name']))
    {
        $_SESSION['username']=$_POST['name'];              //定义 session 变量 username
        $_SESSION['passwd']=$_POST['pswd'];               //定义 session 变量 pswd
        echo "您输入的用户名: ".$_SESSION['username']."<br>";   //输出 session 变量 username
        echo "你输入的密码是: ".$_SESSION['passwd']."<br><br>";   //输出 session 变量 passwd
        echo "<a href='9-15-2.php'>进入下一个页面 9-15-2.php</a>查看这些提交的值";
```

```
        }
    ?>
```

在程序 9-15-1.php 中，定义了两个 $_SESSION 变量，变量 $_SESSION['username'] 保存 POST 方法提交的用户名，变量 $_SESSION['passwd'] 保存用户输入的密码。在当前页面上用 $_SESSION 变量输出用户名和密码，最后打开新的页面 9-15-2.php 来输出在本页面上用户提交的用户名及密码信息。

程序 9-15-2.php 中的代码如下：

```php
<?php
    session_start();                                      //启动 session
    echo "您输入的用户名: ".$_SESSION['username']."<br>";   //获取 session 中的用户名
    echo "你输入的密码是: ".$_SESSION['passwd']."<br>";      //获取 session 中的密码

    echo "<a href='9-15-1.php'>返回 9-15-1.php</a>";
?>
```

在程序 9-15-2.php 中，使用 $_SESSION 变量输出在前一个页面上用户输入的数据。

打开浏览器，访问页面 9-15-1.php，在"用户名"和"密码"输入框中分别输入"令狐冲"和"123456"，然后单击"登录"按钮，程序的运行结果如图 9-26 所示。从运行结果可以看出，在当前页面上使用 $_SESSION 变量输出保存在变量里的用户信息是毫无问题的。

图 9-26　例 9-15 的运行结果(一)

继续单击页面 9-15-1.php 上的链接"进入下一个页面 9-15-2.php"，查看本页面提交的数据。此时浏览器切换到页面 9-15-2.php，程序的运行结果如图 9-27 所示。从运行结果可以看出，在新打开的页面上，在前一个页面上输入的用户信息仍然能够正确输出。这说明使用变量 $_SESSION 来保存并输出用户数据，使得用户数据在不同的页面之间能保持延续性。

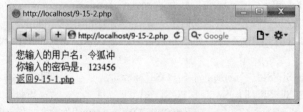

图 9-27　例 9-15 的运行结果(二)

当然，想让用户数据在不同页面之间切换时具有延续性，除 session 技术之外，还有其他解决方案。但毫无意外，session 技术是相对简单方便的那一种。

9.5　本章小结

本章首先介绍了 PHP 与 Web 页面的交互过程以及交互过程中必需的工具——表单，包括表单的创建以及表单的组成元素。接下来详细讲解了 PHP 与 Web 页面交互的基本方法 POST 和 GET，如何获取表单数据，如何对表单数据进行有效性验证，如何对表单进行安全性验证以及如何利用表单传递文件、处理文件。最后讲解了 PHP 全局变量，重点介绍了 $_SERVER、$_POST、$_GET、$_SESSION 四个全局变量的用法。对每一个知识点都给出了详尽的示例，以帮助读者掌握相关知识点。

通过本章的学习，读者应熟悉 PHP 与 Web 页面交互的基本知识，熟练掌握编写具有有效性、安全性验证的各种表单应用程序，以及熟练掌握全局变量的概念和使用方法。

9.6　思考和练习

一、填空题

1. Web 表单是一个通过使用 HTML 表单收集＿＿＿＿＿＿＿＿＿＿，并且＿＿＿＿＿＿到服务器的工具。创建表单使用＿＿＿＿＿＿＿。

2. 表单的常用属性有＿＿＿＿＿＿、＿＿＿＿＿＿、＿＿＿＿＿＿、＿＿＿＿＿＿、＿＿＿＿＿＿。

3. 提交表单数据有两种方法：＿＿＿＿＿＿方法和＿＿＿＿＿＿方法。采用哪种方法提交数据由<form>的＿＿＿＿＿＿属性值决定。

4. 为了解决网页的数据安全问题，PHP 提供了＿＿＿＿＿＿函数和＿＿＿＿＿＿函数，这两个函数都可以＿＿＿＿＿＿表单数据。

5. 文件上传使用的是＿＿＿＿＿＿方法，在文件上传程序中，要将表单的＿＿＿＿＿＿属性设置为＿＿＿＿＿＿＿。

6. 全局变量是指＿＿＿＿＿＿＿＿＿＿＿。常用的全局变量有＿＿＿＿＿＿＿＿以及＿＿＿＿＿＿、＿＿＿＿＿＿、＿＿＿＿＿＿、＿＿＿＿＿＿、＿＿＿＿＿＿。

7. ＿＿＿＿＿＿是指从用户访问页面开始，到断开与网站的连接、结束访问的中间过程。

8. 在使用 session 之前，首先必须使用＿＿＿＿＿＿启动 session，启动成功后，Web 服务器会声明全局变量＿＿＿＿＿＿。

二、编程题

1. 设计一个用户注册表单，在这个表单中尽可能使用更多的元素，要求使用 POST 方法提交数据，其中姓名不能为空且必须使用汉字，密码大于 8 位字符且两次密码必须一致。写出相应的程序代码。

2. 在上述程序中添加上传本人照片的功能，上传的照片应能在照片表格中预览。

3. 设计一个用户登录程序，登录时要进行用户名和密码的比对，正确的话才允许登录，登录后，用户名和密码要能在不同的页面上显示输出。

第10章 会话管理

我们一天中可能会断断续续地访问某个网站多次，有的网站需要登录后才可以访问，每次访问都去登录过于麻烦。为了解决这个问题，就出现了会话管理技术，会话管理主要包括 cookie 和 session。cookie 是客户端计算机上存放网站脚本程序的一个文本文件，里面保存着用户访问网站时的私有信息。当用户下次访问同一个网站时，网站的脚本文件就可以读取这些信息，为用户提供个性化的浏览服务。session 和 cookie 功能相似，但 session 的信息主体存放在服务器上。如果没有 cookie、session，那么每次用浏览器向 Web 服务器发送的请求都与之前的请求没有任何关系。当 Web 服务器收到对一个 PHP 脚本的运行请求时，就把这个脚本载入内存，运行脚本，然后在运行结束时，把它从内存中全部清除，不留下任何痕迹。但是，当前使用的绝大多数 Web 应用程序都需要保存两次浏览器请求之间的数据。例如，购物车需要记住用户已添加的商品，而论坛应用程序则需要记住用户向论坛发帖时的身份。

换言之，需要把用户与 Web 应用程序之间交互的当前状态保留到下次交互，或者保留一段时间。

本章的主要学习目标：

- 掌握 cookie 保存页面的方法
- 掌握 session 保存页面的方法
- 了解 cookie 和 session 的区别

10.1　用 cookie 保存页面状态

cookie 可以用来在用户的浏览器中存储少量数据(不多于 4KB)。之后，每当浏览器请求这个网站的某个页面时，所有保存在 cookie 中的数据就会自动发送给服务器。这意味着，从我们把数据发送到浏览器这一刻起，这些数据将始终可以自动地供脚本程序使用。

可以为 cookie 的持续时间规定一个固定值，从几秒到几年都行，也可以把 cookie 设置为每当浏览器关闭时它就失效。大多数浏览器最多可以为每个站点保存 30 个 cookie。

虽然客户端浏览器每次都把 cookie 发回给创建它们的 Web 站点(默认)，但是，它们还是很容易受到黑客们的攻击。因此，我们不能单凭 cookie 来判断或验证用户。更重要的是，在大多数浏览器中，很容易关闭对 cookie 的支持，而且许多用户都这样做。这意味着，在执行一些重要的操作时，我们的站点不能仅仅依赖于 cookie，如果确实要使用 cookie，那么必须提示用户，必要时还需要激活浏览器的 cookie 功能。如果用户需要保存不十分重要的数据，如用户设置的一些首选项，那么 cookie 仍然是一个很实用的工具。

10.1.1　cookie 的组成

cookie 是作为 HTTP 头的一部分由服务器发送给浏览器的。下面这个例子说明了如何在 HTTP 头中创建 cookie：

> Set-Cookie: fontSize=3; expires=Tuesday, 29-Nov-2017 17:53:08 GMT; path=/;
> domain=.example.com; HttpOnly

可以看出，cookie 是由几部分数据组成的，下面对它们进行归纳，如表 10-1 所示。

表 10-1　cookie 的组成

cookie 字段	说　　明
name(例如，fontSize)	cookie 名，很像表单字段名或关联数组中的键
value(例如，3)	cookie 值，很像表单字段值或关联数组中的值
expires	cookie 终止时间。当到达这个时间点时，cookie 会自动从浏览器中删除，并且不会在浏览器请求时再把它发送回服务器。如果这个值设置为 0 或者没有设置，那么这个 cookie 的寿命将与浏览器的运行时间相同。当浏览器运行结束时，它会自动删除
path	它是浏览器把 cookie 发送回去的路径。如果定义了这个值，那么浏览器只会把 cookie 发送到包含这个路径的 URL 地址。例如，假如设置了/admin/路径，那么只有保存在/admin/文件夹及其子文件夹中的脚本才会收到这个 cookie。如果不设置这个值，默认为脚本所在的文件夹。通常最好设置一个路径。如果希望 cookie 可以供 Web 站点里的所有 URL 使用，可以使用"/"
domain	默认时，浏览器只会把 cookie 发回到生成它的计算机那里。例如，假如在 www.example.com 位置的站点生成了一个 cookie，那么这个 cookie 只会被发回到以 http://www.example.com 开头的 URL 地址，而以 http://example.com 或 http://www2.example.com 开头的 URL 地址都不会收到这个 cookie。然而，假如把 domain 设置为.example.com，浏览器就会把这个 cookie 发送到这个域中的全部 URL 地址，包括以 http://www.example.com、http://example.com 或 http://www2.example.com 开头的 URL 地址
secure	如果有这个字段，就表示只有当浏览器与服务器建立起安全(HTTPS)连接时，才发送这个 cookie。如果没有定义这个值，则不管连接是否安全，浏览器总会把这个 cookie 发送给服务器。如果使用的是标准连接(HTTP)，则可以省略这个值
HttpOnly	如果有这个字段，则指示浏览器，只允许运行在服务器上的脚本访问这个 cookie。拒绝在 Web 页面中通过 JavaScript 对它进行访问。这可以防止网站受到跨站脚本 (cross-site scripting，XSS)攻击

10.1.2　在 PHP 中设置 cookie

那么，如何在 PHP 脚本中把一个 cookie 发送给浏览器呢？虽然可以直接把一个 cookie 设置为一个 Set-Cookie:HTTP 头(利用 PHP 的 header()函数)，但是实际上还有更简单的方法。PHP 提供了一个内部函数 setcookie()，这个函数可以发送一个合适的 HTTP 头，用来在浏览器中创建 cookie。这个函数可以按表 10-1 的顺序接受每个 cookie 字段。虽然只有 name 参数是必需的，但是最好至少提供 name、value、expires 和 path 四个字段，以避免出现歧义。

expires 参数必须采用 UNIX 时间戳格式。UNIX 时间戳是指自 1970 年 1 月 1 日午夜(标准时区)到当前时间之间的秒数。但是读者不要担心，并不需要自己计算这个值。PHP 提供了许多与时间有关的函数，可以计算这个值。

必须在向浏览器发送任何输出之前调用 setcookie()函数。这是因为，setcookie()函数需要发送 set-cookie:HTTP 头。如果在调用 setcookie()之前输出任何内容，PHP 会自动地先发送 HTTP 头，因此等到调用 setcookie()函数时，再发送 Set-Cookie:HTTP 头就太迟了。

下面这个例子用 setcookie()函数创建了一个 cookie，它保存了用户选择的字号：

```
setcookie( "fontSize",10, time()+3600, "/", ".example.com",false, true );
```

注意，expires 参数使用了 PHP 的 time()函数。它以 UNIX 时间戳格式返回当前时间，因此，在当前时间 3600 秒之后，即 1 小时后，这个 cookie 才会终止。这个 cookie 会一直保留到那个时间为止，即使浏览器关闭后再重新打开，它也会一直存在，除非用户手工删除它。其余参数将 path 设置为"/"(因此这个 cookie 可以返回给这个 Web 站点中的任何一个 URL)，将 domain 设置为".example.com"(因此这个 cookie 可以发送给 example.com 域中的任何一台服务器)，将 secure 参数设置为 false(因此，这个 cookie 可以通过标准的 HTTP 连接发送)，将 HttpOnly 设置为 true(因此 JavaScript 不能读取这个 cookie)。

在下面这个例子中，setcookie()用来存储用户当前浏览器会话中的页面视图数。注意，expires 参数设置为 0，因此，当用户关闭浏览器时，这个 cookie 就会消失。此外，domain 参数是一个空字符串，这意味着，浏览器只会将这个 cookie 发送给创建它的 Web 服务器：

```
setcookie( "pageViews", 7, 0, "/", "", false, true );
```

此外，通过调用 setcookie()函数并且把 cookie 名和新的值传递给它，也可以更新现有的 cookie 参数，更新 cookie 参数时仍然需要提供 path 和 expires 参数，如下所示：

```
setcookie( "pageViews", 8, 0, "/", "", false, true );
```

10.1.3　在脚本中访问 cookie

在 PHP 脚本中访问 cookie 非常容易：只需要从$_COOKIE 超全局数组中读取相应的值即可。我们可以想象到，这个关联数组保存了当前请求的浏览器所发送的一系列 cookie 值，并且以 cookie 名作为键。

因此，要显示前一个例子中创建的名为 pageViews 的 cookie，需要用到下面的命令：

```
echo $_COOKIE["pageViews"];          // 显示 "8"
```

只有在浏览器发出下一次请求之时，我们才可以在脚本中通过$_COOKIE 访问新创建的 cookie。这是因为，第一次运行脚本时，只是把 cookie 发送给浏览器。在浏览器向服务器发出下一个请求之前，没有把这个 cookie 返回给服务器。例如：

```
setcookie( "pageViews", 7, 0, "/", "", false, true );
echo isset( $_COOKIE["pageViews"] );
```

这段代码第一次运行时，不显示任何值，因为$_COOKIE["pageViews"]还不存在。然而，当用户重新载入这个页面，再次运行这个脚本时，它会显示一个 1(true)，因为浏览器已经把pageViews 的 cookie 发回给了服务器。因此，$_COOKIE 数组中存在这个 cookie。

同样，当我们更新一个 cookie 的值时，在脚本运行的过程中，在$_COOKIE 数组中保存的还是它原来的值。只有当脚本再次运行时，比如用户在浏览器中重新打开这个页面时，$_COOKIE 数组才会更新为新的值。

10.1.4　删除 cookie

为了安全考虑，我们用完 cookie 之后，需要删除 cookie 的值。要删除存储在浏览器中的某个 cookie，可以命令浏览器删除它。要删除一个 cookie，需要用 cookie 名和任意一个值(如空字符串)调用 setcookie()函数，并将任意一个已过去的时间传递给 expires 参数，这样将会立刻终止浏览器中的 cookie，并确保它已被删除。此外，要把创建 cookie 时使用的 path、domain 和其他字段的值传递给这个函数，以确保删除真正需要删除的 cookie：

```
setcookie( "fontSize", "", time() - 3600, "/", ".example.com", false, true );
```

上面这个例子把 fontSize cookie 的终止时间设置为一小时之前，这样就可以保证从浏览器中删除这个 cookie。

与 cookie 的创建和更新过程一样，当脚本还在运行时，使用 setcookie()函数删除一个 cookie 实际上并没有将其从$_COOKIE 数组中删除。但是当浏览器下次访问这个页面时，将不会再把这个 cookie 发送给服务器，因此在$_COOKIE 数组中就不会创建与它对应的元素了。

在下面这个例子中，我们创建了这样一个脚本，它把用户的姓名和地址存储在浏览器的两个 cookie 中，并且从这两个 cookie 中读取和显示这些信息，最后根据要求删除这两个 cookie。

将下面的脚本保存到文档根文件夹中，命名为 10-1.php，然后用浏览器运行这个脚本。我们将看到一个表单，它要求用户输入名字及地址。输入这些信息后，单击"提交"按钮，我们将看到如图 10-1 所示的页面。然后，在浏览器中重新打开这个页面，或者在一个新的浏览器窗口中重新打开它的 URL。注意当向服务器发送刷新请求时，脚本是如何记住用户信息的。我们甚至可以重新启动浏览器，并且回到刚才的页面，我们发现，脚本仍然会记住用户的信息。

单击"忘了我"链接，删除包含用户详细信息的 cookie。之后，脚本重新显示用户信息表单。

```php
<?php
header("content-type:text/html; charset=gb2312");
if ( isset( $_POST["sendInfo"] ) ) {
    storeInfo();
} elseif ( isset( $_GET["action"] ) and $_GET["action"] == "forget" ) {
    forgetInfo();
} else {
    displayPage();
}

function storeInfo() {
```

```php
    if ( isset( $_POST["firstName"] ) ) {
        setcookie( "firstName", $_POST["firstName"], time() + 3600,"", "", false, true );
    }

    if ( isset( $_POST["location"] ) ) {
        setcookie( "location", $_POST["location"], time() + 3600, "","", false, true );
    }

    header( "Location:1.php" );
}

function forgetInfo() {
    setcookie( "firstName", "", time() - 3600, "", "", false, true );
    setcookie( "location", "", time() - 3600, "", "", false, true );
    header( "Location: 1.php" );
}

function displayPage() {
    $firstName=( isset( $_COOKIE["firstName"] ) ) ? $_COOKIE["firstName"] : "";
    $location = ( isset( $_COOKIE["location"] ) ) ? $_COOKIE["location"] : "";

?>
<!DOCTYPE html PUBLIC "-//W3C//DTD XHTML 1.0 Strict//EN"
    "http://www.w3.org/TR/xhtml1/DTD/xhtml1-strict.dtd">
<html xmlns="http://www.w3.org/1999/xhtml" xml:lang="en" lang="en">
    <head>
        <title> Remembering user information with cookies </title>
        <link rel="stylesheet" type="text/css" href="common.css" />
    </head>
    <body>
        <h2>记住用户输入的信息</h2>
<?php if ( $firstName or $location ) { ?>
        <p>你好,<?php echo $firstName ? $firstName : "visitor" ?><?php echo
        $location ? "  你住在  $location" : "" ?>!</p>
        <p><a href="1.php?action=forget" > 忘了我!</a></p>
<?php } else { ?>
        <form action="1.php" method="post">
            <div style="width: 30em;">
                <label for="firstName">姓名： </label>
                <input type="text" name="firstName" id="firstName" value="" /><br /><br />
                <label for="location">住址： </label>
                <input type="text" name="location" id="location" value="" /><br /><br />
                <div style="clear: both;">
                    <input type="submit" name="sendInfo" value="提交" />
                </div>
            </div>
        </form>
<?php } ?>
<?php
}
```

```
    ?>
    </body>
</html>
```

图 10-1   使用 cookie

　　这段脚本的开头是一个判断语句。如果用户信息表单已发送，就调用 storeInfo()函数，将用户信息保存到 cookie 中。如果单击了"忘了我"链接，调用 forgetInfo()函数，删除 cookie。如果上述两件事都没有发生，脚本调用 displayPage()函数，向用户显示结果：

```
if ( isset( $_POST["sendInfo"] ) ) {
    storeInfo();
} elseif ( isset( $_GET["action"] ) and $_GET["action"] == "forget" ) {
    forgetInfo();
} else {
    displayPage();
}
```

　　storeInfo()函数在$_POST 数组中查找 firstName 和 location 两个用户信息字段。对于每个字段，如果找到，就把相应的 cookie 发送给浏览器，并用它存储这个字段值。每个字段的终止时间是 1 小时后。最后，这个函数设置了 Location:header，这会引起浏览器重新加载 1.php脚本。注意，脚本的重新加载会使浏览器把最近创建的 cookie 发回给脚本：

```
function storeInfo() {
    if ( isset( $_POST["firstName"] ) ) {
        setcookie( "firstName", $_POST["firstName"], time() + 3600,"", "", false, true );
    }

    if ( isset( $_POST["location"] ) ) {
        setcookie( "location", $_POST["location"], time() + 3600, "", "", false, true );
    }

    header( "Location: 1.php" );
}
```

　　forgetInfo()函数把 firstName 和 location 两个 cookie 的终止时间设置为 1 时前，这实际上从浏览器中删除了这两个 cookie。然后，它发送了一个 Location:header，重新加载 1.php 脚本。这时浏览器不会再把这两个 cookie 发送给脚本，因为它们刚刚被删除：

```
function forgetInfo() {
    setcookie( "firstName", "", time() - 3600, "", "", false, true );
    setcookie( "location", "", time() - 3600, "", "", false, true );
    header( "Location: 1.php" );
}
```

最后一个函数 displayPage()用来向用户显示结果。它先创建了两个变量，以保存来自
cookie(如果有的话)的用户信息：

```
$firstName = ( isset( $_COOKIE["firstName"] ) ) ? $_COOKIE["firstName"] : "";
$location = ( isset( $_COOKIE["location"] ) ) ? $_COOKIE["location"] : "";
```

接着是脚本的"忘了我！"链接。这个链接包含一个查询字符串 action=forget，它告诉
脚本，用户希望删除自己的信息：

```
<p><a href="1.php?action=forget">忘记我!</a></p>
```

从这个例子可以看出，cookie 是一种比较简单的、半永久性的保存方法，可以用来存储
少量数据。由于 cookie 本身存储在浏览器中，因此在显示页面时，不需要考虑把数据发送给
浏览器。我们只需要将 cookie 设置一次，以后就可以根据需要读取它的值。

10.2　用 PHP 会话存储数据

虽然 cookie 是存储数据的一种常用方法，但是这种方法也存在几个问题。首先，这种方
法不安全。与表单数据和查询字符串一样，黑客们能够很容易地将自己的数据插入到 cookie
中，这些数据可能会破坏或影响应用程序或组件的安全性。其次，虽然用 cookie 可以存储比
较多的数据，但是每当浏览器对服务器的 URL 发出请求时，都需要传递这个 Web 站点的所
有 cookie 数据。假如我们保存了 10 个 cookie，每个 cookie 的大小为 4KB，那么用户每次访
问一个页面时，都要上传 40KB 的数据。

上述两个问题都可以用 PHP 会话来解决。PHP 会话不是将数据存储在浏览器中，而是
将数据存储在服务器上，并且为数据建立一个会话 ID(Session ID，SID)字符串。PHP 引擎会
把包含 SID 的 cookie 发送给浏览器，由浏览器来存储这个 cookie。然后，当浏览器请求 Web
站点的某个 URL 时，它会把这个 SID cookie 发回给服务器，使 PHP 脚本能够根据发回的 cookie
读取会话数据，从而允许脚本访问这些数据。

PHP 生成的 SID 是唯一的、随机的，而且几乎是不可能猜中的，因此黑客们很难访问或
修改会话数据。更重要的是，由于会话数据存储在服务器上，因此不需要在每次浏览器请求
时都发送。所以与 cookie 方法相比，会话可以存储更多的数据。

默认时，PHP 会把每个会话的数据存储在服务器上的一个临时文件中。这个临时文件的
位置由 PHP 配置文件中的 session.save_path 指令决定，用下面的语句可以显示这个值：

```
echo ini_get( "session.save_path" );
```

对于 Unix 和 Linux 系统，会话文件通常保存在/tmp 文件夹中；对于 Windows 系统，会话文件保存在 C:\WINDOWS\Temp 文件夹中。

虽然在会话中可以存储比较多的数据，但是必须记住，会话只能用来存储与用户对 Web 站点的交互操作有关的信息。事实上，默认情况下，当浏览器关闭时，PHP 的会话 cookie 就会被终止。如果用户想比较长久地存储数据，可以考虑将数据存储到文件或数据库中。

10.2.1　创建会话

在 PHP 中创建会话相当容易。为了在脚本中创建会话，只需要调用 session_start()函数即可。如果这是一个新会话,这个函数会为该会话建立唯一的 SID,并把它当作一个 cookie(默认情况下,取名为 PHPSESSID)发送给浏览器。然而，假如存在一个会话，而且浏览器已经把 PHPSESSID cookie 发送给了服务器，session_start()就会使用这个现有的会话：

```
session_start();
```

但是这里可能存在一个陷阱：当 session_start()创建一个会话时，它需要通过一个 HTTP 头发送 PHPSESSID cookie。因此，我们必须在向浏览器输出任何内容之前调用这个函数，这一点与 setcookie()函数一样：

```
<?php
    session_start();
?>
```

10.2.2　读取和写入会话数据

在 PHP 脚本中处理会话数据也很容易。我们把所有会话数据以键和值的形式存储在 $_SESSION[]超全局数组中。因此，我们可以用下面的方法存储用户的名：

```
$_SESSION["firstName"] = "张三";
```

然后可以显示这个用户的名——不管是在同一页面请求中，还是在后面的页面请求中，如下所示：

```
echo( $_SESSION["firstName"] );
```

用这种方法可以在会话中存储任何类型的数据，包括数组和对象：

```
$userInfo=array( "Name" => "张三", , "age" =>24 );
$_SESSION["userInfo"] =$userInfo;
```

然而，存储对象时必须在从$_SESSSION 数组读取对象之前插入类定义(或类定义文件)，只有这样，PHP 引擎才可以正确地识别读取的对象：

```
session_start();

class WebUser {
    public $name;
```

```
    }
    if ( isset( $_SESSION["user"] ) ) {

        print_r( $_SESSION["user"] );
    } else {
        echo "创建一个用户...";
        $user = new WebUser;
        $user->name = "张三";
        $_SESSION["user"] = $user;
    }
```

　　下面用会话为网上商店创建一个非常简单的购物车。可供选择的有三件商品，用户可以把其中一件或全部商品添加到购物车中，而且还可以删除和浏览购物车里的商品。效果如图10-2 所示。

```php
<?php
    header("content-type:text/html; charset=gb2312");
    session_start();
    class Product
    {
        private $productId;
        private $productName;
        private $price;
            public function __construct( $productId, $productName, $price )
                {
                    $this->productId = $productId;
                    $this->productName = $productName;
                    $this->price = $price;
                }
            public function getId()
                {
                    return $this->productId;
                }
            public function getName()
                {
                    return $this->productName;
                }
            public function getPrice()
                {
                    return $this->price;
                }
    }
    $products = array(
        1=> new Product(1,"手机壳",19.99 ),
        2=> new Product(2,"钢化膜",29.99 ),
        3=> new Product(3,"手机充电器",39.99 )
    );
    if (!isset($_SESSION["cart"]))
    $_SESSION["cart"] = array();
```

```php
if(isset($_GET["action"]) and $_GET["action"]=="addItem")
{
    addItem();
}
elseif (isset($_GET["action"]) and $_GET["action"]=="removeItem")
{
    removeItem();
}
else
{
    displayCart();
}
function addItem()
{
    global $products;
    if (isset($_GET["productId"]) and $_GET["productId"]>=1 and $_GET["productId"]<=3)
    {
        $productId = (int) $_GET["productId"];
        if (!isset($_SESSION["cart"][$productId]))
        {
            $_SESSION["cart"][$productId]=$products[$productId];
        }
    }
    session_write_close();
    header( "Location: shopping_cart.php" );
}
function removeItem()
{
    global $products;
    if ( isset($_GET["productId"]) and $_GET["productId"]>=1 and $_GET["productId"]<=3 )
    {
        $productId=(int)$_GET["productId"];
        if (isset($_SESSION["cart"][$productId]))
        {
            unset($_SESSION["cart"][$productId]);
        }
    }

    session_write_close();
    header( "Location:shopping_cart.php" );
}
function displayCart()
{
    global $products;
?>
<!DOCTYPE html PUBLIC "-//W3C//DTD XHTML 1.0 Strict//EN"
    "http://www.w3.org/TR/xhtml1/DTD/xhtml1-strict.dtd">
<html xmlns="http://www.w3.org/1999/xhtml" xml:lang="en" lang="en">
    <head>
        <title>sessions 在购物车中的应用</title>
        <link rel="stylesheet" type="text/css" href="common.css" />
    </head>
```

```php
    <body>
        <h1>您的购物车</h1>
        <dl>
<?php
$totalPrice=0;
//echo $product->getPrice();
foreach($_SESSION["cart"] as $product)
{
    $totalPrice += $product->getPrice();
?>
        <dt><?php echo $product->getName() ?></dt>
        <dd>$<?php echo number_format($product->getPrice(),2) ?>
        <a href="shopping_cart.php?action=removeItem& productId= <?php echo $product->getId() ?> ">
        删除</a></dd>
<?php } ?>
        <dt>购物总价:</dt>
        <dd><strong>$<?php echo number_format($totalPrice,2) ?></strong></dd>
        </dl>
        <h1>购物列表</h1>
        <dl>
<?php foreach ( $products as $product ) { ?>
        <dt><?php echo $product->getName() ?></dt>
        <dd>$<?php echo number_format( $product->getPrice(),2) ?>
        <a href="shopping_cart.php?action=addItem& productId=<?php echo $product->getId() ?>">添加
        </a></dd>
<?php } ?>
        </dl>
<?php } ?>
    </body>
</html>
```

图 10-2　应用 session

10.2.3　撤销会话

正如前面曾提到的，默认情况下，当用户退出浏览器时，PHP 会自动删除会话，这是因为我们把 PHPSESSID cookie 的 expires 字段设置为 0。然而，有时我们可能希望立刻撤销一个会话。例如，当用户结账后，我们就需要撤销他的会话，并清空他的购物车。

要撤销一个会话，需要调用 PHP 内部函数 session_destroy()：

```php
session_destroy();
```

然而我们需要注意，这仅仅删除了保存在磁盘上的会话数据，而保存在$_SESSION 数组中的数据要等到脚本运行结束时才会被删除。因此，为了保证全部会话数据都被删除，必须重新初始化$_SESSION 数组：

```
$_SESSION = array();
session_destroy();
```

即使这样，也仍然有少量的会话数据以 PHPSESSID cookie 的形式保留在用户浏览器上。当用户下次访问同一个网站时，PHP 将读取这个 PHPSESSID cookie，并且重新创建会话(但是重新创建的会话不包含任何数据)。因此，为了确保删除服务器和浏览器上的会话数据，我们还要撤销会话 cookie：

```
if ( isset( $_COOKIE[session_name()] ) ) {
    setcookie( session_name(), "", time()-3600, "/" );
}

$_SESSION = array();
session_destroy();
```

这段代码调用了 PHP 的另一个函数 session_name()，这个函数只返回会话 cookie 的名称(默认是 PHPSESSID)。

会话的一个常见应用是允许已经向网站注册过的用户登录到网站，允许他们访问自己的账号，允许他们执行操作。例如，在线商店允许客户登录，允许他们查看过去的订单；同样，基于 Web 的电子邮件系统客户只有登录到系统后才可以查看自己的邮件。此外，当用户使用结束之后，需要退出系统。

会话是建立登录系统的一种相对安全的方法，因为很难从存储在浏览器中的少许信息猜出会话 ID。虽然用户登录时，要把用户的用户名和密码从浏览器发送到服务器，但是这只发生在登录过程中。对于其他服务的请求，浏览器只发送会话 ID。

下面这个脚本允许用户用预先定义好的用户名("admin")和密码("admin")登录，接着脚本会显示欢迎信息和注销选项。将这个脚本保存为 login.php，然后在 Web 浏览器中运行这个脚本。当显示如图 10-3 所示的登录页面时，输入用户名和密码，之后，会看到如图 10-4 所示的欢迎消息，然后注销，返回到登录页面：

```php
<?php
header("content-type:text/html; charset=gb2312");
session_start();
define( "USERNAME", "admin" );
define( "PASSWORD", "admin" );

if ( isset( $_POST["login"] ) ) {
    login();
} elseif ( isset( $_GET["action"] ) and $_GET["action"] == "logout" ) {
    logout();
} elseif ( isset( $_SESSION["username"] ) ) {
    displayPage();
} else {
```

```php
    displayLoginForm();
}

function login() {
    if ( isset( $_POST["username"] ) and isset( $_POST["password"] ) ) {
        if($_POST["username"]== USERNAME and $_POST["password"] == PASSWORD ) {
            $_SESSION["username"] = USERNAME;
            session_write_close();
            header( "Location: login.php" );
        } else {
            displayLoginForm( "Sorry, that username/password could not be found.Pleasetry again." );
        }
    }
}

function logout() {
    unset( $_SESSION["username"] );
    session_write_close();
    header( "Location: login.php" );
}

function displayPage() {
    displayPageHeader();
?>
        <p>欢迎您,<strong><?php echo $_SESSION["username"]?></strong>!您已成功登录系统.</p>
        <p><a href="login.php?action=logout" >退出</a></p>
    </body>
</html>
<?php
}

function displayLoginForm( $message="" ) {
    displayPageHeader();
?>
        <?php if($message ) echo'<p class="error">'. $message . '</p>' ?>

        <form action="login.php" method="post">
          <div style="width: 30em;">
            <label for="username">用户名</label>
            <input type="text" name="username" id="username" value="" /><br /><br />
            <label for="password">密      码</label>
            <input type="password" name="password" id="password" value="" /><br /><br />
            <div style="clear: both;">
               <input type="submit" name="login" value="登录" />
            </div>
          </div>
        </form>
    </body>
</html>
<?php
}
```

```php
function displayPageHeader() {
?>
<!DOCTYPE html PUBLIC "-//W3C//DTD XHTML 1.0 Strict//EN"
  "http://www.w3.org/TR/xhtml1/DTD/xhtml1-strict.dtd">
<html xmlns="http://www.w3.org/1999/xhtml" xml:lang="en" lang="en">
  <head>
    <title>一个登录/退出系统</title>
    <link rel="stylesheet" type="text/css" href="common.css" />
    <style type="text/css">
      .error { background: #d33; color: white; padding: 0.2em; }
    </style>
  </head>
  <body>
    <h1>一个登录/退出系统</h1>
<?php
}
?>
```

图 10-3　登录界面

图 10-4　欢迎界面

示例说明

这个脚本首先调用 session_start()创建了一个会话(或继续一个现有的会话)，然后定义了 USERNAME 和 PASSWORD 两个常量，它们表示用户信息(在实践中，我们可能会把每个用户的用户名和密码存储在数据库表或文本文件中)：

```php
session_start();
define( "USERNAME", "admin" );
define( "PASSWORD", "admin" );
```

接着，脚本根据用户的输入调用不同的函数。如果用户单击了登录表单中的"登录"按钮，脚本调用 login()函数，进行登录。同样，如果用户单击了"退出"链接，那么注销登录。如果用户当前已登录到系统，就显示欢迎消息，否则显示登录表单：

```php
if ( isset( $_POST["login"] ) ) {
  login();
} elseif ( isset( $_GET["action"] ) and $_GET["action"] == "logout" ) {
  logout();
} elseif ( isset( $_SESSION["username"] ) ) {
  displayPage();
} else {
```

```
      displayLoginForm();
   }
```

login()函数需要验证用户名和密码，如果正确，就把登录的用户名赋给会话变量
$_SESSION["username"]。保存用户名有两个作用。一是向脚本的其他部分表示当前已有用户
登录，二是以用户名的形式保存用户的身份(多用户系统会根据这一点来判断哪个用户已登
录)。然后脚本重新加载这个页面。如果输入的用户名和密码不正确，就重新显示登录表单，
并显示错误信息：

```
function login() {
   if ( isset( $_POST["username"] ) and isset( $_POST["password"] ) ) {
      if( $_POST["username"] == USERNAME and $_POST["password"] == PASSWORD ) {
         $_SESSION["username"] = USERNAME;
         session_write_close();
         header( "Location: login.php" );
      } else {
         displayLoginForm( "Sorry, that username/password could not be found. Pleasetry again." );
      }
   }
}
```

logout()函数会删除$_SESSION["username"]元素，并注销用户，然后重新载入登录页面：

```
function logout() {
   unset( $_SESSION["username"] );
   session_write_close();
   header( "Location: login.php" );
}
```

最后三个函数相当简单，不言自明。displayPage()用来显示欢迎消息和"退出"链接。
displayLoginform()用来显示登录页面，也可能用来显示错误消息。这两个函数都调用
displayPageHeader()来输出页眉标签。

10.3　本章小结

当 PHP 脚本可以半永久性地存储数据时，它的作用就变得越来越广了。在本章中，我们
学习了如何用两种不同方法——cookie 和会话来保存页面切换时与某个用户有关的数据：

● cookie 不要求每次进行页面请求时都要传递数据,当浏览器关闭并重新打开时,cookie
可以持续存在。本章详细讨论了 cookie 的组成，并且介绍了如何创建 cookie，如何
从$_COOKIE 超全局数组中读取 cookie，以及如何删除 cookie。

● 会话比起 cookie 有几个优点：会话更加安全，不需要在每次浏览页面时把大量数据
传递给服务器。本章介绍了 PHP 的几个内部函数：session_start()、session_write_
close()、session_destroy()和超全局变量$_SESSION。最后，我们用会话创建了一个简
单的购物车程序和用户登录/注销系统。

　　掌握了页面状态的保存方法之后，就可以开始编写持续的、功能强大的、可以保存页面之间会话信息的 Web 应用程序了。

10.4　思考和练习

一、选择题

1. 以下选项中，能够设置 cookie 有效期的属性是(　　)。

A. path　　　　　　B. domain　　　　　　C. expires　　　　　　D. value

2. 阅读以下代码，对结果描述错误的是(　　)。

```php
<?php
  setcookie("username","good",time()+60);
?>
```

A. 设置了一个名为 username 的 cookie

B. 设置 cookie 的有效期是 60 分钟

C. cookie 的值为 good

D. 设置了一个名为 username 的 cookie，有效期为 1 分钟

3. 以下对 cookie 和 session 的描述中错误的是(　　)。

A. cookie 是客户端技术，而 session 是服务器技术

B. cookie 由于是保存在客户端的文本信息，所以安全性高于 session

C. session 和 cookie 都可以用于记录用户信息

D. 在使用 session 之前，需要使用 session_start()函数打开 session

二、编程题

　　编写一个脚本，使用 cookie 记录用户访问网站时的单击次数。

三、简答题

　　简单叙述 cookie 和 session 的区别。

第11章 综合案例——

学生成绩管理系统

前面的章节介绍了 PHP 技术及其一些基本应用，但没有完整的项目开发实例。项目开发包含需求分析、数据库设计、功能实现、测试等多个步骤和环节。本章将通过学生成绩管理系统的开发，详细介绍除测试外的其他开发过程，包括 PHP、MySQL、DIV、CSS、JavaScript 等知识的综合应用。

本章的主要学习目标：

- 了解网站开发的基本过程
- 掌握学生成绩管理系统的需求分析
- 掌握学生成绩管理系统的数据库设计
- 掌握学生成绩管理系统的功能实现

11.1 需求分析

11.1.1 系统描述

学生成绩管理系统是典型的信息管理系统，其开发主要包括后台数据库的建立，教师、学生和课程基本信息的录入与维护，以及前端教师任课、学生成绩查询两个方面的功能需求。

本系统主要用于学校完成对学生信息、教师信息、课程信息、成绩信息的查询与管理，可以完成对学生课程成绩相关信息的浏览、查询、添加、删除、修改等功能。系统采用 MySQL 数据库，并使用 PHP+JavaScript+HTML+CSS 完成整个网站的搭建和功能实现。

学生成绩管理系统是基于学校对学生信息、教师信息、课程信息、成绩信息的管理而设计的信息管理系统。本章将完成和设计对成绩相关信息的浏览、查询、添加、删除、修改等功能。系统包含后台数据库和前台应用程序系统两大部分，后台数据库要求数据具有一致性、完整性、安全性，用以存储教师、学生、课程的基本资料及相关信息，前台应用程序系统要求查询功能完备、易于使用和界面友好等。

11.1.2 系统设计目标

随着科技的发展，网络技术已经深入到人们的日常生活中，同时带来教育方式的变革。

基于 Web 技术的学生成绩管理系统可以借助于遍布全球的 Internet 进行。对学生的成绩录入等操作既可以在本地进行，也可以在异地进行，大大拓展了教师工作时间和工作场所的灵活性。该系统具有如下优点：

- 采用开放、动态的系统框架，加强用户与网站的交互性。
- 界面设计友好，便于访问者浏览。
- 操作简单方便，界面简洁美观。
- 完善的成绩管理功能，包括学生成绩的增加、删除、修改。
- 课程信息的管理，包括课程信息的增加、删除、修改。
- 教师信息的管理，包括教师信息的增加、删除、修改。
- 系统运行稳定，安全可靠。

11.1.3　系统功能设计

在前面对系统的描述中已经介绍了学生成绩管理系统应具有的主要功能，为了让读者有更加直观的认识，将系统以功能图形式展示，如图 11-1 所示。

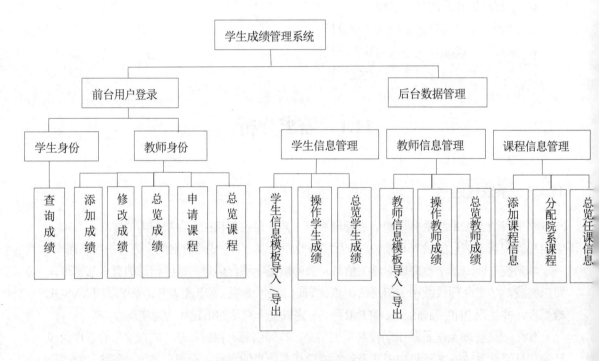

图 11-1　学生成绩管理系统的功能图

11.1.4　文件组织

学生成绩管理系统的文件组织：在根目录下放置主要 PHP 页面程序，所有图片放在 images 目录下，数据库放在 data 目录下，样式文件放在 css 目录下，脚本文件放在 js 目录下。文件组织结构如图 11-2 所示。

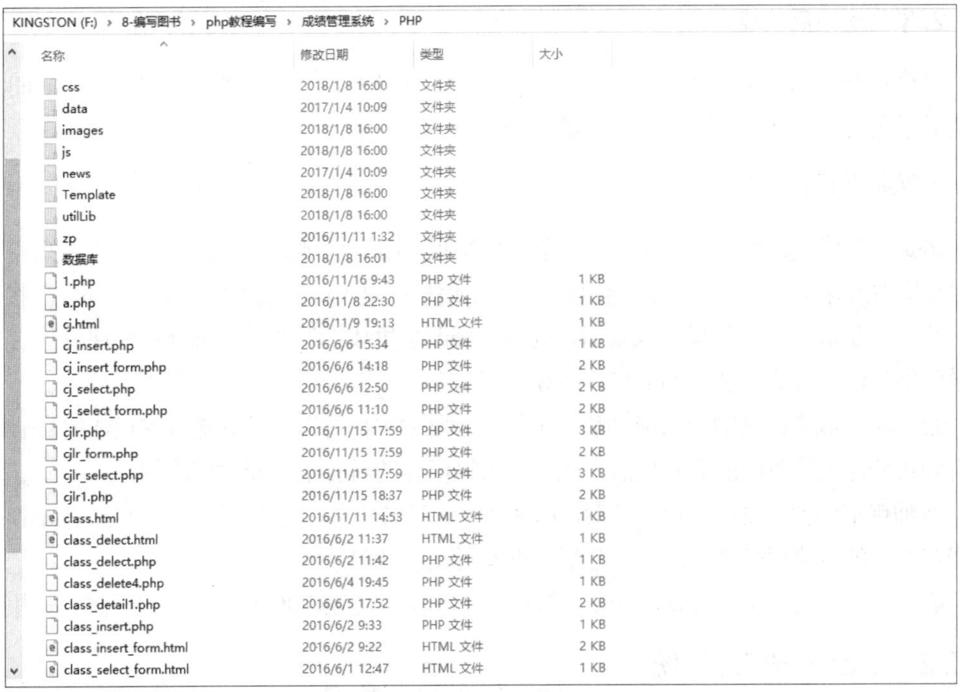

图 11-2　学生成绩管理系统的文件组织结构图

11.2　系统功能设计

之前提到，学生成绩管理系统是基于学校对学生信息、教师信息、课程信息、成绩信息的管理而设计的信息管理系统，可以完成对成绩相关信息的浏览、查询、添加、删除、修改等功能。系统包含后台数据库和前台应用程序系统两大部分，后台数据库要求数据具有一致性和完整性、安全性，用以存储教师、学生、课程的基本资料及相关信息，前台应用程序系统要求查询功能完备、易于使用和界面友好等。

根据功能，学生成绩管理系统由以下部分组成：

11.2.1　前台成绩查询系统

1. 前台用户登录

学生或教师需要在选择完身份后，输入学号(或教师编号)、密码、验证码后，单击"登录"按钮。如果所输信息无误，则会根据身份跳转到相应页面，否则会弹出相应的登录错误信息提示。

学生或教师在登录时，主要是通过对 session 变量赋值来实现注册用户的身份验证，确保非法用户不能进入注册用户操作页面进行非法操作，只有通过登录验证的用户才能进入成绩查询系统模块。

2. 学生登录后功能

学生成绩查询：学生登录成功后，跳转到学生成绩查询界面。学生选择相应的时间，下方会显示出对应时间该学生所有课程的成绩信息。

3. 教师登录后功能

添加学生成绩：教师登录成功后，选择"添加学生成绩"选项。在"课程"下拉列表中选择自己所教授课程中的一门，下方会显示出学生信息；填入对应成绩后，单击"添加"按钮。

修改学生成绩：教师登录成功后，选择"修改学生成绩"选项。选择完任课编号后，输入学生学号，下方显示学生的信息，成绩可修改。

总览学生成绩：教师登录成功后，选择"总览学生信息"选项。选择完任课编号后，可以看到与任课编号对应的课程信息，以及学习这门课的所有学生和对应成绩。

教师申请任课：教师登录成功后，选择"申请任课信息"选项，可以在填写完任课时间、教授院系、教授课程等全部课程信息后，选择提交任课申请。

教师课程预览：教师登录成功后，选择"课程预览"选项，可以看到自己全部的任课信息。

11.2.2 后台数据管理系统

1. 后台用户登录

管理员在输入账号、密码、验证码后，所有信息正确，单击"登录"按钮可以跳转到后台数据管理欢迎页面。

2. 学生信息管理

学生信息模板导入/导出：为方便批量录入学生信息，系统提供学生信息的 excel 文件导入/导出功能。学生信息数据可保存为 excel 文件格式。

操作学生信息：管理员可以对所有学生进行查询、添加、删除、修改等操作。输入学号后单击"查询"按钮，成功弹出对应学生的信息。管理员可以修改除学号外的学生信息，也可以删除学生信息。

学生信息总览：管理员可以选择相应的院系、专业、入学时间进行模糊查询，下方会显示查询条件对应的所有学生信息总览表。

3. 教师信息管理

教师信息模板导入/导出：为方便批量录入教师信息，系统提供教师信息的 excel 文件导入/导出功能。教师信息数据可保存为 excel 文件格式。

操作教师信息：管理员可以对所有教师进行查询、添加、删除、修改等操作。输入教师编号后单击"查询"按钮，成功弹出对应教师的信息。管理员可以修改除教师编号外的教师信息，也可以删除教师信息。

教师信息总览：管理员可以选择相应的院系、专业进行模糊查询，下方会显示查询条件对应的所有教师信息总览表。

4. 课程信息管理

添加课程信息：在"院系"下拉列表中选择相应的院系，管理员输入课程名后，单击"添加"按钮，添加新课程。

分配院系课程：在"院系"下拉列表中选择相应的院系，下方显示所有院系所属课程，管理员在"专业"下拉列表中选择相应的专业，勾选该专业所属课程后，单击"修改"按钮，保存院系专业分配课程。

任课信息总览：管理员可以选择院系、专业、课程时间来查询课程的所有信息。

11.3　数据库设计

根据对学生成绩管理系统所做的需求分析及功能设计，需要在 MySQL 数据库系统中建立一个名为 grade 的数据库，用于存放相关数据，包含以下数据表：

1. 管理员表(Admin)

管理员表存储管理员的账号、密码、手机号等信息，用于管理员身份登录验证、密码找回，密码使用 MD5 加密，以加强系统的安全性，参见表 11-1。

表 11-1　管理员表(Admin)

字段名	类型	是否 NULL	是否 key	默认值	含义
admin_id	INTEGER	否	是	无	管理员表的主键，自动递增
admin_name	VARCHAR(20)	是	否	无	管理员账号名
admin_pwd	VARCHAR(20)	是	否	无	管理员密码
admin_phone	VARCHAR(11)	是	否	无	管理员手机号

2. 教师表(Teacher)

教师表存储教师编号、姓名、手机号等信息，参见表 11-2。

表 11-2　教师表(Teacher)

字段名	类型	是否 NULL	是否 key	默认值	含义
teacher_id	INTEGER	否	是	无	教师表的主键，自动递增
teacher_name	VARCHAR(10)	否	否	无	教师姓名
phone	VARCHAR(11)	否	否	无	教师手机号

3. 学生表(Student)

学生表存储学生编号、学号、姓名、专业编号等信息，通过专业编号关联到院系表，可以知道学生所属的院系、专业，参见表 11-3。

表 11-3　学生表(Student)

字段名	类型	是否 NULL	是否 key	默认值	含义
student_id	student_id	否	是	无	学生表的主键, 自动递增
student_number	student_number	否	否	无	学生学号
student_name	student_name	否	否	无	学生姓名
professional_id	professional_id	否	否	无	学生所属专业编号
class	class	否	否	无	学生班级
phone	phone	否	否	无	学生手机号

4. 院系表(Professional)

院系表中存储院系专业编号、名称、所教课程等。通过 pid 列可以得知专业属于哪个院系，通过 professional_courses 列关联到课程表，可以知道专业、院系都教授哪些课程，参见表 11-4。

表 11-4　院系表(Professional)

字段名	类型	是否 NULL	是否 key	默认值	含义
professional_id	INTEGER	否	是	无	院系表的主键, 自动递增
professional_name	VARCHAR(20)	否	否	无	院系/专业名
pid	VARCHAR(3)	否	否	无	专业所属院系，为 0，表示本身为院系
professional_courses	VARCHAR(20)	否	否	无	本院系/专业教授的课程

5. 课程表(Course)

课程表中存储课程编号、课程名称等信息，参见表 11-5。

表 11-5　课程表(Course)

字段名	类型	是否 NULL	是否 key	默认值	含义
course_id	INTEGER	否	是	无	课程表的主键, 自动递增
course_name	VARCHAR(20)	否	否	无	课程名

6. 任课表(Ct)

任课表中包含任课编号、任课时间、课程编号、专业编号、教师编号、教授学生年级等信息，关联到教师表、课程表、院系表、学生表，根据任课编号可以确定唯一的任课信息，参见表 11-6。

表 11-6　任课表(Ct)

字段名	类型	是否 NULL	是否 key	默认值	含义
ct_id	INTEGER	否	是	无	任课表的主键，自动递增
ct_time	CHAR(10)	否	否	无	任课时间，如 20101，表示 2010 年上半年
course_id	INTEGER	否	否	无	所教授课程的编号
professional_id	INTEGER	否	否	无	所教授专业的编号
teacher_id	INTEGER	否	否	无	教师编号
ct_student_time	VARCHAR(4)	否	否	无	教授哪一级的学生

7. 任课申请表(AuditCourse)

任课申请表包含任课申请编号、审核状态、任课时间、课程编号等信息，教师申请教授新的课程时会将信息写入任课申请表。管理员审核通过会在任课申请表中添加相应信息，同时审核状态变为1(审核通过)，否则审核状态变为2(审核不通过)，参见表11-7。

表 11-7　任课申请表(AuditCourse)

字段名	类型	是否 NULL	是否 key	默认值	含义
audit_id	INTEGER	否	是	无	任课申请表的主键,自动递增
isaudit	VARCHAR(1)	否	否	0	审核状态。0 表示未审核，1 表示审核通过，2 表示审核未通过
time	VARCHAR(10)	否	否	无	任课时间，如 20101，表示 2010 年上半年
course_id	INTEGER	否	否	无	所申请教授课程的编号
professional_id	INTEGER	否	否	无	所申请教授专业的编号
teacher_id	INTEGER	否	否	无	申请教师编号
student_time	VARCHAR(4)	否	否	无	教授哪一级的学生
audit_time	时间戳	否	否	无	申请审核的时间

8. 成绩表(Grade)

成绩表中包含成绩编号、任课编号、学生编号、成绩等信息，通过任课编号关联到任课表，确定唯一的任课信息，从未确定唯一的成绩信息，参见表11-8。

表 11-8　成绩表(Grade)

字段名	类型	是否 NULL	是否 key	默认值	含义
grade_id	INTEGER	否	是	无	成绩表的主键，自动递增
ct_id	INTEGER	否	否	无	任课编号
student_id	INTEGER	否	否	无	学生编号
grade_value	VARCHAR(3)	否	否	无	成绩

11.4　各模块功能描述

1. 前台登录

学生或教师需要在选择完身份后，输入学号(或教师编号)、密码，验证码，单击"登录"按钮。如果所有信息无误，则会根据身份跳转到相应页面，否则会弹出相应的错误信息提示。

前台登录界面如图 11-3 所示。

图 11-3　前台登录界面

代码如下：

```html
<html>
<head>
<meta http-equiv="Content-Type" content="text/html; charset=gb2312" />
<title>无标题文档</title>
        <link rel="stylesheet" href="assets/css/reset.css">
        <link rel="stylesheet" href="assets/css/supersized.css">
        <link rel="stylesheet" href="assets/css/style.css">
</head>
    <body onLoad="createCode()">
    <div class="header">
        <a href="#" style="font-family:华文行楷">成绩管理系统</a>
    </div>
```

```html
<div class="page-container">
    <form method="post" action="dengluDemo.php" onsubmit="return check()">
        <input type="text" name="username" id="name" class="username"
            placeholder="用户名" >
        <input type="password" name="password" id="passwd" class="password"
            placeholder="密码">
        <input type="text" id="input1" placeholder="验证码" name="yz"/>
        <input type="text" onClick="createCode()" readonly="readonly" id="checkCode"
            class="unchanged" placeholder="验证码"/>
<a href="#" style=" text-decoration:none; font-size:16px; color:#000000;" onClick="createCode();">换一张</a>


        <input type="submit" name="Submit" value="登录" id="submit" />
        <div class="error"><span>+</span></div>
    </form>
    <div class="connect">
        <p>Or connect with:</p>
        <p>
            <a class="facebook" href=""></a>
            <a class="twitter" href=""></a>
        </p>
    </div>
</div>
<!-- Javascript -->
<script src="assets/js/jquery-1.8.2.min.js"></script>
<script src="assets/js/supersized.3.2.7.min.js"></script>
<script src="assets/js/supersized-init.js"></script>
</body>
</html>
<script language="javascript" type="text/javascript">
var code;                    //在全局定义验证码
function createCode() {
    code = "";
    var codeLength = 4;         //验证码的长度
    var checkCode = document.getElementById("checkCode");
    var selectChar = new Array(0, 1, 2, 3, 4, 5, 6, 7, 8, 9,'A','B','C','D','E','F','G','H','I','J','K','L','M','N','O','P','Q',
'R','S','T','U','V','W','X','Y','Z');
    //所有候选组成验证码的字符，当然也可以用中文

    for(var i = 0; i < codeLength; i++) {
        var charIndex = Math.floor(Math.random() * 36);
        code += selectChar[charIndex];
    }
    if(checkCode) {
        checkCode.className = "code";
        checkCode.value = code;

    }
}
```

```
function check() {
  var inputCode = document.getElementById("input1").value;
  var n= document.getElementById("name").value;
  var p = document.getElementById("passwd").value;
  if(n==""){
      alert("请输入姓名");
      return false;
   }
  if(p==""){
   alert("请输入密码");
   return false;
   }
  if (inputCode.length <= 0) {
      alert("请输入验证码！ ");
      return false;
   } else if (inputCode != code) {
      alert("验证码输入错误！ ");
   createCode();
       return false;//刷新验证码
   }
}
</script>
```

2. 学生登录后

学生登录成功后，跳转到学生成绩查询界面，学生可以选择相应的时间，下方会显示出对应时间该学生所有的成绩信息，如图 11-4 所示。

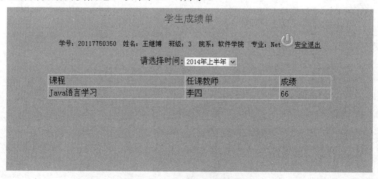

图 11-4　学生成绩查询界面

核心代码如下：

```
public function showgrade(){//学生成绩查询界面
  $student_id=$_SESSION['UserInfo']['user_id'];
  $this->student=M('student')->where('student_number='.$student_id)->find();
  $this->time=M()->query('SELECT ct_time FROM ct WHERE ct_id IN (SELECT ct_id FROM grade
      WHERE student_id='.$this->student['student_id'].') order by ct_time desc');
  if(IS_AJAX){
      if(IS_POST){
```

```
$this->grades=M()->query('SELECTct.course_id,ct.teacher_id,grade.grade_value FROM grade,ct where
grade.student_id='.$this->student['student_id'].' AND grade.ct_id=ct.ct_id AND ct.ct_time='.$_POST['time'].'
order by ct.ct_time desc');
        $this->display('showgrade_content');
         exit();
      }
   }
   $this->display();
}
```

3. 教师登录后

教师登录成功后，会跳转到欢迎界面，教师可以在左侧选择自己想要的功能，如图 11-5 所示。

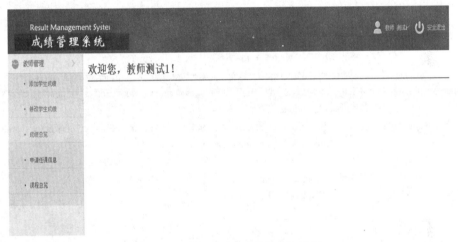

图 11-5 教师登录成功后的欢迎界面

核心代码如下：

```
<layout name="Layout/layout_main" />
<div class="mainbox">
        <div class="maintop">
           <h1>欢迎您，教师<?php echo $_SESSION['UserInfo']['user_name'] ?>! </h1>
        </div>
<div>
```

4. 教师添加学生成绩

教师登录成功后，选择"添加学生成绩"选项，在下拉列表中选择完自己所教授课程中的一门后，下方会弹出学生信息，填入成绩后，单击"添加"按钮，成功后会提示添加成功，失败时弹出相应提示。灰色有成绩的表示学生的成绩已经添加，不能再添加，如图 11-6 所示。

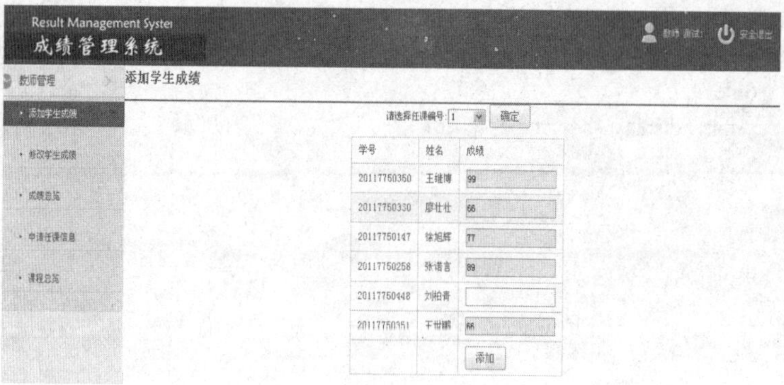

图 11-6　添加学生成绩界面

核心代码如下：

```
if (IS_AJAX) {
        if(IS_GET){
            $this->ct_id=$_GET['ct_id'];
            $ct=M('ct')->where('ct_id='.$_GET['ct_id'])->find();
            $students=M('')->query('select student_id,student_number,student_namefrom student
where professional_id='.$ct['professional_id'].' and LEFT(student_number,4)="'.$ct['ct_student_time'].'"');
            foreach($students as $k => $v) {
$value=M('grade')->where('ct_id='.$_GET['ct_id'].'and student_id='.$v['student_id'])->getField('grade_value');
                $students[$k]['value']=$value;
            }
            $this->assign('students',$students);
            $this->display('student_content');
            exit();
        }

    }
    if(IS_POST){
        foreach ($_POST as $k=> $v) {
            if($k!='ct_id'){
$value=M('grade')->where('ct_id='.$_POST['ct_id'].'and student_id='.$k)->getField('grade_value');
                if(!$value){
                    $data['ct_id']=$_POST['ct_id'];
                    $data['student_id']=$k;
                    $data['grade_value']=$v;
                    M('grade')->data($data)->add();
                }
            }
        }
        if(1==1){
            echo "<script>alert('添加成功!');</script>";
        }
    }
```

5. 教师修改学生成绩

教师登录成功后，选择"修改学生成绩"选项，选择完任课编号、填入学生学号后，如果没有成绩，就提示没有对应的成绩；否则在下方显示学生的信息，成绩可修改。单击"修改"按钮，成功后弹出修改成功信息，失败则弹出相应错误提示，如图 11-7 所示。

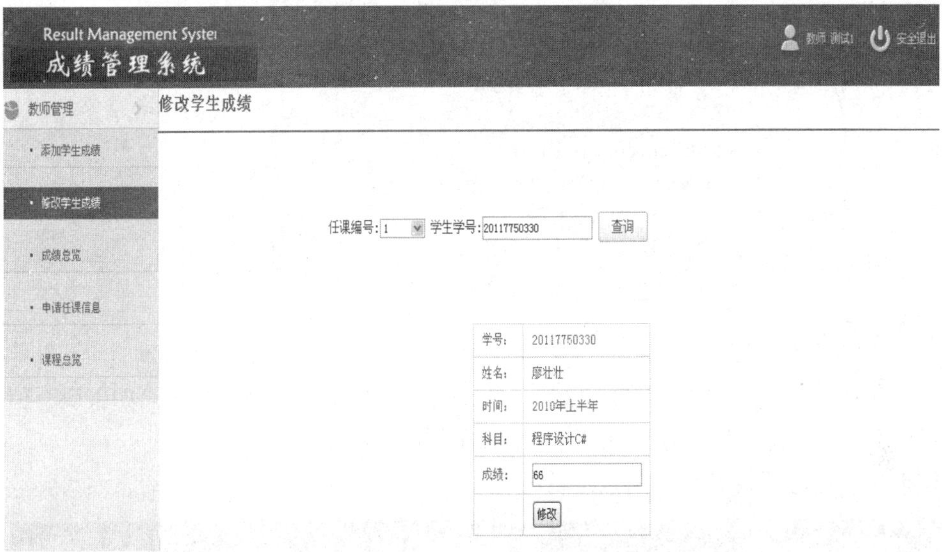

图 11-7　教师修改学生成绩界面

核心代码如下：

```
if (IS_AJAX) {
        if(IS_GET){
        $student=M('student')->where('student_number='.$_GET['student_number'])->find();
            if(!$student){$this->MsgBox(
                '该学号不存在', '错误', false, true, 1500);
                exit($this->msg);
            }
            $grade=M('grade')->where('ct_id='.$_GET['ct_id'].' and
                student_id='.$student['student_id'])->find();
            if(!$grade){
                $this->MsgBox('没有对应的成绩', '错误', false, true, 1500);
                exit($this->msg);
            }
            $ct=M('ct')->where('ct_id='.$_GET['ct_id'])->find();
$this->data=array('student_number'=>$_GET['student_number'],'student_name'=>$student['student_name'],'
course_id'=>$ct['course_id'],'time'=>$ct['ct_time'],'grade_id'=>$grade['grade_id'],'grade'=>$grade['grade_value']);
                $this->display('updategrade_content');
                exit();
            }
            if(is_numeric($_POST['id']))
            {
                $studentgrade['grade_id']=$_POST['id'];
```

```
        $studentgrade['grade_value']=$_POST['grade'];
        $r=M('grade')->save($studentgrade);
        $tip = array('status' => 0,'info' => "操作失败");
        if($r){
                $tip['status'] = 1;
                $tip['info'] = "修改成功";
        }else{
                $tip['info'] = "修改失败";
        }
        exit(json_encode($tip));
    }
}
```

6. 管理员登录

管理员输入学号(或教师编号)、密码、验证码后，单击"登录"按钮，如果所有信息无误，则会根据身份跳转到相应页面，否则会弹出相应的错误信息提示。

管理员登录界面如图 11-8 所示。

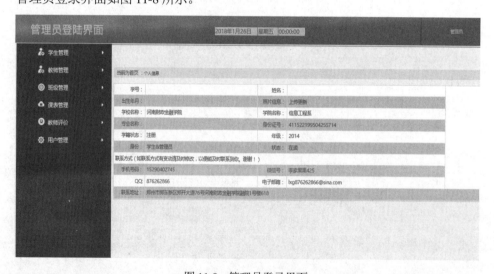

图 11-8　管理员登录界面

核心代码如下：

```
<html>
<head>
<meta http-equiv="Content-Type" content="text/html; charset=utf-8" />

<title>成绩管理系统</title>
<link type="text/css" rel="stylesheet" href="css/style.css" />

</head>
<body>
```

```
<div class="layout_top_header">
<div class="logo"><a href='index_admin.html' style="color:#CCCCCC" >管理员登录界面</div>
<div class="navigation">
    <table>
        <tr>
            <td width="130" style="background-color:#CCCCCC"><script type="text/javascript">
                var d=new Date()
                var day = d.getDate();
                var month = d.getMonth() + 1;
                var year = d.getFullYear();
                document.write(year+ "年" + month + "月" + day + "日");
            </script>
        </td>
        <td width="60" style="background-color:#CCCCCC"><script type="text/javascript">
                var d=new Date()
                var weekday=new Array(7)
                weekday[0]="星期日"
                weekday[1]="星期一"
                weekday[2]="星期二"
                weekday[3]="星期三"
                weekday[4]="星期四"
                weekday[5]="星期五"
                weekday[6]="星期六"
                document.write(weekday[d.getDay()]);
                </script>
        </td>
        <td width="80" id="main6" style="background-color:#CCCCCC">
            <SCRIPT language="javascript">
                <!--
                    setInterval("setTime()",1000);
                //-->
            </SCRIPT><div id="main6_3" align="left">00:00:00</div>
        </td>

    </tr>
    </table>
</div>


<div id="ad_setting" class="ad_setting">
            <a class="ad_setting_a" href="javascript:; ">
                <i class="icon-user glyph-icon" style="font-size: 20px"></i>
                <span>管理员</span>
                <i class="icon-chevron-down glyph-icon"></i>
            </a>
            <ul class="dropdown-menu-uu" style="display: none" id="ad_setting_ul">
```

```
                            <li class="ad_setting_ul_li"> <a href='index_admin.php'><i class="icon-user
glyph-icon"></i> 个人中心 </a> </li>
                            <li class="ad_setting_ul_li">  <a href='password.html' target="main"><i
class="icon-cog glyph-icon"></i> 修改密码 </a> </li>
                            <li class="ad_setting_ul_li"> <a href="denglu.html" ><i class="icon-signout
glyph-icon"></i> <span class="font-bold">退出登录</span> </a> </li>
                        </ul>
                    </div>
        </div>
        <div id="content">
          <div class="left_menu">
                    <ul id="nav_dot">
            <li>
                <h4 class="M10"><span></span>学生管理</h4>
                <div class="list-item none">
                  <a href='studentzengjia.html' target="main">学生信息增加</a>

                  <a href='student_select1_form.html' target="main">按姓名查找信息</a>
                  <a href='student_select2_form.php' target="main">按班级查找信息</a>

                </div>
              </li>
            <li>
                <h4 class="M10"><span></span>教师管理</h4>

                <div class="list-item none">
                  <a href='jsxxbj.html' target="main">增加信息</a>
                  <a href='jscz.html' target="main">按姓名查找</a>
                  <a href='jsczxb.html' target="main">按系别查找</a>

                </div>
              </li>
            <li>
                <h4 class="M3"><span></span>班级管理</h4>

                <div class="list-item none">
                  <a href='class_insert_form.html' target="main">添加班级信息</a>
                  <a href='class_select_from.html' target="main">班级信息查询</a>
                  <a href="class_update_form.html" target="main">班级修改</a>
                  <a href="class_delect.html" target="main">班级删除</a>
                </div>
              </li>

            <li>
                <h4 class="M7"><span></span>课表管理</h4>
                <div class="list-item none">
```

```
            <a href='kebiaocreate.php' target="main">课表生成</a>
            <a href='newcj3.php' target="main">教师课表查询</a>
            <a href='classselect.php' target="main">班级课表查询</a>
            <a href='classroomselect.php' target="main">教室课表查询</a>
        </div>
    </li>


    <li>
        <h4 class="M6"><span></span>教师评价</h4>
        <div class="list-item none">
            <a href='teacher.html' target="main">教师评价</a>


        </div>
    </li>


     <li>
        <h4 class="M8"><span></span>用户管理</h4>
        <div class="list-item none">
            <a href='password.html' target="main">密码修改</a>
            <a href="denglu.html" >用户注销</a>
        </div>
    </li>
  </ul>
    </div>


    <div class="m-right">


        <iframe src="gerenxinxi.php" width="100%" height="99%" frameborder="1" name="main"
marginheight="2px" scrolling="auto" style=" background-color:#FFFFCC;margin-top:0.1%";></iframe>
    </div>
    <div align="center" style="background-color:#008B8B">


    <frames>
        <h4 align="center" style="font-style:inherit">Designed to Henan |@2018 |   版权所有 |
请联系我 </h4>
    </frames>
    </div>
  </div>


<script>navList(12);</script>
</body>
</html>
```

管理员成功登录后，即可单击左侧导航条中的按钮进行相关操作。

7. 教师信息管理

教师信息管理主要实现对教师信息的增加、修改、删除、查询等操作。界面分为两部分，上面的部分是表单，用来增加教师信息；下面的部分显示当前已有的教师信息。界面运行效果如图 11-9 所示。

图 11-9　教师信息管理界面

关于数据库的操作部分，后台的实现和前台类似，篇幅受限，详细代码不再给出。学生成绩管理系统的设计细节本章就介绍到这里，需要更深入学习的读者可以下载本章的源代码来继续学习。

11.5　本章小结

本章通过对学生成绩管理系统开发过程的讲解，详细介绍了网站开发流程中的需求分析、系统描述、系统功能设计、系统数据库设计以及各功能模块的实现等环节。

通过本章的学习，能够使读者全面了解网站的设计流程及 PHP 基本语法知识、各种函数的用法以及 MySQL 数据库的操作。通过这个综合案例，读者对使用 PHP 开发 Web 应用程序的过程应该有了更加深入的认识，从整体上形成开发思路，逐渐形成自己的编程习惯和编程思想。

11.6　思考和练习

编程题

1. 结合自己学校的实际情况撰写学生成绩管理系统的设计方案。
2. 利用所学知识实践学生成绩管理系统。

第12章 综合案例——
个人博客系统

通过前面章节的学习，读者应该基本掌握了 PHP 程序设计的相关知识，现在可以尝试设计一个功能相对完整的网站了。本章将通过讲解个人博客系统的设计及开发过程，使读者全面了解 PHP 基本语法知识、各种函数的用法以及 MySQL 数据库操作，同时使读者对使用 PHP 开发 Web 应用程序的过程有更加深入的认识。

本章的主要学习目标：

- 简单的 Web 应用程序设计
- PHP 语言的综合应用
- MySQL 数据库的基本操作方法
- 熟悉设计与开发网站系统的全过程

12.1 个人博客系统分析

12.1.1 系统描述

博客又叫网络日记，是一种通常由个人管理、不定期张贴新的文章的网站。博客以网络为载体，可以简单、迅速、便捷地发布自己的心得，传播个人思想，披露个人动态，及时、有效、轻松地与他人进行交流，是集丰富多彩的个性化展示于一体的综合性平台。在网络高速发展的今天，网民可以通过博客记录工作、学习、生活和娱乐的点滴，以及发表文章和评论来抒发个人情感，从而在虚拟空间里建立一片完全属于自己的天地。所以，博客目前得到了非常广泛的应用，著名的博客网站有新浪博客、网易博客、搜狐博客、腾讯博客、博客中国等，目前非常风靡的微信朋友圈、QQ 空间也可以称为博客的一种。Web 开发人员应该掌握博客的基本开发流程以及博客中各个模块的具体功能和实现方法。

本章将要完成设计的个人博客系统主要包含如下功能：用户的注册、查询、删除等，文章的发表、删除、查询及分页浏览，图片的上传、查询、删除及分页浏览，评论的发表及删除，朋友圈的添加、查询、删除及分页浏览等。

个人博客系统的用户分为匿名用户、注册用户、管理员用户三个级别。匿名用户只能浏览网站，匿名用户可以通过注册成为注册用户；注册用户可以发表博客文章、评论文章、上传图片、设置朋友圈，简易的博客系统还会赋予注册用户删除自己的文章、评论、图片等管理权限。管理员用户具有用户及文章、照片、评论的全部管理权限。

　　个人博客系统的首页如图 12-1 所示。

图 12-1　个人博客系统的首页效果图

12.1.2　系统设计目标

　　根据对个人博客系统的描述，经过认真分析，个人博客系统的设计目标如下：

☑　系统界面设计美观、友好，便于访问者浏览。

☑　良好的内容展示效果，重点显示文章、图片、评论等信息。

☑　完善的文章、图片管理功能，包括上传、发表、评论、回复及删除。

☑　支持对用户及朋友圈的管理。

☑　用户权限设计清晰：管理员用户拥有全部权限；匿名用户只能浏览；注册用户可以发表文章、评论文章、上传图片、设置朋友圈，可以删除自己的文章、评论及图片。

☑　提供站内搜索及查询功能。

☑　系统运行稳定，安全可靠。

12.1.3　系统功能设计

　　在前面的描述中已经介绍了个人博客系统所具有的主要功能，为了让读者有更加直观的认识，将个人博客系统以功能图形式展示，如图 12-2 所示。

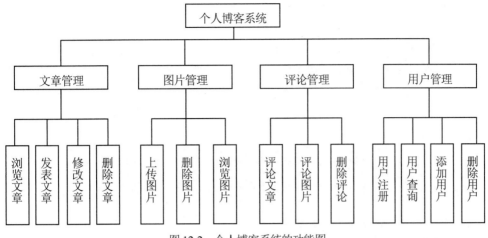

图 12-2　个人博客系统的功能图

12.1.4　文件组织

个人博客系统的文件相对较少，结构比较简单，文件可以这样组织：在根目录下放置主要 PHP 页面程序，所有图片放在 images 目录下，数据库放在 data 目录下，数据库连接文件放在 conn 目录下，样式文件放在 css 目录下，脚本文件放在 js 目录下。文件组织结构如图 12-3 所示。

图 12-3　个人博客系统的文件组织结构

12.2　数据库设计

数据库是存储数据的最佳载体，数据库设计是程序开发流程中必不可少的设计环节。PHP 语言在程序开发中与 MySQL 数据库形成了最佳组合，所以个人博客系统也采用 MySQL 作为后台数据库。

12.2.1　数据库结构设计

在进行 MySQL 数据库及数据表设计时，为了方便设计，常借助于 MySQL 图形界面管理工具。phpMyAdmin 是一款非常方便的工具软件，它是使用 PHP 语言编写的一款免费软件，可以通过浏览器对 MySQL 数据库进行管理。在浏览器的地址栏中输入 phpMyAdmin 的链接 http://localhost/phpMyAdmin/，按回车键即可打开 phpMyAdmin，如图 12-4 所示。

图 12-4　phpMyAdmin 数据库管理界面

在 phpMyAdmin 数据库管理界面上单击"数据库"选项卡，在"新建数据库"文本框中输入个人博客系统的数据库名称"db_personalblog"，在右侧的下拉列表框中选择"utf8_unicode_ci"校对集以获取较高的准确度，然后单击"创建"按钮即可完成数据库的创建，如图 12-5 所示。

图 12-5　创建数据库

完成数据库的创建后，接下来要创建个人博客系统所需的数据表。根据实际需求状况，个人博客系统需要创建六个数据表：

1) 用户信息表 tb_user，主要存储用户个人信息，表结构如图 12-6 所示。
2) 博客文章信息表 tb_blog，存储发表的文章信息，表结构如图 12-7 所示。

#	名字	类型	整理	属性	空	默认	额外
1	**id**	int(10)			否	无	AUTO_INCREMENT
2	username	varchar(20)	gb2312_chinese_ci		否	无	
3	realname	varchar(20)	gb2312_chinese_ci		否	无	
4	password	varchar(20)	gb2312_chinese_ci		否	无	
5	birthday	date			否	无	
6	sex	varchar(4)	gb2312_chinese_ci		否	男	
7	city	varchar(20)	gb2312_chinese_ci		否	无	
8	telenumber	varchar(12)	gb2312_chinese_ci	是	NULL		
9	qqnumber	varchar(10)	gb2312_chinese_ci		否	无	
10	email	varchar(50)	utf8_unicode_ci		否	无	
11	headimage	varchar(50)	gb2312_chinese_ci		否	无	
12	abouthimself	mediumtext			否	无	
13	homepage	varchar(100)	gb2312_chinese_ci		否	无	
14	ip	varchar(15)	gb2312_chinese_ci		否	无	

图 12-6　用户信息表 tb_user 的表结构

#	名字	类型	整理	属性	空	默认	额外
1	**id**	int(10)			否	无	AUTO_INCREMENT
2	title	varchar(100)	gbk_chinese_ci		否	无	
3	auther	varchar(20)	gb2312_chinese_ci		否	无	
4	content	mediumtext	gb2312_chinese_ci		否	无	
5	writetime	date			否	无	

图 12-7　博客文章信息表 tb_blog 的表结构

3) 图片信息表 tb_picture，存储用户上传的图片信息。该表使用 mediumblob 类型的字段来存储用户图片，最大支持 16MB 大小的图片，表结构如图 12-8 所示。

4) 评论信息表 tb_comment，存储用户对文章、图片的评论信息，允许注册用户和访客用户发表评论，表结构如图 12-9 所示。

#	名字	类型	整理	属性	空	默认	额外
1	**id**	int(10)			否	无	AUTO_INCREMENT
2	imagename	varchar(50)	gb2312_chinese_ci		否	无	
3	auther	varchar(20)	gb2312_chinese_ci		否	无	
4	uploaddate	date			否	无	
5	imagefile	mediumblob			是	NULL	

图 12-8　图片信息表 tb_picture 的表结构

#	名字	类型	整理	属性	空	默认	额外
1	**id**	int(10)			否	无	AUTO_INCREMENT
2	article_id	int(10)			否	无	
3	picture_id	int(10)			否	无	
4	username	varchar(20)	gb2312_chinese_ci		否	无	
5	comment	text	gb2312_chinese_ci		否	无	
6	commenttime	datetime			否	无	

图 12-9　评论信息表 tb_comment 的表结构

5) 公告信息表 tb_public，存储网站公告、活动、运行情况、版本变更、通知等信息，表结构如图 12-10 所示。

6) 好友信息表 tb_friend，存储好友姓名、性别、生日等个人信息，表结构如图 12-11 所示。

#	名字	类型	整理	属性	空	默认	额外
1	**id**	int(10)			否	无	AUTO_INCREMENT
2	name	varchar(20)	gb2312_chinese_ci		否	无	
3	sex	varchar(4)	gb2312_chinese_ci		否	男	
4	birthday	date			否	无	
5	city	varchar(20)	gb2312_chinese_ci		否	无	
6	address	varchar(100)	gb2312_chinese_ci		否	无	
7	email	varchar(50)	gb2312_chinese_ci		否	无	
8	tel	varchar(20)	gb2312_chinese_ci		否	无	
9	QQ	varchar(10)	gb2312_chinese_ci		否	无	

#	名字	类型	整理	属性	空	默认	额外
1	**id**	int(10)			否	无	AUTO_INCREMENT
2	title	varchar(50)	gb2312_chinese_ci		否	无	
3	content	text	gb2312_chinese_ci		否	无	
4	pub_time	datetime			否	无	

图 12-10　公告信息表 tb_public 的表结构　　　　图 12-11　好友信息表 tb_friend 的表结构

12.2.2　数据库连接程序设计

自 PHP 5.X 版本以后，PHP 推荐使用自定义类 MySQLi 取代原来的 MySQL_connect()连接函数，自定义类 MySQLi 的性能有较大改进，可以显著减轻数据库服务器的负荷，有效提高连接的安全性能。因此，在设计数据库连接程序时，个人博客系统采用自定义类 MySQLi 连接 MySQL 数据库 db_personalblog，MySQLi 过程、对象方式都支持，语法格式如下：

```
$link = mysqli_connect(
```

```
'localhost',        /* 连接 MySQL 主机 */
'usenamer',         /* 连接 MySQL 用户名 */
'password',         /* 连接 MySQL 密码 */
'dbname',           /* 连接数据库名称 */
'port');            /* 非必选项, 连接数据库端口 */
```

为个人博客系统设计了连接数据库的程序 conn.php, 程序代码如下:

```php
<?php
$link=mysqli_connect("localhost","root","12345","db_personalblog","3306");
$link->set_charset('gbk');
?>
```

12.3　首页设计

首页是个人博客系统给人的第一印象, 为了吸引更多用户及访客的关注, 在设计网站时需要对首页进行合理布局, 精心设计。

12.3.1　首页布局

个人博客系统的首页采用经典框架结构, 整个页面分为五个显示区域: 上部、左侧、中部、右侧和下部显示区。上部显示区主要展播广告和主题图片; 左侧是导航区, 主要显示当前月历及公告、菜单等导航内容; 中部是中心显示区, 也是重点显示区, 主要展示最新上传的博客文章, 显示的信息包括博文的序号、标题、上传时间及作者, 每 15 篇分页一次; 右侧显示区仅次于中心显示区, 主要显示最新上传的图片, 这里显示的是缩略图, 图片像素为 240 像素×120 像素, 图片分组显示, 每三张为一组; 下部显示区显示地址、电话、版权信息等; 如图 12-12 所示。

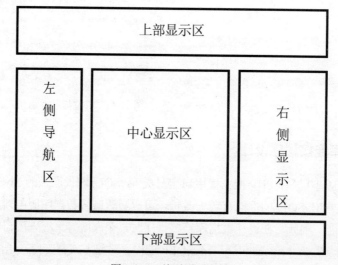

图 12-12　首页页面布局

12.3.2　首页实现

首页要处理、保存用户登录信息，并且用户登录信息必须跨页面保存和使用，为此首页使用了 session 技术，将用户登录时输入的用户名保存在全局变量$_SESSION 中。同时，首页还要连接 MySQL 数据库，这些都需要在程序开头部分处理。首页 index.php 的实现代码如下：

```php
//index.php 程序
<?php
session_start();
if ($_SERVER['REQUEST_METHOD'] == 'POST'&&isset($_POST['username']))
        {
                $_SESSION['username']=$_POST['username'];
        }
include "Conn/conn.php";
?>
<!DOCTYPE HTML PUBLIC "-//W3C//DTD HTML 4.01 Transitional//EN"
"http://www.w3.org/TR/html4/loose.dtd">
<html>
<head>
<meta http-equiv="Content-Type" content="text/html; charset=GBK">
<title>个人博客系统</title>
<link href="CSS/style.css" rel="stylesheet"/>
<style type="text/css">
<!--
.STYLE3 {font-size: 10px; font-weight: bold; }
-->
</style>
</head>
<script src="JS/check.js" language="javascript"></script>
<body onselectstart="return false">
<table width="1024"    border="0" align="center" cellpadding="0" cellspacing="0"
        background="images/head2.jpg">
  <tr align="right" valign="top">
  <td height="373" colspan="2">
    <table width="100%" height="373"   border="0" cellpadding="0" cellspacing="0">
      <tr><td height="0" align="right" valign="top">
      <table width="280" border="0" cellspacing="0" cellpadding="0">
        <tr align="left">
        <td width="26" height="2"> </td>
        <td width="71" class="word_white"><a href="index.php" class="STYLE3"><span style="color:
#000000; text-decoration: none">首　页</span></a></td>
        <td width="87"><a href="file.php" class="STYLE3"><span   style="color: #000000;
text-decoration: none">我的博客</span></a></td>
        <td width="55"><a href="<?php echo
(!isset($_SESSION['username']))?'Regpro.php':'safe.php'); ?>" class="STYLE3"><span style="color: #000000;
text-decoration: none"><?php echo (!isset($_SESSION['username']))?"博客注册":"安全退出"); ?>
</span></a></td>
        <td width="23"> </td></tr>
      </table>
    <br></td></tr>
    </table>
```

```
        <tr>
      <form name="form" method="post" action="checkuser.php">
        <td height="20" valign="baseline">
        <table width="100%"    border="0" cellpadding="0" cellspacing="0">
        <tr>
        <td colspan="2" align="left" valign="bottom" background="images/ban.jpg"
            style="text-indent:10px;width:100%;line-height:25px">
      <?php if(!isset($_SESSION['username'])){ ?>
      用户名:<input    type="text" name="username" size="10">
      密   码:<input name="txt_pwd" type=password style="font-size: 10pt;width: 65px"
size="10"> 验证码:<input name="txt_yan" style="font-size:10pt; width: 65px" size="10">
        <img src='./imagecheck.php?r=echo rand(); ?>' name="captcha_img" border='1' align="bottom"
            id="captcha_img" style="width:100px;">
        <a href="javascript: void(0)"
onclick="document.getElementById('captcha_img').src='./imagecheck.php?r='+Math.random()">换一个?   
        <input style="font-size: 10pt;" type=submit value=登   录 name=sub_dl
            onClick="return f_check(form)"> 
      <?php }else{        ?>
      <font color="red"><?php echo $_SESSION['username']; ?></font>  个人博客系统欢迎您
的光临!!!当前时间: <font color="red"><?php echo date("Y-m-d l"); ?></font>
      <?php }        ?>
      </td></tr>
        </table></td>
      </form>
        </tr>
        </td></tr>
    </table>
    <table width="1024" height="501" align="center" border="0" cellpadding="0" cellspacing="0">
      <tr>
      <td width="236" height="501" align="center" valign="top" background="images/left.jpg">
      <table width="235" border="0" cellpadding="0" cellspacing="0">
      <tr><td height="40" align="left" valign="top"></td></tr>
      <tr><td height="200" align="center" valign="top"><?php include "cale.php"; ?></td></tr>
      <tr><td height="260" align="center" valign="top">
      <?php $result=$link->query("select * from tb_public order by id desc"); ?>
      <marquee onMouseOver=this.stop()
      style="width: 236px; height: 260px" onMouseOut=this.start()
      scrollamount=2 scrolldelay=7 direction=up>
      <span style="font-size: 9pt"><center>
      <?php while($p_row = $result->fetch_row()){ ?>
      <a href="#" onclick="wopen=open('show_pub.php?id=<?php echo $p_row[0]; ?>','',
'height=200,width=500,scollbars=no')"><?php echo $p_row[1]; ?></a><br>
      <?php }        ?>
      </center>
      </span>
      </marquee>
      </td></tr>
      </table>
      <td width="521" height="501" align="left" valign="top" background="images/middle.jpg">
      <table width="520" border="0" cellpadding="0" cellspacing="0">
        <tr><td height="60" align="center" valign="top" ></td></tr>
      <tr><td height="400" align="left" valign="top" style="line-height: 20px">
```

```php
<?php
$result=$link->query("select id,title,writetime,author from tb_blog order bywritetime desc limit 10");
$i=1;
while($info=$result->fetch_row()){
?>    <a href="article.php?file_id=<?php echo $info[0];?>" target="_blank"><?php echo $i."、
".sprintf("%-'190s",$info[1]).$info[2]." ".$info[3];?></a>
<br><?php $i=$i+1;} ?>
</td></tr>
<tr> <td height="10" align="center"><a href="file_more.php"><img src=" images/more.gif" width="30"
height="10" border="0">   </a></td>
</tr>
</table>
<td width="267" height="501" align="center" valign="top" background="images/right1.jpg">
<table width="266" border="0" cellpadding="0" cellspacing="0">
  <tr><td height="60" align="center" valign="top" ></td></tr>
<tr><td><table width="266" border="0" cellspacing="0" cellpadding="0" valign="top"
          style="margin-top:5px;">
<?php
$result=$link->query("select id,imagename,imagefile from tb_picture order by uploaddate desc limit 2");
while($info=$result->fetch_object()){
?>
<tr><td width="9" rowspan="2"   align="center">  </td>
<td width="247" align="center"><a href="image.php?recid=<?php echo $info->id; ?>"
"target="_blank"><img src="f_image.php?pic_id=<?php echo $info->id;?>" width="240" height="160"
border="0"></a></td>
<td width="10" rowspan="2"   align="center"> </td>
</tr>
<tr><td height="30" align="center">图片名称：<?php echo $info->imagename;?></td>
</tr>
<?php } ?>
<tr><td colspan="3" height="10" align="center"><a href="pic_more.php"><img src=" images/more.gif"
        width="27" height="9" border="0">   </a></td>
</tr>
</table></td>
</tr>
</table>
</td></tr>
</table>
<table width="1024" height="50" align="center" border="0" cellpadding="0" cellspacing="0">
 <tr>
 <td width="100%" align="center" valign="middle" >个人博客系统版权所有，盗版必究<br>
        All right reserved,2017.</td>
 </tr>
</table>
</body>
```

　　用户在登录时，首页采用当前非常流行的图形验证码，能有效防止非法用户采用暴力破解程序不断尝试登录，以破解个人博客系统，提高个人博客系统的安全性。图形验证码程序imagecheck.php 中的代码如下：

```php
//imagecheck.php 程序
<?php
  session_start();
  $image = imagecreatetruecolor(100, 25);        //1>设置验证码图片的大小
  //5>设置验证码的颜色  imagecolorallocate(int im, int red, int green, int blue);
  $bgcolor = imagecolorallocate($image,255,255,255); //#ffffff
  //6>区域填充  int imagefill(int im, int x, int y, int col) (x,y)为所在的区域着色，col 表示想涂上的颜色
  imagefill($image, 0, 0, $bgcolor);
  $captcha_code = "";            //10>设置变量
  for($i=0;$i<4;$i++){          //7>生成随机数字
    $fontsize = 10;            //设置字体大小
    $fontcolor = imagecolorallocate($image, rand(0,50),rand(0,50), rand(0,50));
    ////设置字体颜色，随机颜色 0-120 为深颜色
    $fontcontent = rand(0,9);        //设置数字
    $captcha_code .= $fontcontent;     //10>.=连续定义变量
    $x = ($i*100/4)+rand(5,10);       //设置坐标
    $y = rand(5,10);
    imagestring($image,$fontsize,$x,$y,$fontcontent,$fontcolor);
  }
  $_SESSION['authcode'] = $captcha_code;
  //8>增加干扰元素，设置雪花点
  for($i=0;$i<200;$i++){
    //设置点的颜色，颜色 50-200 比数字浅，不干扰阅读
    $pointcolor = imagecolorallocate($image,rand(50,200), rand(50,200), rand(50,200));
    //imagesetpixel: 画一个单一像素
    imagesetpixel($image, rand(1,99), rand(1,29), $pointcolor);
  }
  //9>增加干扰元素，设置横线
  for($i=0;$i<4;$i++){
    //设置线的颜色
    $linecolor = imagecolorallocate($image,rand(80,220), rand(80,220),rand(80,220));
    //设置线，两点一线
    imageline($image,rand(1,99), rand(1,29),rand(1,99), rand(1,29),$linecolor);
  }

  //2>设置头部，image/png
  header('Content-Type: image/png');
  //3>imagepng() 建立 png 图形函数
  imagepng($image);
  //4>imagedestroy() 结束图形函数，销毁$image
  imagedestroy($image);
?>
```

　　用户输入用户名、密码及验证码后，单击"登录"按钮，输入的这些数据会提交给验证页面 checkuser.php 来处理。验证页面 checkuser.php 首先验证验证码，这样可以减少读取数据库的操作，提高程序效率。验证时将用户输入的验证码和生成验证码时保存下来的真实备份数据相比较，如果不一致，就刷新页面重新输入。如果二者相同，就搜索数据库用户信息表 tb_user；如果提交的用户名和密码都和数据库记录匹配，说明三者完全吻合，通过验证，页面显示欢迎用户的文字信息并自动加载用户文章管理页面。三者中的任何一个输入错误，都需要返回重新登录。验证用户登录的 checkuser.php 中的代码如下：

```php
//checkuser.php 程序
<?php
session_start();
include "Conn/conn.php";
$name=$_POST['username'];
$pwd=$_POST['txt_pwd'];
$checknum=$_POST['txt_yan'];
if($checknum!= $_SESSION['authcode']){
?>
    <script language="javascript">
        alert("对不起，您输入的验证码不正确，请重新输入!");window.location.href="index.php";
    </script>
<?php
}
$sql="select * from tb_user where ( regname='$name') and ( regpwd='$pwd')";
$result=$link->query($sql);
if (!$result) {
 printf("Error: %s\n", mysqli_error($link));
 exit();
}
$num=$result->num_rows;
if($num==0){
?>
   <script language="javascript">
        alert("对不起，您输入的用户名或密码不正确，请重新输入!");window.location.href="index.php";
   </script>
<?php
        }
    else{
        $_SESSION['username']=$name;
?>
        <script language="javascript">
            alert("登录成功");window.location.href="file.php";
        </script>
<?php
        }
?>
```

12.4　用户注册模块设计

　　人性化的用户管理系统是博客系统成功的基础，个人博客系统在首页的显著位置放置了博客注册链接，以方便用户使用。个人博客系统的用户分为匿名用户、注册用户、管理员用户三个级别，未在博客系统登录的用户称为匿名用户，匿名用户只能浏览博客系统；匿名用户可以通过注册成为注册用户，注册用户可以发表博客文章、评论文章、上传图片、设置朋友圈，并拥有删除自己的文章、评论、图片等部分管理权限；管理员用户是最高级别的用户，拥有管理用户、文章、照片、评论的全部管理权限，一般来说，个人博客系统的拥有者才是管理员用户。

博客注册分两个步骤。第一步是阅读注册协议，只有同意注册协议才能继续注册成为注册用户，不同意则退出注册页面。处理用户注册的程序 register.php 中的代码如下：

```html
//register.php 程序
<html>
<head>
<meta http-equiv="Content-Type" content="text/html; charset=GBK">
<link href="CSS/style.css" rel="stylesheet">
<title>用户注册</title>
</head>
<script src="JS/check.js" language="javascript"></script>
<body style="MARGIN-TOP: 0px; vertical-align: top; PADDING-TOP: 0px; text-align: center">
<table width="757" cellPadding=0 cellSpacing=0 style="width: 755px">
  <tbody>
    <tr> <td style="vertical-align: bottom; height: 6px" colSpan=3 background="images/head2.jpg">
        <table width="100%" height="149" border="0" cellpadding="0" cellspacing="0">
    <tr>
    <td height="51" align="right">    <br>
        <table width="262" border="0" cellspacing="0" cellpadding="0">
    <tr align="left">
    <td width="26" height="20"><a href="index.php"></a></td>
    <td width="71" class="word_white">
    <a href="index.php"><span style="font-size: 9pt; color: #000000; text-decoration: none">首　页
</span></a></td>
        <td width="87"><a href="file.php"><span    style="font-size: 9pt; color: #000000; text-decoration: none">
我的博客</span></a></td>
        <td width="55"><a href="<?php echo (!isset($_SESSION['username']))?'Regpro.php':'safe.php'); ?>">
<span style="font-size: 9pt; color: #000000; text-decoration: none">
<?php echo (!isset($_SESSION['username']))?"博客注册":"安全退出"); ?></span></a></td>
        <td width="23"> </td>
    </tr>
    </table>
<br></td></tr>
    <tr>
    <td height="66" align="right"><p> </p></td>
    </tr>
    <tr>
<form name="form" method="post" action="checkuser.php">
    <td height="20" valign="baseline">
    <table width="100%"    border="0" cellpadding="0" cellspacing="0">
    <tr>
    <td width="32%" height="20" align="center" valign="baseline">  </td>
    <td width="67%" align="left" valign="baseline" style="text-indent:10px;">
<?php if(!isset($_SESSION['username'])){ ?>
用户名:<input name=txt_user size="10">
    密   码:
    <input name=txt_pwd type=password style="font-size: 9pt; width: 65px" size="6">
```

```
            <input style="font-size: 9pt" type=submit value=登录 name=sub_dl onClick="return f_check(form)"> 
            <?php }else{ ?>
        <font color="red"><?php echo $_SESSION[username]; ?></font>  个人博客系统欢迎您
的光临！！！当前时间：
        <font color="red"><?php echo date("Y-m-d l"); ?></font>
        <?php } ?>
        </td>
        <td width="1%" align="center" valign="baseline"> </td></tr>
        </table>
    </td></form>
        </tr></table></td>
        </tr>
        <tr>
        <td colSpan=3 valign="baseline" style="BACKGROUND-IMAGE: url( images/bg.jpg);
vertical-align: middle; height: 450px; text-align: center"><br>
        <form name="myform" action="register_deal.php" method="post">
        <table width="85%" border="1" align=center cellpadding=3 cellspacing=2 bordercolor="#FFFFFF"
            bgcolor="#FFFFFF" class=i_table>
        <tr align="left" bgcolor="#EFF7DE">
        <td height=22 colspan=2 bgcolor="#EFF7DE" class=right_head><span class="tableBorder_LTR">
必填内容</span></td>
        </tr>
        <tr bgcolor="#FFFFFF">
        <td width=22% align="right" valign=middle class='f_one'> 用户名</td>
        <td width=78% align="left"    class='f_one'><input name='username' type=text id="txt_regname"
            value=" size=20 maxlength=14>
        <a href="#" onClick="javascript:openwin(myform.username.value)">[检测用户]</a> <font
color=red>*</font>
        <div id="check_info"></div></td></tr>
        <tr bgcolor="#FFFFFF">
        <td align="right" valign=middle > 真实姓名</td>
        <td align="left" > <input name=txt_regrealname type=text id="txt_regrealname" size=20
            maxlength=75>
        <font color=red>*</font></td>
        </tr>
        <tr>
        <tr bgcolor="#FFFFFF">
        <td align="right" valign=middle > 密码</td>
        <td align="left"> <input name=txt_regpwd type=password id="txt_regpwd" size=20 maxlength=75>
英文字母或数字等不少于 3 位<font color=red>*</font></td>
        </tr>
        <tr bgcolor="#FFFFFF">
        <td align="right" valign=middle > 确认密码</td>
        <td align="left" > <input name='txt_regpwd2' type=password id="txt_regpwd2" size=20
maxlength=75 onBlur="if(this.value!=this.form.txt_regpwd.value) {alert('您两次输入的密码不一致！');
myform.txt_regpwd.focus();}">
        <font color=red>*</font></td> </tr>
        <tr bgcolor="#FFFFFF">
        <td align="right" > 出生日期</td>
        <td align="left" > <span class="word_grey">
        <input name="txt_birthday" type="text" id="Tel">
        (日期格式为：yyyy-mm-dd)<font color=red>*</font></span></td>
```

```
</tr>
<tr bgcolor="#FFFFFF">
<td align="right" valign=middle> Email</td>
<td align="left" > <input name=txt_regemail type=text id="txt_regemail" value=" size=35 maxlength=75>
<font color=#000000'>公开邮箱  <font color=red>*</font></font> </td></tr>
<tr bgcolor="#FFFFFF">
<td align="right">所在城市</td>
<td align="left"> <SCRIPT src=" JS/initcity.js"></SCRIPT>
<select name="txt_province" id="txt_province" onchange="initcity();">
<SCRIPT>creatprovince();</SCRIPT>
</select>
<select name="txt_city" id="txt_city" > </select>
<font color="red">*</font> </td>
</tr>
<tr bgcolor="#FFFFFF">
<td align="right" valign=middle   class='f_one'> 选择头像：</td>
<td align="left" class='f_one'><table width="106" cellpadding="0" cellspacing="0">
<tr>
<td width="10" height="47">
<script language="javascript">
//通过下拉列表选择头像时应用该函数
function showlogo(){
document.images.img.src=" images/head/"+
  document.myform.txt_ico.options[document.myform.txt_ico.selectedIndex].value;
}
</script></td>
<td width="80"><img src=" images/head/0.gif" name="img" width="60" height="60"></td>
<td width="53" rowspan="2" align="center"><font color=red>*</font></td>
</tr>
<tr> <td> </td>
<td> <select name="txt_ico" size="1" id="txt_ico" onChange="showlogo()">
<option value="0.gif" selected>头像 1
<option value="1.gif">头像 2
<option value="2.gif">头像 3
<option value="3.gif">头像 4</option>
<option value="4.gif">头像 5</option>
<option value="5.gif">头像 6</option>
</select> </td>
</tr></table></td></tr>
<tr align="left" bgcolor="#EFF7DE">
<td height=22 colspan=2 class=right_head><span class="tableBorder_LTR">选填内容</span></td>
</tr>
<tr bgcolor="#FFFFFF">
<td align="right" class='f_one'> 性别</td>
<td align="left" class='f_one'> <select name=txt_regsex id="txt_regsex">
<OPTION value=1>男</OPTION>
<OPTION value=2>女</OPTION>
<OPTION value=0 selected>保密</OPTION>
</select></td></tr>
<tr bgcolor="#FFFFFF">
<td align="right" class='f_one'>QQ</td>
<td align="left" class='f_one'><input name='txt_regqq' type=text id="txt_regqq" value=" size=20
```

```
        maxlength=14></td>
    </tr>
    <tr bgcolor="#FFFFFF">
    <td align="right" class='f_one'> 个人主页</td>
    <td align="left" class='f_one'> <input name='txt_reghomepage' type=text id="txt_reghomepage"
        value=" size=40 maxlength=75></td> </tr>
    <tr bgcolor="#FFFFFF">
    <td align="right" valign=middle class='f_one'>个性化签名</td>
    <td align="left" class='f_one'><textarea name='txt_regsign' cols=50 rows='4'
        id="txt_regsign"></textarea></td> </tr>
    <tr bgcolor="#FFFFFF">
    <td align="right" class='f_one'> 自我简介</td>
    <td align="left" class='f_one'><textarea name=txt_regintroduce cols=50 rows=4
        id="txt_regintroduce"></textarea></td>
    </tr> </table> <br>
    <input type='submit' name='regsubmit' value=提 交'class="btn_grey" onClick="return check()">  
    <input name="Submit2" type="reset" class="btn_grey" value="重 填">
    </form></td> </tr> </tbody>
</table>
</body>
</html>
```

核对注册用户及写入数据表 tb_user 的程序 register_deal.php 中的代码如下：

```
// register_deal.php 程序
<?php
session_start();
include "Conn/conn.php";
$UserName=$_POST['username'];
$sql="select * from tb_user where userame = '$UserName'";
$result=$link->query($sql);
$num=$result->num_rows;
if ($num>=1){
  echo ("<script>alert('该用户账号已被注册！');history.go(-1);</script>");
  exit();        }
$_SESSION['username']=$_POST['username'];
$regname=$_POST['username'];
$regrealname=$_POST['txt_regrealname'];
$regpwd=$_POST['txt_regpwd'];
$regbirthday=$_POST['txt_birthday'];
$regemail=$_POST['txt_regemail'];
$regcity=$_POST['txt_province'].$_POST['txt_city'];
$regico=$_POST['txt_ico'];
$regsex=$_POST['txt_regsex'];
$regqq=$_POST['txt_regqq'];
$reghomepage=$_POST['txt_reghomepage'];
$regsign=$_POST['txt_regsign'];
$regintroduce=$_POST['txt_regintroduce'];
$ip=getenv(REMOTE_ADDR);
    $INS=$link->query("Insert Into tb_user
(username,realname,password,birthday,email,city,headimage,sex,qqnumber,homepage,abouthimself,ip,fig)
Values ('$regname','$regrealname','$regpwd','$regbirthday','$regemail','$regcity','$regico','$regsex','$regqq','$reghomepage','
```

```
$regintroduce','$ip',0)");
    echo "<script> alert('用户注册成功！');</script>";
    echo "<script> window.location='file.php';</script>";
?>
<form>
    <input name="Username" type="text"></br>
    <input name="Passwd" type="password"></br>
    <input name="Sex" type="radio"></br>
    <input name="Hobby" type="checkbox">
    <input name="Upload" type="file">
    <input name="Login" type="submit">
    <input name="Girl" type="image">
    <input name="Clean" type="reset">
</form>
```

用户注册页面 register.php 的运行效果图如图 12-13 所示。

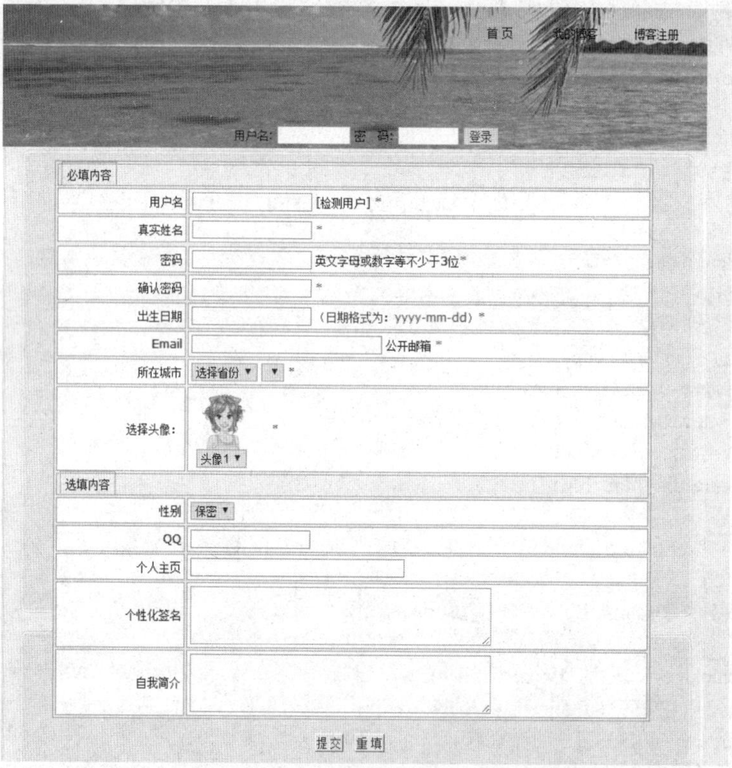

图 12-13 用户注册页面 register.php 的运行效果图

12.5 博客文章模块设计

内容是个人博客系统的核心所在，内容包括博客文章、图片和评论。对个人博客系统的文章模块必须进行精心设计。

个人博客系统的文章模块包括首页上的"文章列表""发表文章""查询文章""删除文章""删除评论"五项功能。其中，匿名用户只能浏览"文章列表"及"查询文章"；注册用户除拥有匿名用户的文章权限外，还可以"发表文章"，对自己发表的文章可以"删除文章"，对自己发表的文章可以"删除评论"；管理员用户可以删除所有文章及评论。

12.5.1　文章列表

用户发表的文章首先以列表的形式显示在首页上，以发表的时间倒序排列，每组显示15篇最新发表的文章。文章列表中显示文章的编号、文章标题、文章发表日期及文章的作者，每个文章标题都是一个链接，单击可浏览该文章的详细内容。单击文章列表下方的图形链接"more"可更换下一组文章。文章列表的代码如下：

```
<table width="520" border="0" cellpadding="0" cellspacing="0">
    <tr><td height="60" align="center" valign="top" ></td></tr>
    <tr><td height="400" align="left" valign="top" style="line-height: 20px">
    <?php
        $result=$link->query("select id,title,writetime,auther from tb_blog order by now desc limit 15");
        $i=1;
        while($info=$result->fetch_row()){
    ?>
       <a href="article.php?file_id=<?php echo $info[0];?>" target="_blank">
<?php echo $i."、".sprintf("%-' 190s",$info[1]).$info[2]." ".$info[3];?></a>
    <br><?php $i=$i+1;} ?>
    </td></tr>
    <tr> <td height="10" align="center"><a href="file_more.php"><img src="images/more.gif" width="30"
            height="10" border="0">   </a></td>
    </tr>
    </table
```

这段代码使用了 PHP mysqli_fetch_row()函数，mysqli_fetch_row()函数从查询结果集中获取一行数据并作为数组返回，每个结果的列存储在一个数组的单元中，该数组的下标从"[0]"开始，调用一次 mysqli_fetch_row()函数将依次返回结果集中的下一行。如果没有更多行，就返回FALSE。比如在代码中，查询语句查询了数据表 tb_blog 的四列，分别是 id、title、writetime、author，查询结果保存在变量$info 中，数组变量$info[0]中保存的是 id，数组变量$info[1]保存的是 title，数组变量$info[2]保存的是 writetime，数组变量$info[3]保存的是 author，查询结果完全按照查询语句的字段排列顺序保存在对应的数组变量中。

12.5.2　发表文章

用户注册或登录个人博客系统后，能够自动跳转到发表文章页面，也可以单击"文章管理"链接，在弹出的菜单中选择"发表文章"，即可进入发表文章页面。发表文章页面 file.php 的运行效果如图 12-14 所示。

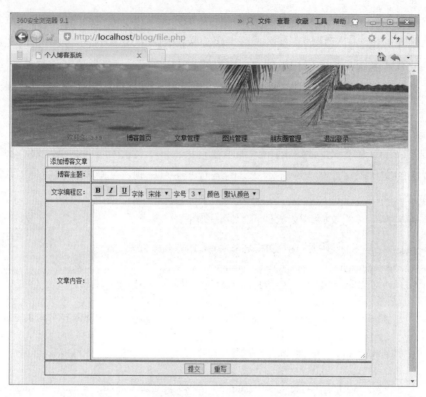

图 12-14　发表文章页面 file.php 的运行效果图

发表文章页面 file.php 中的代码如下：

```php
<?php session_start();
  include "check_login.php";
  include "Conn/conn.php";
  ?>
<html>
<head>
<meta http-equiv="Content-Type" content="text/html; charset=gb2312">
<link href="CSS/style.css" rel="stylesheet">
<title>个人博客系统</title>
<style type="text/css">
<!--
.style1 {color: #FF0000}
-->
</style>
</head>
<script src=" JS/menu.JS"></script>
<script src=" JS/UBBCode.JS"></script>
<script language="javascript">
function check(){
  if(myform.txt_title.value==""){
      alert("博客主题名称不允许为空！ ");myform.txt_title.focus();return false;
  }
```

```
        if(myform.file.value==""){
            alert("文章内容不允许为空！");myform.file.focus();return false;
        }
    }
</script>
<body>
<div class=menuskin id=popmenu
    onmouseover="clearhidemenu();highlightmenu(event,'on')"
    onmouseout="highlightmenu(event,'off');dynamichide(event)"
    style="Z-index:100;position:absolute;">
</div>
<table width="757" cellPadding=0 cellSpacing=0 style="width: 755px" align="center">
    <tbody>
    <tr> <td style="vertical-align: bottom; height: 6px" colSpan=3> <table
            style="background-image: url( images/head2.jpg); width: 760px; height: 154px"
            cellSpacing=0 cellPadding=0> <tbody>
    <tr>
    <td height="110" colspan="6"
        style="vertical-align: text-top; width: 80px; height: 115px; text-align: right"></td>
    </tr>
    <tr>
    <td height="34" align="center" valign="middle">
    <table style="width: 580px" vertical-align: text-top; cellSpacing=0 cellPadding=0 align="center">
        <tbody>
        <tr align="center" valign="middle">
    <td style="width: 100px; color: red;">欢迎您: <?php echo $_SESSION['username']; ?>  
</td>
            <td style="width: 80px; color: red;"><SPAN   style="font-size: 9pt; color: #cc0033"> </SPAN><a
href="index.php">博客首页</a></td>
            <td style="width: 80px; color: red;"><aonmouseover=showmenu(event,productmenu)
onmouseout=delayhidemenu() class='navlink' style="cursor:hand" >文章管理</a></td>
            <td style="width: 80px; color: red;"><aonmouseover=showmenu(event,Honourmenu)
onmouseout=delayhidemenu() class='navlink' style="cursor:hand">图片管理</a></td>
            <td style="width: 90px; color: red;"><aonmouseover=showmenu(event,myfriend)
onmouseout=delayhidemenu() class='navlink' style="cursor:hand" >朋友圈管理</a> </td>
            <?php
            $UserName=$_SESSION['username'];
            $sql="select fig from tb_user where username = '$UserName'";
            $result=$link->query($sql);
            $p_row = $result->fetch_row();
            if($p_row[0]==1){
        ?>
            <td style="width: 80px; color: red;"><aonmouseover=showmenu(event,myuser)
            onmouseout=delayhidemenu() class='navlink' style="cursor:hand" >管理员管理</a></td>
                <?php   }  ?>
            <td style="width: 80px; color: red;"><a href="safe.php">退出登录</a></td>
            </tr>
            </tbody>
```

```
</table></td>
  </tr>
  </tbody>
  </table></td>
  </tr>
  <tr>
  <td colSpan=3 valign="baseline" style="background-image: url( images/bg.jpg); vertical-align: middle;
height: 450px; text-align: center"><table width="100%" height="100%" border="0" cellpadding="0"
cellspacing="0">
  <tr>
  <td height="451" align="center" valign="top"><table width="640"    border="0" cellpadding="0"
    cellspacing="0">
  <tr>
  <td width="613" height="223" align="center"><br>
<table width="500" border="0" cellpadding="0" cellspacing="0">
  <tr>
  <td>
<form   name="myform" method="post" action="check_file.php">
<table width="630" border="1" cellpadding="3" cellspacing="1" bordercolor="#D6E7A5">
  <tr>
  <td class="i_table" colspan="2"> <span class="tableBorder_LTR">添加博客文章</span></td>
  </tr>
  <tr><td valign="top" align="right" width="14%">博客主题： <br></td>
    <td width="86%"><input name="txt_title" type="text" id="txt_title" size="68"></td>
      </tr>
      <tr>
    <td align="right" width="14%">文字编程区： </td>
    <td width="86%">
      <img src=" images/UBB/B.gif" width="21" height="20" onClick="bold()"> 
      <img src=" images/UBB/I.gif" width="21" height="20" onClick="italicize()"> 
      <img src=" images/UBB/U.gif" width="21" height="20" onClick="underline()">字体
    <select name="font" class="wenbenkuang" id="font"
        onChange="showfont(this.options[this.selectedIndex].value)">
    <option value="宋体" selected>宋体</option>
    <option value="黑体">黑体</option>
    <option value="隶书">隶书</option>
    <option value="楷体">楷体</option>
    </select>
  字号<span class="pt9">
    <select
name=size class="wenbenkuang" onChange="showsize(this.options[this.selectedIndex].value)">
<option value=1>1</option>
<option value=2>2</option>
<option value=3 selected>3</option>
<option value=4>4</option>
<option value="5">5</option>
<option value="6">6</option>
<option value="7">7</option>
```

```html
</select>
颜色
<select onChange="showcolor(this.options[this.selectedIndex].value)" name="color" size="1"
        class="wenbenkuang" id="select">
  <option selected>默认颜色</option>
  <option style="color:#FF0000" value="#FF0000">红色热情</option>
  <option style="color:#0000FF" value="#0000ff">蓝色开朗</option>
  <option style="color:#ff00ff" value="#ff00ff">桃色浪漫</option>
  <option style="color:#009900" value="#009900">绿色青春</option>
  <option style="color:#009999" value="#009999">青色清爽</option>
  <option style="color:#990099" value="#990099">紫色拘谨</option>
  <option style="color:#990000" value="#990000">暗夜兴奋</option>
  <option style="color:#000099" value="#000099">深蓝忧郁</option>
  <option style="color:#999900" value="#999900">卡其制服</option>
  <option style="color:#ff9900" value="#ff9900">镏金岁月</option>
  <option style="color:#0099ff" value="#0099ff">湖波荡漾</option>
  <option style="color:#9900ff" value="#9900ff">发亮蓝紫</option>
  <option style="color:#ff0099" value="#ff0099">爱的暗示</option>
  <option style="color:#006600" value="#006600">墨绿深沉</option>
  <option style="color:#999999" value="#999999">烟雨蒙蒙</option>
</select>
</span></td>
  </tr>
  <tr>
  <td align="right" width="14%">文章内容：</td>
  <td width="86%">
  <div class="file">
  <textarea name="file" cols="75" rows="20" id="file" style="border:0px;width:520px;"></textarea>
  </div>
  </td>
  </tr>
  <tr align="center">
  <td colspan="2"><input name="btn_tj" type="submit" id="btn_tj" value="提交" onClick="return check();">
  <input name="btn_cx" type="reset" id="btn_cx" value="重写"></td>
  </tr></table></form>
  </td></tr>
  </table></td>
  </tr></table>
  </td></tr>
  </table></td>
  </tr></tbody>
  </table>
</body>
</html>
```

在上述代码中，个人博客系统要确认用户的级别。通过登录名称查询用户表 tb_user，如果是注册用户，则不显示管理员管理链接，这是管理员用户拥有的权限。具体代码如下：

```php
<?php
    $UserName=$_SESSION['username'];
    $sql="select fig from tb_user where username = '$UserName'";
    $result=$link->query($sql);
    $p_row = $result->fetch_row();
    if($p_row[0]==1){
?>
<td style="width: 80px; color: red;"><aonmouseover=showmenu(event,myuser)
    onmouseout=delayhidemenu() class='navlink' style="cursor:hand" >管理员管理</a></td>
```

12.5.3 查询文章

单击"文章管理"菜单中的"查询文章"，可以根据查询条件查询感兴趣的博客文章，查询条件可选"博客主题"和"作者"，然后输入关键字，单击"检索"即可，查询到的结果以列表的形式展示出来。查询文章页面 query.php 的运行效果如图 12-15 所示。

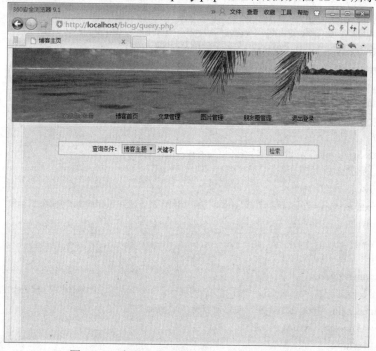

图 12-15 查询文章页面 query.php 的运行效果图

查询文章页面 query.php 中的代码如下：

```php
<?php
session_start();
include "Conn/conn.php";
include "check_login.php";
?>
<html>
<head>
<meta http-equiv="Content-Type" content="text/html; charset=gb2312">
```

```
<link href="CSS/style.css" rel="stylesheet">
<title>博客主页</title>
</head>
<div class=menuskin id=popmenu
    onmouseover="clearhidemenu();highlightmenu(event,'on')"
    onmouseout="highlightmenu(event,'off');dynamichide(event)"
    style="Z-index:100;position:absolute;">
</div>
<script src=" JS/menu.JS"></script>
<script language="javascript">
function check(form){
if (document.myform.sel_key.value==""){
  alert("请输入查询条件!");myform.sel_key.focus();return false;
}
}
</script>
<body>
<table width="757" cellPadding=0 cellSpacing=0 style="width: 755px" align="center">
  <tbody>
  <tr>
  <td style="vertical-align: bottom; height: 6px" colSpan=3> <table
      style="background-image: url( images/head2.jpg); width: 760px; height: 154px"
      cellSpacing=0 cellPadding=0>
  <tbody>
  <tr>
  <td height="110" colspan="6"
      style="vertical-align: text-top; width: 80px; height: 115px; text-align: right"></td>
  </tr>
  <tr>
  <td height="29" align="center" valign="middle"> <table style="width: 580px" vertical-align: text-top;
      cellSpacing=0 cellPadding=0 align="center">
  <tbody>
  <tr align="center" valign="middle">
  <td style="width: 100px; color: red;">欢迎您: <?php echo
      $_SESSION['username']; ?>  </td>
  <td style="width: 80px; color: red;"><SPAN style="font-size: 9pt; color: #cc0033"></SPAN>
      <a href="index.php"> 博客首页</a></td>
  <td style="width: 80px; color: red;"><aonmouseover=showmenu(event,productmenu)
      onmouseout=delayhidemenu() class='navlink' style="cursor:hand" >文章管理</a></td>
  <td style="width: 80px; color: red;"><aonmouseover=showmenu(event,Honourmenu)
      onmouseout=delayhidemenu() class='navlink' style="cursor:hand">图片管理</a></td>
  <td style="width: 90px; color: red;"><aonmouseover=showmenu(event,myfriend)
      onmouseout=delayhidemenu() class='navlink' style="cursor:hand" >朋友圈管理</a> </td>
  <?php
      $UserName=$_SESSION['username'];
      $sql="select fig from tb_user where username = '$UserName'";
      $result=$link->query($sql);
      $p_row = $result->fetch_row();
```

```
    if($p_row[0]==1){
 ?>
<td style="width: 80px; color: red;"><a   onmouseover=showmenu(event,myuser)
    onmouseout=delayhidemenu() class='navlink' style="cursor:hand" >管理员管理</a></td>
<?php }      ?>
<td style="width: 80px; color: red;"><a href="safe.php">退出登录</a></td>
</tr>
</tbody>
</table></td>
</tr>
</tbody>
</table></td>
</tr>
<tr>
<td colSpan=3 valign="baseline" style="background-image: url( images/bg.jpg); vertical-align: middle;
    height: 450px; text-align: center"><table width="100%" height="100%"   border="0" cellpadding="0"
    cellspacing="0">
<tr>
<td height="451" align="center" valign="top"><br> <br>
<table width="600" height="398"   border="0" cellpadding="0" cellspacing="0">
<tr>
<td height="32" align="center" valign="middle"><table width="480" border="0" cellpadding="0"
    cellspacing="0">
<tr> <td> <form   name="myform" method="post" action="">
<table width="560" border="1" cellpadding="3" cellspacing="1" bordercolor="#D6E7A5">
<tr>
<td width="100%" height="28" align="center" class="i_table">查询条件：
<select name="sel_tj" id="sel_tj">
<option value="title" selected>博客主题</option>
<option value="author">作者</option>
</select>
关键字<input name="sel_key" type="text" id="sel_key" size="30">  
<input type="submit" name="Submit" value="检索" onClick="return check();"></td>
</tr> </table> </form></td> </tr> </table></td> </tr>
<tr> <td height="223" align="center" valign="top">
<?php
   if (isset($_POST['sel_key'])){
   $tj=$_POST['sel_tj'];
   $key=$_POST['sel_key'];
   $sql="select * from tb_blog where $tj like '%$key%'";
$rst=$link->query($sql);
$result = $result->fetch_row();
$num=$result->num_rows;
if($num == 0){
echo "[<font color=red>对不起，您检索的博客信息不存在!</font>]";
}
else{
?>
```

```
    <table width="560" border="1" align="center" cellpadding="3" cellspacing="1" bordercolor="#9CC739"
        bgcolor="#FFFFFF">
    <tr align="left" colspan="2" >
    <td width="390" height="25" colspan="3" valign="top" bgcolor="#EFF7DE">
<span class="tableBorder_LTR"> 博客文章</span> </td> </tr>
    <td align="center" valign="top" ><table width="480" border="0" cellpadding="0" cellspacing="0">
    <tr> <td height="100" valign="top">
    <?php    do { ?>
    <table width="100%"    border="1" cellpadding="1" cellspacing="1" bordercolor="#D6E7A5"
        bgcolor="#FFFFFF" class="i_table">
    <tr bgcolor="#FFFFFF">
    <td width="14%" align="center">博客 ID 号</td>
    <td width="15%"><?php echo $result[id]; ?></td>
    <td width="11%" align="center">作者</td>
    <td width="18%"><?php echo $result[author]; ?></td>
    <td width="12%" align="center">发表时间</td>
    <td width="30%"><?php echo $result[now]; ?></td>
    </tr>
    <tr bgcolor="#FFFFFF">
    <td align="center">博客主题</td>
    <td colspan="5">  <?php echo $result[title]; ?></td>
    </tr>
    <tr bgcolor="#FFFFFF">
    <td align="center">文章内容</td>
    <td colspan="5"><?php echo $result[content]; ?></td> </tr>
    <tr bgcolor="#FFFFFF">
    <td colspan="3" align="center"><a href="comment.php?file_id=<?php echo $result[id]; ?>">发表评论</a>
    </td>
    <td colspan="3" align="center">
<?php
    $UserName=$_SESSION['username'];
    $sql="select fig from tb_user where username = '$UserName'";
    $result=$link->query($sql);
    $p_row = $result->fetch_row();
    if($p_row[0]==1){
?>
<a href="del_file.php?file_id=<?php echo $result[id];?>"><img src="images/A_delete.gif" width="52"
    height="16" alt="删除文章" onClick="return d_chk();"></a>
    <?php } ?>
</td> </tr>
    </table>
    <?php }while($result = mysql_fetch_array($rst));    ?>
</td> </tr> </table></td> </table>
<?php  }
    }
?>
</td> </tr> </table></td>
</tr> </table></td>
```

```
</tr> </tbody>
</table>
</body>
</html>
```

12.5.4　我的文章

单击"文章管理"菜单中的"我的文章"，可以将用户发表的文章全部展示出来。"我的文章"页面 myarticle.php 的运行效果如图 12-16 所示。

图 12-16　"我的文章"页面 myarticle.php 的运行效果图

"我的文章"页面 myarticle.php 中的代码如下：

```php
//程序 myarticle.php
<?php
session_start();
include "Conn/conn.php";
include "check_login.php";
$page=0;
?>
<html>
<head>
<meta http-equiv="Content-Type" content="text/html; charset=gb2312">
<link href="CSS/style.css" rel="stylesheet">
<title>我的文章</title>
<style type="text/css">
<!--
.style1 {color: #FF0000}
```

```
-->
</style>
</head>
<script src=" JS/menu.JS"></script>
<script src=" JS/UBBCode.JS"></script>
<script language="javascript">
function check(){
  if(myform.txt_title.value==""){
        alert("博客主题名称不允许为空！");myform.txt_title.focus();return false;
  }
  if(myform.file.value==""){
        alert("文章内容不允许为空！");myform.file.focus();return false;
  }
}
</script>
<body>
<div class=menuskin id=popmenu
        onmouseover="clearhidemenu();highlightmenu(event,'on')"
        onmouseout="highlightmenu(event,'off');dynamichide(event)"
        style="Z-index:100;position:absolute;">
</div>
<table width="757" cellPadding=0 cellSpacing=0 style="width: 755px" align="center">
<tbody>
<tr> <td style="vertical-align: bottom; height: 6px" colSpan=3> <table
    style="background-image: url( images/head2.jpg); width: 760px; height: 154px"
    cellSpacing=0 cellPadding=0> <tbody>
<tr>
  <td height="110" colspan="6"
      style="vertical-align: text-top; width: 80px; height: 115px; text-align: right"></td>
</tr>
<tr>
<td height="34" align="center" valign="middle">
<table style="width: 580px" vertical-align: text-top; cellSpacing=0 cellPadding=0 align="center">
<tbody>
<tr align="center" valign="middle">
<td style="width: 100px; color: red;">欢迎您: <?php echo
$_SESSION['username']; ?>  </td>
    <td style="width: 80px; color: red;"><SPAN    style="font-size: 9pt; color: #cc0033"> </SPAN>
<a href="index.php">博客首页</a></td>
    <td style="width: 80px; color: red;"><aonmouseover=showmenu(event,productmenu)
onmouseout=delayhidemenu() class='navlink' style="cursor:hand" >文章管理</a></td>
    <td style="width: 80px; color: red;"><aonmouseover=showmenu(event,Honourmenu)
onmouseout=delayhidemenu() class='navlink' style="cursor:hand">图片管理</a></td>
    <td style="width: 90px; color: red;"><aonmouseover=showmenu(event,myfriend)
onmouseout=delayhidemenu() class='navlink' style="cursor:hand" >朋友圈管理</a></td>
    <?php
        $UserName=$_SESSION['username'];
        $sql="select fig from tb_user where username = '$UserName'";
```

```
            $result=$link->query($sql);
            $p_row = $result->fetch_row();
            if($p_row[0]==1){
    ?>
    <td style="width: 80px; color: red;"><aonmouseover=showmenu(event,myuser)
onmouseout=delayhidemenu() class='navlink' style="cursor:hand" >管理员管理</a></td>
    <?php   }   ?>
    <td style="width: 80px; color: red;"><a href="safe.php">退出登录</a></td>
    </tr>
    </tbody>
    </table> </td> </tr> </tbody>
    </table></td> </tr> <tr>
    <td colSpan=3 valign="baseline" style="background-image: url( images/bg.jpg); vertical-align: middle;
height: 450px; text-align: center"><table width="100%" height="100%" border="0" cellpadding="0"
cellspacing="0">
    <tr>
      <td height="451" align="center" valign="top">
      <table width="600" height="100%"   border="0" cellpadding="0" cellspacing="0">
    <tr>
    <td height="130" align="center" valign="top"><?php if ($page==0) {$page=1;}; ?>
    <table width="560" border="1" align="center" cellpadding="3" cellspacing="1" bordercolor="#9CC739"
        bgcolor="#FFFFFF">
    <tr align="left" colspan="2" >
    <td width="390" height="25" colspan="3" valign="top" bgcolor="#EFF7DE">
      <span class="tableBorder_LTR"> 查看我的文章 </span> </td>
    </tr>
    <?php
      if ($page){
          $page_size=20;          //每页显示 20 条记录
          $query="select count(*) as total from tb_blog where author = '".$_SESSION['username']."'
              order by id desc";
          $result=$link->query($query);            //查询总的记录条数
          $message_count=$result->num_rows;        //记录总数
          $page_count=ceil($message_count/$page_size); //记录总数除以每页记录数，求出所分的页数
          $offset=($page-1)*$page_size;            //计算下一页从第几条数据开始循环
          $sql=$link->query("select id,title from tb_blog where author = '".$_SESSION['username']."'
              order by id desc limit $offset, $page_size");
          $info=$sql->fetch_row();
    ?>
    <tr>
      <td height="31" align="center" valign="top" ><table width="500"   border="0" cellspacing="0"
          cellpadding="0">
    <tr>
      <td><table width="498"   border="0" cellspacing="0" cellpadding="0" valign="top">
    <?php
      if($info){
          $i=1;
          do{
```

```
?>
<tr>
    <td width="498" align="left" valign="top">    <a href="showmy.php?file_id=<?php
echo $info[id];?>"><?php echo $i.".".$info[title];?></a> </td>
</tr>
<?php
    $i=$i+1;
    }while($info=$sql->fetch_row())
?>
</table></td></tr> </table></td> </tr>
<?php } ?>
</table>
<table width="560" border="0" align="center" cellpadding="0" cellspacing="0">
<tr bgcolor="#EFF7DE">
<td width="33%">  页次：<?php echo $page;?>/<?php echo $page_count;?>页记录：
<?php echo $message_count;?>条  </td>
<td width="67%" align="right" class="hongse01">
<?php
    if($page!=1)
        {
            echo "<a href=myfiles.php?page=1>首页</a> ";
            echo "<a href=myfiles.php?page=".($page-1).">上一页</a> ";
        }
    if($page<$page_count)
        {
            echo "<a href=myfiles.php?page=".($page+1).">下一页</a> ";
            echo "<a href=myfiles.php?page=".$page_count.">尾页</a>";
        }
        }
?>
</td></tr></table></td>
</tr></table> </td></tr>
</table></td></tr>
</tbody>
</table>
</body>
</html>
```

12.6　图片管理模块设计

图片是个人博客系统的灵魂，是博客华丽的盛装，没有图片的博客就会缺少灵气。设计好图片管理模块对个人博客系统至关重要。

　　个人博客系统的图片模块包括首页上的"图片显示""添加图片""浏览图片""查询图片""删除图片""评论图片"等功能。其中，匿名用户只能浏览注册用户上传的图片及"查询图片"；注册用户除了拥有匿名用户的图片权限外，还可以"添加图片"，对自己发表的图片可以"删除图片"，可以"评论图片"；管理员用户可以删除所有图片及评论，拥有最高的图片管理权限。下面对部分图片管理模块作详细介绍。

12.6.1　显示图片

　　注册用户上传的图片首先以缩略图形式显示在首页的右侧显示区，显示尺寸为 240 像素×160 像素，以上传时间的先后排列，每组显示两幅最新上传的图片，图片下方显示图片名称。每张图片都是一个超链接，单击缩略图可原尺寸浏览该图片。单击图片列表下方的链接"more"可更换下一组图片。显示图片的代码如下：

```php
<?php
$result=$link->query("select id,imagename,imagefile from tb_picture order by uploaddate desc limit 2");
while($info=$result->fetch_object()){
?>
<tr><td width="9" rowspan="2" align="center">  </td>
<td width="247" align="center"><a href="image.php?recid=<?php echo
$info->id; ?>"target="_blank"><img src="f_image.php?pic_id=<?php echo $info->id;?>" width="240"
height="160" border="0"></a></td>
<td width="10" rowspan="2" align="center"> </td>
</tr>
<tr><td height="30" align="center">图片名称: <?php echo $info->imagename;?></td>
</tr>
<?php } ?>
<tr><td colspan="3" height="10" align="center"><a href="pic_more.php"><img src=" images/more.gif'
        width="27" height="9" border="0">   </a></td>
</tr>
```

　　在设计图片数据表 tb_picture 的结构时，个人博客系统使用 mediumblob 类型的字段来存储用户上传的图片，可以把用户上传的图片以二进制形式存储于数据表的字段中，最大支持16MB 大小的图片，这种字段使得用户无法通过右键菜单"图片另存为"来下载图片，比简单的存储图片链接更加安全。

　　上述代码首先从图片数据表 tb_picture 中根据上传时间查询一组最新上传的图片，在读取图片信息时，由于使用了二进制字段，因此无法再使用 PHP 的 mysqli_fetch_row()函数读取数据。对于在字段中保存的二进制对象，只能使用 PHP 的 mysqli_fetch_object()函数读取，该函数以对象的形式返回查询结果，使用查询结果时只能通过字段名来访问。mysqli_fetch_object() 函数从查询结果集中获取一行数据并作为对象返回，调用一次函数会依次返回结果集中的下一行。如果没有更多行，就返回 FALSE。比如在代码中，查询语句查询了数据表 tb_picture 的三列，分别是 id、imagename、imagefile，查询结果保存在变量$info 中，使用字段 imagename 值的格式为$info->imagename。

为了正确显示二进制图片，还需要设置传输协议的数据格式 Content-Type，个人博客系统请求显示图片时是这样设置的：Header("Content-Type:image/gif");为了帮助读者了解 Content-Type 的更多信息，下面对 Content-Type 的可用值作总结。

Content-Type，即 Internet Media Type(互联网媒体类型)，也称为 MIME 类型。在 HTTP 协议消息头中，使用 Content-Type 表示具体请求中的媒体类型信息。例如 Content-Type: text/html;charset:utf-8;在网站设计过程中，常见的媒体格式类型如下：

- text/html：HTML 格式
- text/plain：纯文本格式
- text/xml：XML 格式
- image/gif：GIF 图片格式
- image/jpeg：JPG 图片格式
- image/png：PNG 图片格式
- application/xhtml+xml：XHTML 格式
- application/xml：XML 数据格式
- application/atom+xml：Atom XML 聚合格式
- application/pdf：PDF 格式
- application/msword：Word 文档格式
- application/octet-stream：二进制流数据(如常见的文件下载)

辅助显示图片的页面 f_image.php 中的代码如下：

```
//程序 f_image.php
<?php
include "Conn/conn.php";
$sql="select * from tb_picture where id=".$_GET['pic_id'];
    $result=$link->query($sql);
    if(!$result) die("error: mysql query");
    $num=$result->num_rows;
    if($num<1) die("error: no this recorder");
    $data=$result->fetch_object();
Header("Content-Type:image/gif");
echo $data->imagefile;
?>
```

程序间使用超链接来传递参数变量'pic_id'，所以在页面 f_image.php 中使用$_GET['pic_id'] 来获取传递的参数变量的值。

12.6.2　添加图片

用户登录个人博客系统后，单击"图片管理"菜单，在弹出的菜单中可以选择"添加图片""浏览图片""查询图片"，添加图片页面 add_pic.php 的运行效果如图 12-17 所示。

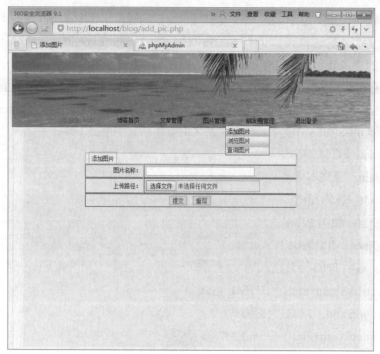

图 12-17　添加图片页面 add_pic.php 的运行效果图

添加图片页面 add_pic.php 中的代码如下：

```php
//程序 add_pic.php
<?php
  session_start();
  include "check_login.php";
  include "conn/conn.php";
?>
<html>
<head>
<meta http-equiv="Content-Type" content="text/html; charset=gb2312">
<link href="CSS/style.css" rel="stylesheet">
<title>添加图片</title>
<style type="text/css">
<!--
.style1 {color: #FF0000}
-->
</style>
</head>
<script src=" JS/menu.JS"></script>
<script language="javascript">
function pic_chk(){
  if(this.myform.tpmc.value == ""){
        alert("图片名称不允许为空");
        this.myform.tpmc.focus();
        return false;
```

```
        }
      if(this.myform.file.value == ""){
            alert("请上传图片");
            this.myform.file.focus();
            return false;
      }
    }
  </script>
  <body>
  <div class=menuskin id=popmenu
        onmouseover="clearhidemenu();highlightmenu(event,'on')"
        onmouseout="highlightmenu(event,'off');dynamichide(event)"
        style="Z-index:100;position:absolute;">
  </div>
  <table width="757" cellPadding=0 cellSpacing=0 style="width: 755px" align="center">
  <tbody>
  <tr> <td style="vertical-align: bottom; height: 6px" colSpan=3> <table
          style="background-image: url( images/head2.jpg); width: 760px; height: 154px"
          cellSpacing=0 cellPadding=0> <tbody>
  <tr> <td height="110" colspan="6"
          style="vertical-align: text-top; width: 80px; height: 115px; text-align: right">
  </td> </tr>
  <tr> <td height="29" align="center" valign="middle">
  <table style="width: 580px" vertical-align: text-top; cellSpacing=0 cellPadding=0 align="center">
  <tbody>
  <tr align="center" valign="middle">
  <td style="width: 100px; color: red;">欢迎您: <?php echo
$_SESSION['username']; ?>  </td>
    <td style="width: 80px; color: red;">
    <A href="index.php"></A><a href="index.php">博客首页</a></td>
    <td style="width: 80px; color: red;"><aonmouseover=showmenu(event,productmenu)
onmouseout=delayhidemenu() class='navlink' style="cursor:hand" >文章管理</a></td>
    <td style="width: 80px; color: red;"><aonmouseover=showmenu(event,Honourmenu)
onmouseout=delayhidemenu() class='navlink' style="cursor:hand">图片管理</a></td>
    <td style="width: 90px; color: red;"><aonmouseover=showmenu(event,myfriend)
onmouseout=delayhidemenu() class='navlink' style="cursor:hand" >朋友圈管理</a></td>
    <?php
        $UserName=$_SESSION['username'];
        $sql="select fig from tb_user where username = '$UserName'";
        $result=$link->query($sql);
        $p_row = $result->fetch_row();
        if($p_row[0]==1){
    ?>
    <td style="width: 80px; color: red;"><aonmouseover=showmenu(event,myuser)
onmouseout=delayhidemenu() class='navlink' style="cursor:hand" >管理员管理</a></td>
    <?php   } ?>
    <td style="width: 80px; color: red;"><a href="safe.php">退出登录</a></td>
    </tr> </tbody> </table> </td>
```

```
</tr> </tbody> </table></td> </tr>
   <tr> <td colSpan=3 valign="baseline" style="background-image: url( images/bg.jpg); vertical-align: middle;
height: 450px; text-align: center"><table width="100%" height="100%"   border="0" cellpadding="0"
cellspacing="0">
   <tr> <td height="451" align="center" valign="top"><br>
<table width="640" border="0" cellpadding="0" cellspacing="0">
   <tr> <td width="613" height="23" align="right" valign="top"> </td><br> </tr>
   <tr> <td height="223" align="center" valign="top">
<table width="380" border="0" cellpadding="0" cellspacing="0">
   <tr><td><form name="myform" method="post" action="save_pic.php"   enctype="multipart/form-data">
<table width="450" border="1" cellpadding="3" cellspacing="1" bordercolor="#D6E7A5">
   <tr><td class="i_table" colspan="2"> <span class="tableBorder_LTR">添加图片</span></td>
</tr>
   <tr> <td valign="top" align="right" width="28%">图片名称: <br></td>
<td width="72%"><input name="tpmc" type="text" id="tpmc" size="40"></td></tr>
   <tr><td align="right" width="28%">上传路径: </td>
<td width="72%"><input name="file" type="file" size="23" maxlength="60" ></td></tr>
   <tr align="center">
<td colspan="2"><input name="btn_tj" type="submit" id="btn_tj" value="提交" onClick="return pic_chk();">
<input name="btn_cx" type="reset" id="btn_cx" value="重写"></td>
</tr> </table></form>
</td></tr></table></td>
</tr></table></td></tr>
</table></td> </tr>
</tbody></table>
</body>
</html>
```

单击添加图片页面上的"提交"按钮,选定的图片文件即可作为表单数据提交至服务器,
在上传文件时,在表单的属性设置中,一定要设置 enctype="multipart/form-data",这样文件
才可以正确上传。上传之后,图片文件还需要以二进制格式保存在 MySQL 数据库的字段中,
这个过程需要作进一步的处理。个人博客系统调用图片保存程序 save_pic.php 来完成存储过
程,图片保存程序 save_pic.php 中的代码如下:

```php
<?php
   session_start();
   include("Conn/conn.php");
   if($_POST["btn_tj"]=="提交"){
      if($_FILES['file']['size']) {
         $author=$_SESSION['username'];
         $name   = $_POST['tpmc'];
         $scdate= date("y;m;d");
         $fp = fopen($_FILES['file']['tmp_name'], 'rb');
         if(!$fp) {
             echo "<meta http-equiv=\"refresh\" content=\"1;url=add_pic.php\">读取图片失败!";
         } else {
         $image = addslashes(fread($fp, filesize($_FILES['file']['tmp_name'])));
```

```
        if ($image) {
            $q = "insert into tb_picture(imagename,imagefile,author,uploadtime)
                values ('$name','$image','$author','$scdate')";
            $result = $link->query($q);
            if (!$result) {
                printf("Error: %s\n", mysqli_error($link));
                exit();
                    }
            if ($result) {
             echo "<meta http-equiv=\"refresh\" content=\"1;url=browse_pic.php\">图片上传成功...";
                    }
            else {
                echo "<meta http-equiv=\"refresh\" content=\"1;url=add_pic.php\">图片上传失败!";
                  }
            } else {
                echo "<meta http-equiv=\"refresh\" content=\"1;url=add_pic.php\">请选择要上传的文件!";
                  }
            }
        }
        }
    ?>
```

文件的处理离不开全局变量$_FILES 的支持，全局变量$_FILES 存储各种与文件上传有关的信息。PHP 编程语言中常见的$_FILES 用法有：

- $_FILES["file"]["name"]：被上传文件的名称，参数"file"为表单属性 name 的值。
- $_FILES["file"]["type"]：被上传文件的类型。
- $_FILES["file"]["size"]：被上传文件的大小，以字节计。
- $_FILES["file"]["tmp_name"]：存储在服务器上的文件的临时副本的名称。
- $_FILES["file"]["error"]：文件上传导致的错误代码。

在文件上传过程中出现错误时，$_FILES["file"]["error"]会返回错误信息，在 PHP 4.3.0 版本后，用不同的常量值表示不同的错误，PHP 4.3.0 之前的版本用错误代码表示不同的错误，$_FILES["file"]["error"]中错误代码、常量值的对应关系如下：

错误代码	常量值	错误说明
0	UPLOAD_ERR_OK	没有错误发生，文件上传成功
1	UPLOAD_ERR_INI_SIZE	文件大小超出 php.ini 中 upload_max_filesize 选项限制的值(默认值为 2MB)
2	UPLOAD_ERR_FORM_SIZE	文件大小超出表单中 max_file_size 选项指定的值
3	UPLOAD_ERR_PARTIAL	文件只有部分被上传
4	UPLOAD_ERR_NO_FILE	没有文件被上传
7	UPLOAD_ERR_CANT_WRITE	文件写入失败

文件中的代码行$fp = fopen($_FILES['file']['tmp_name'], 'rb');表示以二进制只读方式打开临时存储在服务器端的图片上传文件。

　　文件中的代码行$image = addslashes(fread($fp, filesize($_FILES['file']['tmp_name'])));将图片文件数据读入变量$image。在读取过程中，函数 addslashes()为读取到的转义符——单引号(')、双引号(")、反斜杠(\)和空字符 NULL，添加反斜杠，这样可以避免与 MySQL 的查询语句发生冲突，确保数据能正确存储到 MySQL 数据库中。

12.6.3　浏览图片

　　单击"图片管理"菜单中的"浏览图片"，可以浏览所有已经上传的图片，图片根据上传日期的先后排序，最新图片排在前面，每页显示 4 幅图片。浏览图片页面 browse_pic.php 的运行效果如图 12-18 所示。

图 12-18　浏览图片页面 browse_pic.php 的运行效果图

　　浏览图片页面 browse_pic.php 中的代码如下：

```
//程序 browse_pic.php
<?php session_start();
  include "Conn/conn.php";
  include "check_login.php";
?>
<html>
<head>
<meta http-equiv="Content-Type" content="text/html; charset=gb2312">
<link href="CSS/style.css" rel="stylesheet">
<title>浏览图片</title>
<style type="text/css">
<!--
.style1 {font-size: 12pt}
```

```
-->
</style>
</head>
<script src=" JS/menu.JS"></script>
<script language="javascript">
function pic_chk(){
if(confirm("确定要删除选中的项目吗？一旦删除将不能恢复！")){
  return true;
}else
  return false;
}
</script>
<body>
<div class=menuskin id=popmenu
        onmouseover="clearhidemenu();highlightmenu(event,'on')"
        onmouseout="highlightmenu(event,'off');dynamichide(event)"
        style="Z-index:100;position:absolute;">
</div>
<table width="757" cellPadding=0 cellSpacing=0 style="width: 755px" align="center">
  <tbody>
    <tr> <td style="vertical-align: bottom; height: 6px" colSpan=3> <table
            style="background-image: url( images/head2.jpg); width: 760px; height: 154px"
            cellSpacing=0 cellPadding=0> <tbody>
    <tr>
    <td height="110" colspan="6"
        style="vertical-align: text-top; width: 80px; height: 115px; text-align: right">
    </td> </tr>
    <tr>
    <td height="29" align="center" valign="middle">
      <table style="width: 580px" vertical-align: text-top; cellSpacing=0 cellPadding=0 align="center">
      <tbody>
       <tr align="center" valign="middle">
    <td style="width: 100px; color: red;">欢迎您: <?php echo
$_SESSION['username']; ?>  </td>
      <td style="width: 80px; color: red;"><SPAN style="font-size: 9pt; color: #cc0033"></SPAN> <a
        href="index.php">博客首页</a></td>
      <td style="width: 80px; color: red;"><a href="RegPro.php"> </a>
    <aonmouseover=showmenu(event,productmenu) onmouseout=delayhidemenu() class='navlink'
        style="cursor:hand" >文章管理</a></td>
    <td style="width: 80px; color: red;"><a href="RegPro.php"> </a>
    <aonmouseover=showmenu(event,Honourmenu) onmouseout=delayhidemenu() class='navlink'
        style="cursor:hand">图片管理</a></td>
    <td style="width: 90px; color: red;"><a href="RegPro.php"> </a>
    <aonmouseover=showmenu(event,myfriend) onmouseout=delayhidemenu() class='navlink'
        style="cursor:hand" >朋友圈管理</a></td>
    <?php
        $UserName=$_SESSION['username'];
        $sql="select fig from tb_user where regname = '$UserName'";
```

```
        $result=$link->query($sql);
        $p_row = $result->fetch_row();
        if($p_row[0]==1){
?>
    <td style="width: 80px; color: red;"><aonmouseover=showmenu(event,myuser)
        onmouseout=delayhidemenu() class='navlink' style="cursor:hand" > 管理员管理</a></td>
<?php   }   ?>
    <td style="width: 80px; color: red;"><A href="RegPro.php"> </A>
<a href="safe.php">退出登录</a></td>
</tr> </tbody> </table> </td> </tr> </tbody>
</table></td> </tr>
  <tr>
        <td colSpan=3 valign="baseline" style="background-image: url( images/bg.jpg); vertical-align: middle;
height: 450px; text-align: center"><table width="100%" height="100%" border="0" cellpadding="0"
cellspacing="0">
        <tr> <td height="451" align="center" valign="top"><br>
        <table width="750"    border="0" cellpadding="0" cellspacing="0">
        <tr> <td width="750" height="16" align="right" valign="top"> </td> <br> </tr>
        <tr> <td height="292" align="center" valign="top" bordercolor="#D6E7A5">
        <table width="750" border="1" align="center" cellpadding="3" cellspacing="1"
                bordercolor="#9CC739" bgcolor="#FFFFFF">
        <tr align="left" colspan="2" >
        <td width="390" height="25" colspan="3" valign="top" bgcolor="#EFF7DE">
            <span class="tableBorder_LTR"> 浏览图片</span> </td> </tr>
    <td height="192" align="center" valign="top" ><?php
    $page=1;
    $page_size=4;                          //每页显示4张图片
    $query="select * from tb_picture order by uploadtime desc";
    $result=$link->query($query);          //查询总的记录条数
    $message_count=$result->num_rows;
    if($message_count==0)
      { echo "暂无图片！"; }
    else
        {
        if($message_count<$page_size) { $page_count=1; }
        else {
            if($message_count%$page_size==0)
                { $page_count=$message_count/$page_size; }
            else { $page_count=ceil($message_count/$page_size); }
            }
    $offset=($page-1)*$page_size;
    $query="select * from tb_picture where uploadtime order by id desc limit $offset, $page_size";
    $result=$link->query($query);
    ?>
    <table width="750" border="1" align="center" cellpadding="3" cellspacing="1" bordercolor="#D6D7D6">
    <tr>
    <?php
      $i=1;
```

```php
while($info=$result->fetch_object())
    { if($i%3==0)
        {
 ?>
<td width="740"><table width="740" border="0" cellpadding="0" cellspacing="0">
  <tr> <td colspan="2"><div align="center"><img src="image.php?recid=<?php echo $info->id;?>"
        width="360" height="250"></div></td></tr>
  <tr><td width="107" height="25" align="left"> 图片名称:<?php echo $info->tpmc;?></td>
<td width="142" height="25" align="left">上传时间:<?php echo $info->scsj;?></td> </tr>
  <tr><td colspan="2" height="25">
<?php
    $UserName=$_SESSION['username'];
    $sql="select fig from tb_user where regname = '$UserName'";
    $result=$link->query($sql);
    $p_row = $result->fetch_row();
    if($p_row[0]==1){
?>
    <a href="remove.php?pic_id=<?php echo $info->id?>"><img src="images/A_delete.gif" width="52"
        height="16" alt="删除图片" onClick="return pic_chk();"></a>
<?php } ?>
</td></tr></table></td></tr>
<?php
        }
        else  {
?>
    <td width="500" height="180"><table width="236" height="185" border="0" cellpadding="0"
        cellspacing="0">
<tr><td height="160" colspan="2"><div align="center"><img src="image.php?recid=<?php echo $info->id;?>"
        width="250" height="160"></div></td></tr>
<tr><td width="110" height="25">图片名称:<?php echo $info->tpmc;?></td>
    <td width="150">上传时间:<?php echo $info->scsj;?></td>
</tr>
<tr><td colspan="2" height="25">
<?php
    $UserName=$_SESSION['username'];
    $sql="select fig from tb_user where regname = '$UserName'";
    $result=$link->query($sql);
    $p_row = $result->fetch_row();
    if($p_row[0]==1){
 ?>
<a href="remove.php?pic_id=<?php echo $info->id?>"><img src="images/A_delete.gif" width="52"
    height="16" alt="删除图片" onClick="return pic_chk();"></a>
<?php        }     ?>
</td></tr></table></td>
<?php
        }
        $i++;
}
```

```
?>
  </tr></table></td></table>
<table width="600" border="0" align="center" cellpadding="0" cellspacing="0">
<tr bgcolor="#EFF7DE">
<td>  页次: <?php echo $page;?>/<?php echo $page_count;?>页记录:
<?php echo $message_count;?> 条 </td>
<td align="right" class="hongse01">
<?php
  if($page!=1){
     echo "<a href=browse_pic.php?page=1>首页</a> ";
     echo "<a href=browse_pic.php?page=".($page-1).">上一页</a> ";
               }
  if($page<$page_count)  {
     echo "<a href=browse_pic.php?page=".($page+1).">下一页</a> ";
     echo  "<a href=browse_pic.php?page=".$page_count.">尾页</a>";
                    }
        }
?>
</td></tr></table> </td></tr></table>
<br><br><br></td> </tr>
</table></td> </tr>
</tbody></table>
</body>
</html>
```

因篇幅受限，个人博客系统的设计细节本章就介绍到这里，需要更深入学习的读者可以下载本章的源代码来继续学习。

12.7　本章小结

本章通过讲解个人博客系统的设计与开发过程，详细介绍了网站开发流程中的系统描述、系统功能设计、系统数据库设计等环节。通过本章的学习，能够使读者全面了解网站的设计流程及 PHP 基本语法知识、各种函数的用法以及 MySQL 数据库操作。通过这个综合案例，读者对使用 PHP 开发 Web 应用程序的过程应该有了更加深入的认识，从整体上形成开发思路，逐渐形成自己的编程习惯和编程思想。

12.8　思考和练习

编程题

1. 设计自己的个人博客系统并实现该系统。
2. 测试完成的个人博客系统并给出测试报告。